Algebra leicht*er* gemacht

Lösungsvorschläge zu Aufgaben
des Ersten Staatsexamens
für das Lehramt an Gymnasien

von
Martina Kraupner

Oldenbourg Verlag München

Die Collage auf dem Cover zeigt Porträts des französischen Mathematikers Évariste Galois, erstellt von Kevin Danz, Philip Junk, Benedikt Meßmer, Cornelia Oczycz, Franziska Schmitt und Tobias Schulz.

Bibliografische Information der Deutschen Nationalbibliothek

Die Deutsche Nationalbibliothek verzeichnet diese Publikation in der Deutschen Nationalbibliografie; detaillierte bibliografische Daten sind im Internet über http://dnb.d-nb.de abrufbar.

© 2011 Oldenbourg Wissenschaftsverlag GmbH
Rosenheimer Straße 145, D-81671 München
Telefon: (089) 45051-0
www.oldenbourg-verlag.de

Das Werk einschließlich aller Abbildungen ist urheberrechtlich geschützt. Jede Verwertung außerhalb der Grenzen des Urheberrechtsgesetzes ist ohne Zustimmung des Verlages unzulässig und strafbar. Das gilt insbesondere für Vervielfältigungen, Übersetzungen, Mikroverfilmungen und die Einspeicherung und Bearbeitung in elektronischen Systemen.

Lektorat: Kathrin Mönch
Herstellung: Constanze Müller
Einbandgestaltung: hauser lacour
Gesamtherstellung: Grafik + Druck, München

Dieses Papier ist alterungsbeständig nach DIN/ISO 9706.

ISBN 978-3-486-70544-7

Vorwort

Dieses Buch richtet sich in erster Linie an alle Studenten des gymnasialen Lehramts im Fach Mathematik in Bayern. Auch Nichtbayern und Nichtlehrämtler, die den Stoff der Grundvorlesungen der Algebra vertiefen wollen, sind eingeladen, sich mit den ausführlichen Lösungen zu 175 Aufgaben aus dem Bayerischen Staatsexamen zur Algebra (und Zahlentheorie) zu beschäftigen.

Erfahrungsgemäß fällt es Studenten am Anfang ihrer Vorbereitungsphase auf das Staatsexamen sehr schwer, Prüfungsaufgaben eigenständig zu lösen. Die Algebra-Vorlesungen liegen häufig bereits einige Semester zurück, Zulassungsarbeit und erziehungswissenschaftliches Staatsexamen haben die Beschäftigung mit Algebra in den Hintergrund rücken lassen. Einige wenige arbeiten sich spielend wieder in die Inhalte der Vorlesung ein und sind schnell in der Lage, Aufgaben zu lösen. Den meisten aber erscheint der Berg, den es zu besteigen gilt, schier unbezwingbar. Für die Einen wie die Anderen ist dieses Übungsbuch gedacht.

Die Lösungsvorschläge für die Prüfungstermine Herbst 2003 bis Herbst 2009 wurden während der vergangenen Semester im Zuge der Staatsexamens-Tutorien an der Universität Passau erstellt. Sie sollten nicht als Musterlösungen verstanden werden, denn an einigen Stellen ist die Beantwortung viel ausführlicher, als es im Staatsexamen verlangt wird. Vielmehr wurde versucht, die Lösungen so aufzubereiten, dass sie auch für Studenten, die am Anfang ihrer Lernphase stehen, verständlich sind. Ich hoffe, das ist gelungen, und wünsche allen, die mit diesem Buch lernen, besonders viel Erfolg im Examen.

Mein herzlichster Dank geht an Markus Kriegl, Philipp Jovanovic und Bettina Kreuzer für die hervorragende und wertvolle Korrekturarbeit an diesem Buch. Ich danke meinem wunderbaren Bürokollegen Thomas Stadler, der mir in vielen Dingen eine unschätzbare Hilfe war. Vielen Dank an Prof. Dr. Martin Kreuzer für die Betreuung in den letzten drei Jahren und die rettenden Ideen bei Aufgaben, an denen ich mir fast die Zähne ausgebissen hätte. Ebenso danke ich Herrn Peter-Paul Rast und dem Leistungskurs Kunst des Gymnasiums Neubiberg für die wunderschönen Porträts des Evariste Galois, Stefan Schuster und allen Mitarbeitern des Lehrstuhls für Symbolic Computation der Universität Passau und den vielen engagierten Studenten der Tutorien der letzten Semester.

Martina Kraupner

Inhaltsverzeichnis

Themenverzeichnis   xiii

I. Grundlagen   1

1. Gruppen   5
    1.1. Zyklische Gruppen 7
    1.2. Normalteiler und Faktorgruppen 8
    1.3. Gruppenoperationen 11
    1.4. Direkte und semidirekte Produkte 13
    1.5. Die Sylow-Sätze 14
    1.6. Permutationsgruppen und Diedergruppen 15
    1.7. Gruppen kleinerer Ordnung 16

2. Ringe   19
    2.1. Euklidische Ringe 23
    2.2. Faktorielle Ringe 24
    2.3. Chinesischer Restsatz 24
    2.4. Irreduzibilität 24

3. Körper   27
    3.1. Galoistheorie 31
    3.2. Einheitswurzeln und Kreisteilungspolynome 33
    3.3. Endliche Körper 34

4. Zahlentheorie   37

5. Konstruktionen mit Zirkel und Lineal   39

6. Lineare Algebra   41

II. Aufgaben und Lösungsvorschläge   45

7. Prüfungstermin Herbst 2003   49
    H03-I-1 49
    H03-I-2 51
    H03-I-3 52

H03-I-4	53
H03-II-1	55
H03-II-2	56
H03-II-3	57
H03-II-4	58
H03-II-5	61
H03-III-1	62
H03-III-2	63
H03-III-3	65
H03-III-4	67

8. Prüfungstermin Frühjahr 2004 — 71

FJ04-I-1	71
FJ04-I-2	73
FJ04-I-3	74
FJ04-I-4	75
FJ04-I-5	77
FJ04-II-1	78
FJ04-II-2	80
FJ04-II-3	82
FJ04-II-4	84
FJ04-III-1	86
FJ04-III-2	87
FJ04-III-3	88
FJ04-III-4	89

9. Prüfungstermin Herbst 2004 — 91

H04-I-1	91
H04-I-2	93
H04-I-3	94
H04-I-4	94
H04-I-5	96
H04-II-1	98
H04-II-2	99
H04-II-3	100
H04-II-4	101
H04-II-5	103
H04-III-1	104
H04-III-2	105
H04-III-3	106
H04-III-4	107
H04-III-5	108

10. Prüfungstermin Frühjahr 2005 — 111

FJ05-I-1	111

FJ05-I-2 111
FJ05-I-3 113
FJ05-I-4 114
FJ05-I-5 115
FJ05-II-1 117
FJ05-II-2 118
FJ05-II-3 120
FJ05-II-4 120
FJ05-II-5 121
FJ05-III-1 122
FJ05-III-2 122
FJ05-III-3 123
FJ05-III-4 124
FJ05-III-5 125

11. Prüfungstermin Herbst 2005 127
H05-I-1 127
H05-I-2 128
H05-I-3 129
H05-I-4 132
H05-II-1 134
H05-II-2 135
H05-II-3 137
H05-II-4 137
H05-III-1 138
H05-III-2 140
H05-III-3 142
H05-III-4 143

12. Prüfungstermin Frühjahr 2006 147
FJ06-I-1 147
FJ06-I-2 148
FJ06-I-3 148
FJ06-I-4 150
FJ06-II-1 152
FJ06-II-2 152
FJ06-II-3 153
FJ06-II-4 155
FJ06-II-5 156
FJ06-II-6 157
FJ06-III-1 158
FJ06-III-2 159
FJ06-III-3 160
FJ06-III-4 161
FJ06-III-5 162

FJ06-III-6 163

13. Prüfungstermin Herbst 2006 — 165
- H06-I-1 165
- H06-I-2 166
- H06-I-3 169
- H06-I-4 172
- H06-II-1 173
- H06-II-2 175
- H06-II-3 177
- H06-II-4 180
- H06-III-1 182
- H06-III-2 183
- H06-III-3 183
- H06-III-4 184

14. Prüfungstermin Frühjahr 2007 — 187
- FJ07-I-1 187
- FJ07-I-2 189
- FJ07-I-3 190
- FJ07-I-4 192
- FJ07-I-5 193
- FJ07-II-1 195
- FJ07-II-2 197
- FJ07-II-3 198
- FJ07-II-4 199
- FJ07-II-5 200
- FJ07-III-1 202
- FJ07-III-2 202
- FJ07-III-3 203
- FJ07-III-4 204
- FJ07-III-5 205

15. Prüfungstermin Herbst 2007 — 207
- H07-I-1 207
- H07-I-2 208
- H07-I-3 209
- H07-I-4 210
- H07-I-5 210
- H07-II-1 212
- H07-II-2 212
- H07-II-3 216
- H07-II-4 217
- H07-II-5 218
- H07-III-1 218

H07-III-2 221
H07-III-3 222
H07-III-4 222
H07-III-5 223

16. Prüfungstermin Frühjahr 2008 — 225
FJ08-I-1 225
FJ08-I-2 225
FJ08-I-3 228
FJ08-I-4 229
FJ08-I-5 230
FJ08-II-1 231
FJ08-II-2 231
FJ08-II-3 232
FJ08-II-4 234
FJ08-III-1 235
FJ08-III-2 236
FJ08-III-3 237
FJ08-III-4 239

17. Prüfungstermin Herbst 2008 — 241
H08-I-1 241
H08-I-2 243
H08-I-3 244
H08-I-4 246
H08-II-1 247
H08-II-2 248
H08-II-3 249
H08-II-4 251
H08-III-1 252
H08-III-2 253
H08-III-3 254
H08-III-4 255

18. Prüfungstermin Frühjahr 2009 — 259
FJ09-I-1 259
FJ09-I-2 261
FJ09-I-3 264
FJ09-I-4 264
FJ09-II-1 265
FJ09-II-2 267
FJ09-II-3 268
FJ09-II-4 269
FJ09-III-1 270
FJ09-III-2 271

FJ09-III-3 272
FJ09-III-4 273

19. Prüfungstermin Herbst 2009   275

   H09-I-1 275
   H09-I-2 276
   H09-I-3 277
   H09-I-4 278
   H09-II-1 279
   H09-II-2 279
   H09-II-3 282
   H09-II-4 283
   H09-III-1 286
   H09-III-2 288
   H09-III-3 289
   H09-III-4 291

Literaturvorschläge   293

Index   295

Themenverzeichnis

Gruppen

Sylow-Gruppen

FJ04-I-3	Gruppe der Ordnung 225	74
H04-II-1	Gruppe der Ordnung pq	98
H04-III-1	Gruppe der Ordnung p^2q	104
H05-III-1	Gruppe der Ordnung 56	138
H06-I-4	nichtabelsche Gruppe der Ordnung 231	172
FJ07-I-1	Gruppe der Ordnung 2007	187
H08-III-3	einfache Gruppe der Ordnung p^2q	254
H09-II-3	p-Sylow-Untergruppen von S_n	282

Gruppenoperationen

H03-I-4	Automorphismengruppe von $\mathbb{F}_{81}$	53
H03-III-1	Gruppe der Ordnung p^m	62
FJ05-II-2	einfache Gruppe der Ordnung 120	118
H05-III-1	Gruppe der Ordnung 56	138
FJ07-I-1	Gruppe der Ordnung 2007	187
FJ08-III-1	$|\{g \in G \mid gU \ni x\}|$	235
H08-I-2	transitive Operation	243
H09-I-3	normale Untergruppe vom Index p	277

Permutationsgruppen und Diedergruppen

H03-II-1	Definition von A_n, S_4 auflösbar	55
FJ04-II-1	Untergruppe der Ordnung 21 in S_7	78
FJ04-III-3	D_6, A_4, $\mathbb{Z}/3\mathbb{Z} \times_\varphi \mathbb{Z}/4\mathbb{Z}$	88
H04-I-1	2-Sylow-Untergruppen von S_4, A_5 und A_6	91
FJ05-II-2	einfache Gruppe der Ordnung 120	118

H05-I-2	$G = \{\sigma \in S_n; \sigma(n) = n\}$	128
H05-II-1	zwei nichtabelsche Gruppen der Ordnung 20	134
FJ06-II-5	Diedergruppe D_4	156
H06-II-1	$\{\sigma \in S(X) : \sigma(X_1) = X_1 \text{ oder } \sigma(X_1) = X_2\}$.	173
FJ07-I-5	Element und Untergruppe der Ordnung 5 in A_4	193
FJ07-II-1	$S_4, D_{12}, D_6 \times \mathbb{Z}_2, S_3 \times \mathbb{Z}_2 \times \mathbb{Z}_2$	195
FJ08-I-2	S_4 hat mindestens 24 Untergruppen	225
FJ08-II-1	$[S_n : G] \geq \binom{n}{k}$	231
H08-II-1	Elemente der Ordnung j in S_n	247
FJ09-II-1	$S_3 \times \mathbb{Z}_4, S_5$	265

Direkte und semidirekte Produkte

FJ04-II-1	Untergruppe der Ordnung 21 in S_7	78
H04-II-1	Gruppe der Ordnung pq	98
H06-I-4	Gruppe der Ordnung 231	172
H07-II-2	$\mathbb{Z}/3\mathbb{Z} \times_\varphi \mathbb{Z}/4\mathbb{Z}$	212
H07-III-1	Gruppe der Ordnung p^3	218
FJ09-III-3	$\mathbb{Z}/n\mathbb{Z} \rtimes (\mathbb{Z}/n\mathbb{Z})^*$	272
H09-III-1	nichtabelsche Gruppe der Ordnung 155	286

Sonstiges

H03-I-1	Satz von Cayley, $n = 2u$ mit ungeradem u	49
FJ04-I-1	minimaler Normalteiler	71
FJ05-II-1	Satz von Lagrange	117
H05-II-2	$\text{Aut}(G)$ zyklisch	135
FJ06-I-3	maximale Untergruppen	148
FJ06-II-1	direkte Summe	152
FJ06-II-3	additive Gruppe von $\mathbb{R}$	153
FJ06-III-2	Gleichung für Gruppenindizes	159
FJ06-III-3	$G \times G, \mathcal{Q}$	160
FJ07-III-3	$G = \langle z \rangle$ mit $|G| = 63$	203
H07-I-2	zyklisch, genau eine maximale Untergruppe	208
H07-II-1	Exponent	212
FJ08-II-3	Automorphismengruppe der additiven Gruppe von $\mathbb{Q}$	232
FJ08-III-2	$\text{tor}(G)$	236
H08-II-2	$\mathbb{Z}/9\mathbb{Z} \times \mathbb{Z}/35\mathbb{Z} \times \mathbb{Z}/49\mathbb{Z}$	248

H08-III-2	$P_n = \{g^n; g \in G\}$	253
FJ09-I-1	A mit $A/B \cong \mathbb{Z}/8\mathbb{Z}$	259
FJ09-I-2	vollständige Gruppe	261
FJ09-II-2	Normalteiler vom Index 2 oder 3	267
H09-II-2	maximale Untergruppen	279

Ringe

Euklidische Ringe

H03-II-4	$\mathbb{Z}[i]$	58
FJ04-II-2	$\mathbb{Z}[\sqrt{2}]$	80
H04-I-3	größter gemeinsamer Teiler zweier Polynome	94
FJ05-I-3	größter gemeinsamer Teiler in $\mathbb{Z}[i]$	113
H05-III-2	$\mathbb{Z}[\sqrt{2}]$	140
H06-I-2	$\mathbb{Z}\left[\frac{1+\sqrt{-3}}{2}\right]$	166
FJ07-II-2	$\mathbb{Z}[i\sqrt{2}]$	197
H09-III-2	$\mathbb{Z} + \mathbb{Z}\sqrt{-2}$	288

Faktorielle Ringe

H04-II-2	$\mathbb{Z}[\sqrt{-3}]$	99
H05-II-3	Hauptidealring	137
FJ06-III-4	Polynomring über einem faktoriellem Ring	161

Chinesischer Restsatz

H03-II-4	$\mathbb{Z}[i]$	58
FJ04-II-2	$\mathbb{Z}[\sqrt{2}]$	80
FJ05-III-3	Umkehrung von $\phi : \mathbb{Z}/1000\mathbb{Z} \to \mathbb{Z}/8\mathbb{Z} \times \mathbb{Z}/125\mathbb{Z}$	123

Irreduzibilität von Polynomen

H03-II-5	$X^p + pX - 1,\ X^4 - 42X^2 + 1 \in \mathbb{Z}[X]$	61
FJ04-I-2	$aX^4 + bX^3 + c \in \mathbb{Q}[X]$	73
H04-I-5	Anzahl normierter, irreduzibler Polynome in $\mathbb{F}_3[X]$	96

H04-II-3	$5X^3 + 63X^2 + 168 \in \mathbb{Z}[X]$, $X^4 + X + 1 \in \mathbb{F}_2[X]$, $X^9 + XY^7 + Y \in \mathbb{Z}[X,Y]$	100
FJ05-I-4	$X^4 - X^3 - 9X^2 + 4X + 2 \in \mathbb{Q}[X]$, $X^4 + 2X^3 + X^2 + 2X + 1 \in \mathbb{Q}[X]$, $Y^6 + XY^5 + 2XY^3 + 2X^2Y^2 - X^3Y + X^2 + X \in \mathbb{Q}[X,Y]$	114
H05-II-4	$X^3 + X^2 - 2X - 1 \in \mathbb{Q}[X]$	137
H06-II-3	$X^4 + 2X^3 + X^2 + 2X + 1 \in \mathbb{Q}[X]$	177
FJ07-III-2	$1 + X + X^2 + X^3 + X^4 \in \mathbb{F}_2[X]$	202
FJ08-II-4	$X^3 + aX + b \in \mathbb{Q}[X]$	234
H08-I-3	$T^4 + 1 \in \mathbb{R}[T]$	244
H08-I-4	$X^p - X - 1 \in \mathbb{F}_p[X]$	246
H08-II-4	$X^5 - X - \frac{1}{16} \in \mathbb{Q}[X]$	251
FJ09-I-4	$f(x+d)$ kein Eisenstein-Polynom	264

Sonstiges

H03-III-2	Matrizenring	63
FJ04-III-4	$\{f \in \mathbb{R}[x] \mid f(a_i) = f'(a_i) = 0 \text{ für } i = 1, \ldots, n\}$	89
FJ05-I-2	Äquivalenzrelation auf der Menge der Ideale	111
FJ05-II-3	Ideale in $R \times S$	120
H05-I-3	$\mathbb{Z}$-Basis von $\mathbb{Z}[\zeta]$	129
FJ06-II-6	maximales Ideal, R/M^n	157
H06-II-4	$\mathbb{Z}/99\mathbb{Z}$	180
H06-III-1	$\mathbb{Z}[\sqrt{13}]$	182
FJ07-I-4	in Hauptidealringen sind Primideale maximal	192
FJ07-II-3	Gauß'sches Lemma	198
H07-I-3	Einheitengruppe	209
H07-II-3	$K[X,Y]$	216
H08-III-1	Einheiten und Nullteiler	252
FJ09-I-3	Einheiten in $\mathbb{Z}/8\mathbb{Z}[t]$	264
FJ09-II-3	nilpotente Elemente	268
FJ09-III-1	Ringhomomorphismen $\mathbb{Q}[X]/(f) \to \mathbb{C}$	270
FJ09-III-2	maximales Ideal in $\mathbb{Z}[\sqrt{11}]$	271
H09-I-4	$P^3 - P + 2$ durch $X^4 - 7$ teilbar	278
H09-II-1	maximales Ideal in $\mathbb{Z}[X]$	279
H09-II-4	$\mathbb{Q}[X,Y]/I$ für $I = (X^3 - 7, (X+Y)^2 + (X+Y) + 1)$	283

Themenverzeichnis

Körper

H03-I-2	$\cos \frac{2\pi}{5} = \frac{\sqrt{5}-1}{4}$	51
H03-II-2	Normale Erweiterung von $\mathbb{Q}$ mit ungeradem Grad ist Teilkörper von $\mathbb{R}$	56
FJ04-I-4	zueinander konjugierte Zwischenkörper	75
FJ04-I-5	$[\mathbb{Q}(\zeta + \zeta^{-1}) : \mathbb{Q}] = \frac{1}{2}\varphi(n)$	77
FJ05-III-1	endliche Körpererweiterungen sind algebraisch	122
FJ05-III-2	Körper mit 16 Teilkörpern	
H06-II-2	Minimalpolynom von $y := \frac{1}{x}$	175
H06-II-3	$\mathbb{Q}[X]/(X^4 + 2X^3 + X^2 + 2X + 1)$	177
H06-III-3	$\mathbb{Q}(\sqrt{m}) \cong \mathbb{Q}(\sqrt{n}) \Rightarrow m = n$	183
H06-III-4	Kreisteilungspolynom als Produkt von irreduziblen Polynomen	184
FJ07-II-4	$\mathbb{Q}$-Basis von $\mathbb{Q}(\sqrt{2}, \sqrt{3})$	199
FJ07-III-5	Zerfällungskörper von $X^4 - 3$ über $\mathbb{Q}$	205
H07-III-3	d-tes Kreisteilungspolynom	222
FJ08-I-1	Zwischenkörper von $\mathbb{Q} \subset \mathbb{Q}(\sqrt[17]{19})$	225
FJ08-III-3	$[E_k : K] \leq \frac{n!}{(n-k)!}$	237
H08-II-3	Zerfällungskörper von $f_\alpha(X) = X^3 + aX^2 + bX + c$	249
FJ09-II-4	$\mathbb{Q}(\sqrt[5]{3}, \sqrt{7})$	269

Endliche Körper

H03-I-4	Automorphismen auf $\mathbb{F}_{81}$	53
H03-II-3	Zerlegung von $X^{p^q} - X$	57
H03-III-3	$\mathbb{F}_2[X]/(f)$	65
FJ04-II-4	$\mathbb{F}_{256}$	84
FJ04-III-2	Galoisgruppe von $x^4 + x^3 + x^2 + x + 1$ über $\mathbb{F}_2$	87
H04-I-5	$\mathbb{F}_{27}$	96
FJ05-II-4	Irreduzible Polynome über $\mathbb{F}_p$	120
H06-I-1	Inverses von $X^2 - 2X + 2$ in $(\mathbb{Q}[X]/(X^3 - X + 2))^\times$	165
FJ07-III-1	primitive Elemente von $\mathbb{F}_{2^8}$ über $\mathbb{F}_2$	202
FJ07-III-2	$\mathbb{F}_2[X]/(1 + X + X^2 + X^3 + X^4)$	202
FJ07-III-4	Körper mit multiplikativer Gruppe, die $\mathbb{Z}/63\mathbb{Z}$ enthält	204
H07-II-4	irreduzible Polynome vom Grad p^2 über $\mathbb{F}_q$	217
H07-III-5	Abbildungen $\mathbb{F}_q \to \mathbb{F}_q$	223
FJ08-I-3	Minimalpolynome der Elemente von $\mathbb{F}_8$ über $\mathbb{F}_2$	228

FJ08-I-4	primitive Elemente von $\mathbb{F}_{81}$ über $\mathbb{F}_3$	229
H08-I-1	Äquivalente Aussagen in $\mathbb{F}_p$	241

Galoistheorie

H03-III-4	Zwischenkörper von $\mathbb{Q}(X^2 + X^{-2}) \leq \mathbb{Q}(X)$	67
FJ04-I-3	Galoiserweiterung vom Grad 225	74
FJ04-II-3	$\mathrm{Gal}\left(\mathbb{Q}(e^{\frac{2\pi i}{9}}) \mid \mathbb{Q}(e^{\frac{2\pi i}{3}})\right)$	82
H04-I-4	Galoisgruppe von $X^4 - 4X^3 + 4X^2 - 2$ über $\mathbb{Q}$	94
H04-II-5	quadratischer Teilkörper von $\mathbb{Q}(\zeta_5)$	103
H04-III-3	Galoisgruppe von $X^5 - 4X + 2$ über $\mathbb{Q}$	106
FJ05-I-5	Diskriminante von $X^4 + 2aX^2 + b$	115
FJ05-III-5	Galoisgruppe von $X^n - a$	125
H05-I-4	Zerfällungskörper von $X^7 + 1 - i$ über $\mathbb{Q}$	132
FJ06-I-1	f hat nur reelle Nullstellen, wenn die Galoisgruppe ungerade Ordnung hat	147
FJ06-II-4	Körpererweiterung mit Galoisgruppe S_n	155
FJ06-III-5	Galoiserweiterung mit Galoisgruppe $\mathbb{Z}/4\mathbb{Z}$	162
FJ06-III-6	$K\left(\bigcup_{\sigma \in G} \sigma(L)\right)$	163
H06-I-3	Galoisgruppe von $X^3 - 7$ über $\mathbb{Q}$	169
FJ07-I-3	Galoisgruppe von $(X^2 - 3)(X^3 + 5)$ über $\mathbb{Q}$	190
FJ07-II-5	Galoisgruppe von $X^3 - 3X^2 + 5$ über $\mathbb{Q}$	200
H07-I-4	Galoisgruppe von $M\mid K$ isomorph zu $\mathbb{Z}_2 \times \mathbb{Z}_2$	210
H07-I-5	Galoisgruppe von $X^3 - 3X + 1$ über $\mathbb{Q}$	210
H07-II-5	Galoisgruppe der Ordnung 85	218
H07-III-4	Galoisgruppe von f mit $f(X) = h(X^2)$	222
FJ08-III-4	Galoisgruppe von $E = \mathbb{Q}(\sqrt{5}) \cdot \mathbb{Q}(i\sqrt{5})$ über $\mathbb{Q}$	239
H08-I-3	Galoisgruppe von $T^4 + 1$ über $\mathbb{Q}$	244
H08-II-4	Galoisgruppe von $X^5 - X - \frac{1}{16}$	251
H08-III-4	Galoisgruppe von $\mathbb{Q}[\sqrt[p]{2}, e^{\frac{2\pi i}{p}}] \mid \mathbb{Q}$	255
FJ09-III-4	Galoisgruppe von $X^{15} - 10$ über $\mathbb{Q}$	273
H09-III-3	Galoisgruppe der normalen Hülle von $\mathbb{Q}\left(\sqrt{8 + 3\sqrt{7}}\right)/\mathbb{Q}$	289
H09-III-4	Galoisgruppe von $X^5 - 777X + 7$	291

Zahlentheorie

H04-I-2	$n^2 \equiv 500 \mod 1000$	93
H04-III-2	$x^2 - ay^2 \equiv b \mod p$	105

FJ05-I-1	$4n+3$ als Summe zweier Quadrate	111
FJ05-III-3	Umkehrung von $\phi: \mathbb{Z}/1000\mathbb{Z} \to \mathbb{Z}/8\mathbb{Z} \times \mathbb{Z}/125\mathbb{Z}$	123
FJ05-III-4	$x^2 + 91y = 5$	124
H05-I-1	unendlich viele Primzahlen, $\operatorname{ggT}(77n+1, 143n+2)$	127
FJ06-II-2	5 quadratischer Rest für $10n + k$	152
FJ06-III-1	unendlich viele $n \in \mathbb{N}$ mit $m \mid \varphi(n)$	158
H06-III-1	$\left\lvert \frac{p}{q} - \frac{x}{y} \right\rvert < \frac{1}{y^2}$	182
H07-I-1	$4^{2n+1} + 3^{n+2}$ durch 13 teilbar	207
H07-III-2	n Teiler von $(n-1)!$	221
FJ08-I-5	$x^2 \equiv a \mod 42$	230
H09-I-1	$1 + 2 + 3 + \ldots + n$ Teiler von $n!$	275

Konstruktionen mit Zirkel und Lineal

H03-I-3	$e^{\frac{2\pi i}{13}}$ konstruierbar	52
FJ05-II-5	Fünfeck, Siebeneck	121
H05-III-4	zu einem Dreieck flächengleiches Quadrat	143

Lineare Algebra

H05-III-3	$X^7 = \mathbb{1}_5$	142
FJ07-I-2	Eigenraum des Frobenius-Homomorphismus	189
H07-III-5	polynomiale Abbildung	223
H09-I-2	K-Vektorraum der $n \times n$-Matrizen	276

Teil I.
Grundlagen

Teil I. Grundlagen

In diesem ersten Teil sind alle Definitionen und Sätze formuliert, deren Kenntnis in den vergangenen Jahren zur Lösung der Examensaufgaben notwendig und hilfreich war. Dabei wurden die Sätze häufig nicht in ihrer allgemeinsten Fassung, sondern so aufgeschrieben, wie sie in den in Teil II vorgestellten Lösungsvorschlägen verwendet werden.

Diese Grundlagen sollten zum größten Teil aus den Vorlesungen bekannt sein. Sie sind ohne weitere Erklärungen und anschauliche Beispiele aufgeführt. Sollte das Verständnis einer Auffrischung bedürfen, wird hier auf die Literaturvorschläge (Seite 293) verwiesen.

Sicherlich gibt es in der Algebra noch viele andere schöne Sätze und interessante Themen. Es kann auch nicht ausgeschlossen werden, dass diese in den kommenden Prüfungsterminen eine Rolle spielen. Die Sammlung erhebt insofern keinerlei Anspruch auf Vollständigkeit. Trotzdem kann wohl davon ausgegangen werden, dass ein Großteil der üblicherweise im Examen abgefragten Grundlagen von dieser Zusammenstellung abgedeckt wird.

Der erste Teil gliedert sich in sechs Kapitel zu sechs Themenblöcken, die sich inhaltlich gut voneinander abgrenzen lassen. Es empfiehlt sich, die Lernphase gemäß dieser Themenblöcke zu organisieren. Die zugehörigen Aufgaben sind im Themenverzeichnis (Seite xiii) aufgeführt.

1. Gruppen

Definition 1.1 Eine nichtleere Menge G zusammen mit einer Abbildung $\circ : G \times G \to G$ heißt eine **Gruppe**, falls gilt:

i) Für alle $g, h, l \in G$ ist $g \circ (h \circ l) = (g \circ h) \circ l$.

ii) Es existiert ein $e \in G$, so dass $e \circ g = g = g \circ e$ für alle $g \in G$ gilt.

iii) Zu jedem $g \in G$ existiert ein $h \in G$ mit $g \circ h = e$.

Ist nur i) erfüllt, so heißt G eine **Halbgruppe**.

Gilt zusätzlich

iv) $g \circ h = h \circ g$ für alle $g, h \in G$,

so heißt $(G, \circ)$ eine **kommutative** oder **abelsche** Gruppe.

Definition 1.2 Ist $(G, \circ)$ eine Gruppe, so heißt das Element $e \in G$, für das $e \circ g = g = g \circ e$ für alle $g \in G$ gilt, **neutrales Element** von G. Für $g \in G$ heißt das Element $h \in G$, für das $g \circ h = e$ gilt, das **zu g inverse Element** oder **Inverses von g** und wird mit g^{-1} bezeichnet.

Definition 1.3 Eine nichtleere Teilmenge U einer Gruppe G heißt **Untergruppe** von G, falls $g \circ h^{-1} \in U$ für alle $g, h \in U$ gilt.

Definition 1.4 Eine Untergruppe U einer Gruppe G heißt **maximale Untergruppe** von G, falls für alle Untergruppen $V \subseteq G$, die $U \subseteq V$ erfüllen, $U = V$ oder $V = G$ gilt.

Definition 1.5 Die Anzahl der Elemente einer Gruppe G heißt **Ordnung** von G und wird mit $|G|$ bezeichnet. Ist $|G| < \infty$, so heißt G **endlich**.

Definition 1.6 Seien $(G, \cdot)$ und $(H, \circ)$ Gruppen. Ein **Gruppenhomomorphismus** ist eine Abbildung $\varphi : G \to H$, die $\varphi(x \cdot y) = \varphi(x) \circ \varphi(y)$ für alle $x, y \in G$ erfüllt.

Definition 1.7 Ein Gruppenhomomorphismus $\varphi : G \to H$ heißt

i) **Endomorphismus**, falls $H = G$ gilt.

ii) **Isomorphismus**, falls φ bijektiv ist.

iii) **Automorphismus**, falls $H = G$ gilt und φ bijektiv ist.

Definition 1.8 Die identische Abbildung $\text{id}: G \to G$ mit $\text{id}(x) = x$ wird auch **trivialer Automorphismus** genannt.

Definition 1.9 Zwei Gruppen G und H heißen **isomorph**, falls es einen Isomorphismus $\varphi: G \to H$ gibt. Wir schreiben dann $G \cong H$.

Definition 1.10 Ist $\varphi: G \to H$ ein Gruppenhomomorphismus und e das neutrale Element von H, so heißt $\{g \in G \mid \varphi(g) = e\}$ der **Kern** von φ und wird mit $\ker(\varphi)$ oder auch $\text{Kern}(\varphi)$ bezeichnet.
Die Menge $\{h \in H \mid \varphi(x) = h \text{ für ein } x \in G\}$ heißt das **Bild** von φ und wird mit $\text{Bild}(\varphi)$ oder auch $\text{im}(\varphi)$ bezeichnet.
Ist X eine Teilmenge von H, so heißt die Menge $\{g \in G \mid \varphi(g) \in X\}$ das **Urbild von** X unter φ und wird mit $\varphi^{-1}(X)$ bezeichnet.

Satz 1.11 Ein Gruppenhomomorphismus $\varphi: G \to H$ ist genau dann injektiv, wenn der Kern von φ nur aus dem neutralen Element von G besteht.

Satz 1.12 Sei G eine endliche Gruppe und $\varphi: G \to H$ ein Gruppenhomomorphismus. Dann ist $\text{im}(\varphi)$ eine Untergruppe von H, $\ker(\varphi)$ eine Untergruppe von G und es gilt $|G| = |\text{im}(\varphi)| \cdot |\ker(\varphi)|$.

Satz 1.13 Sei $\varphi: G \to H$ ein Gruppenhomomorphismus, sei e_G das neutrale Element von G und e_H das neutrale Element von H. Dann ist $\varphi(e_G) = e_H$ und das zu einem Element $g \in G$ inverse Element g^{-1} wird durch φ auf das Inverse des Bildes von g abgebildet.

Definition 1.14 Sei G eine Gruppe und X eine nichtleere Teilmenge von G. Die Menge
$$\langle X \rangle := \{x_1 \cdot \ldots \cdot x_l \mid l \in \mathbb{N}, x_i \in X \vee x_i^{-1} \in X, 1 \leq i \leq l\}$$
ist eine Untergruppe von G und heißt **die von X erzeugte Untergruppe**. Ist U eine Untergruppe von G und X eine Teilmenge von G mit $U = \langle X \rangle$, so heißt X ein **Erzeugendensystem von** U.

Definition 1.15 Sei G eine Gruppe. Die Untergruppe $\langle \{ghg^{-1}h^{-1} \mid g, h \in G\} \rangle$ heißt **Kommutatorgruppe von** G.

Satz 1.16 Sei G eine Gruppe und X ein Erzeugendensystem von G.

  a) Gilt $ab = ba$ für alle $a, b \in X$, so ist G abelsch.

  b) Stimmen zwei Gruppenhomomorphismen $\varphi, \psi: G \to H$ auf X überein, so gilt $\varphi = \psi$.

1.1. Zyklische Gruppen

Definition 1.17 Sei G eine Gruppe und g ein Element in G. Die Ordnung der von $\{g\}$ erzeugten Untergruppe heißt **Ordnung von** g. Man schreibt dafür $\operatorname{ord}(g)$. Die von $\{g\}$ erzeugte Untergruppe wird mit $\langle g \rangle$ bezeichnet. Falls es ein $g \in G$ gibt mit $G = \langle g \rangle$, heißt G **zyklisch**.

Satz 1.18 Sei G eine Gruppe mit neutralem Element e und sei $g \in G$. Gibt es ein $a \in \mathbb{N} \setminus \{0\}$ mit $g^a = e$, so ist $\operatorname{ord}(g)$ ein Teiler von a.

Satz 1.19 Ist p eine Primzahl und G eine Gruppe der Ordnung p, so ist G zyklisch.

Satz 1.20 Untergruppen zyklischer Gruppen sind zyklisch.

Satz 1.21 Ist $G = \langle z \rangle$ eine zyklische Gruppe der Ordnung $n \in \mathbb{N}$, so ist

$$\begin{aligned} \varphi : \mathbb{Z}/n\mathbb{Z} &\to G \\ a + (n) &\mapsto z^a \end{aligned}$$

ein Isomorphismus von Gruppen. Bis auf Isomorphie gibt es also genau eine zyklische Gruppe der Ordnung $n \in \mathbb{N}$.

Satz 1.22 Zyklische Gruppen sind abelsch.

Definition 1.23 Sei $n \in \mathbb{N}$. Die Anzahl der zu n teilerfremden Zahlen $m \in \mathbb{N}$ mit $1 \leq m \leq n$ wird mit $\varphi(n)$ bezeichnet. Die Funktion $\varphi : \mathbb{N} \to \mathbb{N}$, $n \mapsto \varphi(n)$ heißt **Eulersche Phi-Funktion**.

Satz 1.24 Sei φ die Eulersche Phi-Funktion.

a) Für eine Primzahl p und eine natürliche Zahl $k > 0$ gilt
$$\varphi(p^k) = p^k - p^{k-1}.$$

b) Für die Primfaktorzerlegung einer natürlichen Zahl $n = p_1^{k_1} \cdots p_l^{k_l}$ gilt
$$\varphi(n) = \varphi(p_1^{k_1}) \cdots \varphi(p_l^{k_l}).$$

c) Es gilt die Summenformel
$$n = \sum_{d|n, d \geq 1} \varphi(d).$$

Satz 1.25 Sei G eine zyklische Gruppe der Ordnung $n \in \mathbb{N}$ und φ die Eulersche Phi-Funktion. Dann hat G genau $\varphi(n)$ erzeugende Elemente, also $\varphi(n)$ Elemente der Ordnung n.

Satz 1.26 Sei G eine endliche Gruppe. Ist G abelsch, so gibt es zu jedem Teiler der Gruppenordnung eine Untergruppe dieser Ordnung. Ist G zyklisch, so gibt es zu jedem Teiler der Gruppenordnung genau eine Untergruppe dieser Ordnung.

Definition 1.27 Sei G eine Gruppe. Die Menge aller Automorphismen auf G mit der Hintereinanderausführung als Verknüpfung ist eine Gruppe und heißt **Automorphismengruppe** von G. Sie wird mit $\mathrm{Aut}(G)$ bezeichnet.

Satz 1.28 Die Automorphismengruppe der zyklischen Gruppe $(\mathbb{Z}/n\mathbb{Z}, +)$ ist isomorph zur Einheitengruppe des Rings $\mathbb{Z}/n\mathbb{Z}$ (vgl. 2.11).

Satz 1.29 Seien $m, n \in \mathbb{N}$ mit $\mathrm{ggT}(m, n) = 1$. Dann gilt

$$\mathbb{Z}/m\mathbb{Z} \times \mathbb{Z}/n\mathbb{Z} \cong \mathbb{Z}/(m \cdot n)\mathbb{Z}.$$

Satz 1.30 (Hauptsatz über endliche abelsche Gruppen)
Sei G eine endliche abelsche Gruppe. Dann gibt es zyklische Untergruppen $Z_1, \ldots, Z_r$ von G mit $G \cong Z_1 \times \ldots \times Z_r$. Die Ordnungen der Z_i sind Primzahlpotenzen. Die Anzahl der zyklischen Untergruppen einer gegebenen Ordnung ist dabei eindeutig bestimmt.

1.2. Normalteiler und Faktorgruppen

Definition 1.31 Sei G eine Gruppe und U eine Untergruppe von G. Die Menge $gU := \{gu \mid u \in U\}$ heißt **Linksnebenklasse von g bezüglich U**. Die Menge $Ug := \{ug \mid u \in U\}$ heißt **Rechtsnebenklasse von g bezüglich U**. Die Anzahl der Linksnebenklassen ist gleich der Anzahl der Rechtsnebenklassen bezüglich U und heißt **Index von U in G**. Der Index wird mit $[G : U]$ bezeichnet.

Definition 1.32 Sei Y eine endliche Menge, seien $X_1, \ldots, X_n$ Teilmengen von Y. Man sagt, $X_1, \ldots, X_n$ bilden eine **Partition** von Y, falls die Teilmengen paarweise disjunkt sind und $Y = X_1 \cup \ldots \cup X_n$ gilt.

Satz 1.33 Sei G eine endliche Gruppe und U eine Untergruppe von G. Dann bilden die Rechtsnebenklassen (bzw. die Linksnebenklassen) von U eine Partition von G.

Satz 1.34 (Lagrange)
Ist U Untergruppe einer endlichen Gruppe G, dann gilt $|G| = [G : U] \cdot |U|$.

Definition 1.35 Sei G eine Gruppe und U eine Teilmenge von G. Die Menge U heißt **Normalteiler** von G, wenn U eine Untergruppe von G ist und eine der folgenden äquivalenten Bedingungen erfüllt ist:

    i) Für alle $g \in G$ gilt $gUg^{-1} \subseteq U$.

1.2. Normalteiler und Faktorgruppen

ii) Für alle $g \in G$ gilt $gUg^{-1} = U$.

iii) Für alle $g, h \in G$ gilt $(gU)(hU) = ghU$.

iv) Für alle $g \in G$ gilt $gU = Ug$.

Satz 1.36 Jede Gruppe G hat mindestens zwei Normalteiler, nämlich $\{e\}$ und G. Diese beiden Normalteiler werden als triviale Normalteiler bezeichnet.

Satz 1.37 Ist G eine abelsche Gruppe, so ist jede Untergruppe von G Normalteiler von G.

Satz 1.38 Ist N Normalteiler einer Gruppe G, so bilden die Nebenklassen von N mit der Verknüpfung
$$(gN)(hN) = ghN$$
eine Gruppe. Sie heißt **Faktorgruppe von** G **modulo** N und wird mit G/N bezeichnet.

Satz 1.39 Sei G eine endliche Gruppe und N ein Normalteiler von G. Dann gilt $|G| = |N| \cdot |G/N|$.

Definition 1.40 Sei G eine Gruppe und N ein Normalteiler von G. Dann ist die Abbildung $\varepsilon : G \to G/N$ definiert durch $g \mapsto gN$ ein surjektiver Homomorphismus. Er heißt der **kanonische Epimorphismus** von G auf G/N.

Definition 1.41 Eine Gruppe G, die keine Normalteiler außer $\{e\}$ und G hat, heißt **einfach**.

Satz 1.42 Sei G eine Gruppe und $(N_i)_{i \in I}$ eine Familie von Normalteilern von G. Dann ist $\bigcap_{i \in I} N_i$ ein Normalteiler von G.

Satz 1.43 Sei G eine Gruppe und U eine endliche Untergruppe von G. Ist U die einzige Untergruppe der Ordnung $|U|$ von G, dann ist U ein Normalteiler von G.

Satz 1.44 Sei G eine endliche Gruppe und U eine Untergruppe von G. Ist U vom Index 2 in G, dann ist U ein Normalteiler von G.
Allgemeiner gilt: Ist p der kleinste Primteiler von $|G|$ und U eine Untergruppe vom Index p in G, dann ist U ein Normalteiler von G.

Satz 1.45 Sei G eine endliche Gruppe und U eine echte Untergruppe von G. Ist $|G|$ kein Teiler von $[G : U]!$, so besitzt G einen nichttrivialen Normalteiler, ist also nicht einfach.

Definition 1.46 Sei G eine Gruppe und X eine nichtleere Teilmenge von G. Die Menge $N_G(X) := \{g \in G \mid gXg^{-1} = X\} = \{g \in G \mid gX = Xg\}$ heißt **Normalisator** von X in G.

Satz 1.47 Sei G eine Gruppe. Für eine Teilmenge X von G ist $N_G(X)$ eine Untergruppe von G. Für eine Untergrupppe U ist $N_G(U)$ die größte Untergruppe von G, von der U Normalteiler ist. Für einen Normalteiler N von G ist $N_G(N) = G$.

Definition 1.48 Sei G eine Gruppe. Für eine nichtleere Teilmenge X und eine Untergruppe H von G heißt $Z_H(X) := \{g \in H \mid gx = xg \text{ für alle } x \in X\}$ **Zentralisator** von X in H und $Z(G) := \{g \in G \mid gh = hg \text{ für alle } h \in G\}$ heißt **Zentrum** von G. Das Zentrum heißt **trivial**, wenn $Z(G) = \{e\}$ gilt.

Satz 1.49 Sei G ein Gruppe. Für eine Teilmenge X und eine Untergruppe H von G ist der Zentralisator $Z_H(X)$ eine Untergruppe von G. Das Zentrum von G ist ein Normalteiler von G.

Satz 1.50 Sei $\varphi : G \to H$ ein Gruppenhomomorphismus.

  a) Ist U eine Untergruppe von G, so ist $\varphi(U)$ eine Untergruppe von H. Ist $U = \langle X \rangle$, so ist $\varphi(U) = \langle \varphi(X) \rangle$.

  b) Ist V eine Untergruppe von H, so ist $\varphi^{-1}(V)$ eine Untergruppe von G.

  c) Ist φ surjektiv und N ein Normalteiler von G, so ist $\varphi(N)$ ein Normalteiler von H.

  d) Ist N ein Normalteiler von H, so ist $\varphi^{-1}(N)$ ein Normalteiler von G.

  e) Der Kern von φ ist ein Normalteiler von G.

Satz 1.51 (Universelle Eigenschaft der Faktorgruppe)
Sei $\varphi : G \to H$ ein Gruppenhomomorphismus und sei N ein Normalteiler von G mit $N \subseteq \ker(\varphi)$. Dann gibt es genau einen Homomorphismus $\overline{\varphi} : G/N \to H$ mit $\overline{\varphi} \circ \varepsilon = \varphi$, wobei $\varepsilon : G \to G/N$ den kanonischen Epimorphismus von G auf G/N bezeichne.

Satz 1.52 (Homomorphiesatz)
Sei $\varphi : G \to H$ ein Gruppenhomomorphismus. Dann ist

$$\begin{aligned} \overline{\varphi} : G/\ker(\varphi) &\to H \\ g\ker(\varphi) &\mapsto \varphi(g) \end{aligned}$$

injektiv. Insbesondere ist $G/\ker(\varphi) \cong \mathrm{im}(\varphi)$.

Satz 1.53 (Erster Isomorphiesatz)
Sei G eine Gruppe, H eine Untergruppe und N ein Normalteiler von G. Dann ist HN eine Untergruppe von G mit Normalteiler N und $H \cap N$ ist ein Normalteiler von H. Weiter ist $H/(H \cap N) \cong HN/N$.

Satz 1.54 (Zweiter Isomorphiesatz)
Sei G eine Gruppe und seien N, H Normalteiler von G mit $N \subseteq H$. Dann ist N ein Normalteiler von H, H/N ein Normalteiler von G/N und es gilt $(G/N)/(H/N) \cong G/H$.

Satz 1.55 (Dritter Isomorphiesatz)
Sei $\varphi : G \to H$ ein Gruppenhomomorphismus, M ein Normalteiler von H und $N := \varphi^{-1}(M)$. Dann gibt es einen injektiven Homomorphismus $\Phi : G/N \to H/M$. Falls φ surjektiv ist, ist Φ ein Isomorphismus.

Satz 1.56 (Korrespondenzsatz)
Sei G eine Gruppe und N ein Normalteiler von G. Die Untergruppen (bzw. Normalteiler) von G/N entsprechen bijektiv den Untergruppen (bzw. Normalteilern) von G, die N enthalten. Der zugehörige Isomorphismus ist der kanonische Epimorphismus $\varepsilon : G \to G/N$.

Definition 1.57 Eine endliche Gruppe G heißt **auflösbar**, wenn es Untergruppen $U_0, \ldots, U_l$ von G gibt, für die gilt:

i) $G = U_0 \supset U_1 \supset \ldots \supset U_l = \{e\}$,

ii) U_{i+1} ist ein Normalteiler von U_i für $i = 0, \ldots, l-1$ und

iii) U_i/U_{i+1} ist abelsch für alle $i = 0, \ldots, l-1$.

Satz 1.58 Abelsche Gruppen sind auflösbar.

Satz 1.59 Ist eine Gruppe G auflösbar, so ist jede Untergruppe und jede Faktorgruppe von G auflösbar.

Satz 1.60 Sei N ein Normalteiler einer Gruppe G. Die Gruppe G ist genau dann auflösbar, wenn N und G/N auflösbar sind.

1.3. Gruppenoperationen

Definition 1.61 Sei G eine Gruppe und M eine Menge. Man sagt, G **operiert auf M mittels** γ, falls es eine Abbildung $\gamma : G \times M \to M$ gibt, für die gilt:

i) $\gamma(e_G, m) = m$ für alle $m \in M$;

ii) $\gamma(g, \gamma(h, m)) = \gamma(gh, m)$ für alle $g, h \in G$ und $m \in M$.

Eine solche Abbildung heißt **(Gruppen-)Operation** von G auf M.

Satz 1.62 Die Gruppenoperationen $G \times M \to M$ entsprechen bijektiv den Gruppenhomomorphismen $G \to S_M$. Genauer gilt:

a) Ist $\gamma: G \times M \to M$ eine Gruppenoperation, so ist

$$\begin{aligned} \varphi: G &\to S_M \\ g &\mapsto \gamma_g \end{aligned}$$

mit $\gamma_g: M \to M, m \mapsto \gamma(g,m)$ ein Gruppenhomomorphismus.

b) Ist $\varphi: G \to S_M$ ein Gruppenhomomorphismus, so definiert

$$\begin{aligned} \gamma: G \times M &\to M \\ (g,m) &\mapsto \varphi(g)(m) \end{aligned}$$

eine Gruppenoperation von G auf M.

Definition 1.63 Man spricht von einer trivialen Operation $G \times M \to M$, wenn $(g,m) \mapsto m$ für alle $(g,m) \in G \times M$ gilt, also wenn der zur Operation gehörige Gruppenhomomorphismus $G \to S_M$ konstant ist.

Satz 1.64 (Satz von Cayley)
Jede endliche Gruppe der Ordnung n ist isomorph zu einer Untergruppe der symmetrischen Gruppe S_n.

Definition 1.65 Sei G eine Gruppe, M eine Menge und $\gamma: G \times M \to M$ eine Gruppenoperation.

a) Für $m \in M$ heißt $B_m = \{\gamma(g,m) \mid g \in G\}$ die **Bahn von** m unter γ.

b) Die Operation γ heißt **transitive Operation**, falls es nur eine Bahn gibt, d.h. falls $B_m = M$ für alle $m \in M$ gilt.

c) Für $m \in M$ ist die Menge $G_m = \{g \in G \mid \gamma(g,m) = m\}$ eine Untergruppe von G. Sie heißt **Fixgruppe** oder **Stabilisator von** m.

Satz 1.66
Sei G eine endliche Gruppe und $\gamma: G \times M \to M$ eine Gruppenoperation. Für alle $m \in M$ gilt $|G| = |B_m| \cdot |G_m|$.

Satz 1.67 (Bahnengleichung)
Eine Gruppe G operiere auf einer Menge M durch γ. Seien $B_{m_1}, \ldots, B_{m_l}$ die verschiedenen Bahnen unter γ. Dann bilden die Bahnen $B_{m_1}, \ldots, B_{m_l}$ eine Partition von M und es gilt $|M| = \sum_{j=1}^{l} |B_{m_j}|$.

Satz 1.68 Eine Gruppe G operiert genau dann transitiv auf einer Menge M durch γ, wenn es für alle $m_1, m_2 \in M$ ein $g \in G$ gibt mit $\gamma(g, m_1) = m_2$.

1.4. Direkte und semidirekte Produkte

Definition 1.69 Seien U, V Untergruppen einer Gruppe G. Die Menge $UV := \{uv \mid u \in U, v \in V\}$ heißt **Komplexprodukt** von U und V.

Satz 1.70 Sei G eine Gruppe. Ist U eine Untergruppe und N ein Normalteiler von G, dann gilt $\langle N \cup U \rangle = NU$. Ist zusätzlich $U \cap N = \{e\}$, so gilt $|NU| = |N| \cdot |U|$.

Der Satz gilt auch unter der Voraussetzung, dass N eine Untergruppe von G ist und $uNu^{-1} \subseteq N$ für alle $u \in U$ gilt.

Definition 1.71 Seien U und V Untergruppen einer Gruppe G. Sei $U \times V$ die Menge $\{(u,v) \mid u \in U, v \in V\}$.

a) Zusammen mit der Verknüpfung
$$(u_1, v_1) \circ (u_2, v_2) = (u_1 u_2, v_1 v_2)$$
ist $U \times V$ eine Gruppe. Sie heißt **direktes Produkt** von U und V. Die beiden Untergruppen U und V heißen **direkte Faktoren** von $U \times V$.

b) Sei $\varphi : V \to \mathrm{Aut}(U)$ ein Homomorphismus. Zusammen mit der Verknüpfung
$$(u_1, v_1) \circ (u_2, v_2) = (u_1 \varphi(v_1)(u_2), v_1 v_2)$$
ist $U \times V$ eine Gruppe. Sie wird mit $U \times_\varphi V$ oder mit $U \rtimes_\varphi V$ bezeichnet und heißt **semidirektes Produkt** von U und V mittels φ.

Satz 1.72 Sei G eine Gruppe, seien $U_1, \ldots, U_n$ Untergruppen von G. Die Abbildung
$$\begin{aligned}\varphi : U_1 \times \ldots \times U_n &\to G \\ (u_1, \ldots, u_n) &\mapsto u_1 \cdot \ldots \cdot u_n\end{aligned}$$
ist ein Isomorphismus genau dann, wenn folgendes gilt:

i) $G = \langle U_1 \cup \ldots \cup U_n \rangle$,

ii) $U_j \cap \langle \bigcup_{i \neq j} U_i \rangle = \{e\}$ für jedes $j \in \{1, \ldots, n\}$,

iii) für $u_i \in U_i, u_j \in U_j$ mit $i \neq j$ ist stets $u_i \cdot u_j = u_j \cdot u_i$.

Dabei ist Bedingung iii) äquivalent zu

iii') U_j ist ein Normalteiler von G für alle $j \in \{1, \ldots, n\}$.

Satz 1.73 Für eine Gruppe G sind die folgenden Aussagen äquivalent:

a) G ist semidirektes Produkt eines Normalteilers N und einer Untergruppe H.

b) In G gibt es einen Normalteiler N und eine Untergruppe H, für die $G = \langle H \cup N \rangle$ und $H \cap N = \{e\}$ gilt.

Satz 1.74 Direkte Produkte abelscher Untergruppen sind abelsch. Ein semidirektes Produkt von abelschen Untergruppen U und V mittels φ ist genau dann abelsch, wenn $\varphi : V \to \mathrm{Aut}(U)$ alle Elemente auf die identische Abbildung abbildet.

Satz 1.75 Seien G und H auflösbare Gruppen. Dann ist jedes semidirekte Produkt von G und H ebenfalls auflösbar.

1.5. Die Sylow-Sätze

Definition 1.76 Gruppen der Ordnung p^n für eine Primzahl p und eine natürliche Zahl n heißen p-**Gruppen**. Untergruppen einer Gruppe G, die p-Gruppen sind, heißen p-**Untergruppen**.

Satz 1.77 Das Zentrum einer p-Gruppe G ist nichttrivial, d.h. es gilt $\{e\} \subsetneq Z(G)$. Gruppen der Ordnung p^2 für eine Primzahl p sind abelsch.

Definition 1.78 Sei G eine endliche Gruppe und p eine Primzahl. Ist S_p eine Untergruppe von G der Ordnung p^k für ein $k \in \mathbb{N}$ und p^j kein Teiler von $|G|$ für alle $j > k$, so heißt S_p eine p-**Sylow-Untergruppe** von G.

Satz 1.79 (Die Sylow-Sätze)
Sei G eine endliche Gruppe. Es sei $|G| = p^k m$ mit einer Primzahl p und es gelte $\mathrm{ggT}(p, m) = 1$. Mit s_p sei die Anzahl der p-Sylow-Untergruppen von G bezeichnet.

a) Ist p^j eine Primzahlpotenz, die $|G|$ teilt, so hat G eine Untergruppe der Ordnung p^j.

b) Ist H eine p-Untergruppe von G, so gibt es eine p-Sylow-Untergruppe von G, die H enthält.

c) Je zwei p-Sylow-Untergruppen $S_{p,1}$ und $S_{p,2}$ von G sind **konjugiert**, d.h. es gibt ein $g \in G$ mit $S_{p,1} = g S_{p,2} g^{-1}$.

d) Es gilt $s_p \equiv 1 \mod p$ und $s_p \mid m$.

e) Ist S_p eine p-Sylow-Untergruppe von G, so gilt $s_p = [G : N_G(S_p)]$.

1.6. Permutationsgruppen und Diedergruppen

Definition 1.80 Sei M eine nichtleere Menge. Die Gruppe der bijektiven Selbstabbildungen von M wird **Permutationsgruppe** oder **symmetrische Gruppe** von M genannt und mit S_M bezeichnet. Im Fall $M = \{1, \ldots, n\}$ schreibt man auch S_n anstelle von S_M.

Definition 1.81 Die Elemente von S_M bzw. S_n heißen **Permutationen** und können in **Zyklenschreibweise** dargestellt werden. Dabei ist der k-**Zykel** oder k-**Zyklus** $(a_1\ a_2\ \ldots\ a_k)$ (oder auch $(a_1, a_2, \ldots, a_k)$) diejenige Permutation, die a_1 auf a_2, a_2 auf a_3, usw. und a_k auf a_1 abbildet. Die Zahl k heißt **Länge** des Zyklus $(a_1\ a_2\ \ldots\ a_k)$. Ein Zyklus der Länge 2 heißt **Transposition**. Zwei Zyklen $(a_1\ a_2\ \ldots\ a_k)$ und $(b_1\ b_2\ \ldots\ b_l)$ heißen **disjunkt**, falls $\{a_1, \ldots, a_k\} \cap \{b_1, \ldots, b_l\} = \emptyset$ gilt.

Satz 1.82 Sei $n \in \mathbb{N}$.

a) Die symmetrische Gruppe S_n hat Ordnung $n!$.

b) Für $n \geq 3$ ist S_n nicht abelsch.

c) Jede Permutation in S_M bzw. S_n kann als Produkt disjunkter Zyklen dargestellt werden.

d) Jede Permutation in S_M bzw. S_n kann als Produkt von Transpostitionen dargestellt werden.

e) Disjunkte Zyklen sind vertauschbar.

f) Die Ordnung eines k-Zyklus ist k. Die Ordnung eines Produkts disjunkter Zyklen ist das kleinste gemeinsame Vielfache der Ordnungen der Faktoren.

Satz 1.83 Ist p eine Primzahl und U eine Untergruppe von S_p, die einen p-Zykel und eine Transposition enthält, so ist $U = S_p$.

Satz 1.84 Sind σ und $(a_1\ \ldots\ a_k)$ Elemente von S_n, so gilt

$$\sigma \circ (a_1\ \ldots\ a_k) \circ \sigma^{-1} = (\sigma(a_1)\ \ldots\ \sigma(a_k)).$$

Satz 1.85 Die symmetrische Gruppe S_n ist genau dann aufösbar, wenn $n \leq 4$ ist.

Satz 1.86 Sei $\sigma \in S_n$. Seien $\tau_1, \ldots, \tau_k, \rho_1, \ldots, \rho_l \in S_n$ Transpositionen mit $\sigma = \tau_1 \cdots \tau_k = \rho_1 \cdots \rho_l$. Dann sind k und l entweder beide gerade oder beide ungerade.

Definition 1.87 Sei $\sigma \in S_n$. Dann ist $\sigma = \tau_1 \ldots \tau_l$ für ein $l \in \mathbb{N}$ und Transpositionen $\tau_i \in S_n$. Die Zahl $\text{sign}(\sigma) := (-1)^l$ heißt **Signum** von σ. Die Permutation σ heißt **gerade**, falls $\text{sign}(\sigma) = 1$. Andernfalls heißt σ **ungerade**.

Satz 1.88 Seien $\sigma, \tau \in S_n$. Dann gilt:

a) $\mathrm{sign}(\sigma\tau) = \mathrm{sign}(\sigma) \cdot \mathrm{sign}(\tau)$.

b) $\mathrm{sign}(\sigma) = \prod_{1 \leq i < j \leq n} \frac{\sigma(j)-\sigma(i)}{j-i}$.

c) Ist σ ein k-Zyklus gerader Länge, so ist σ ungerade. Ist σ ein k-Zyklus ungerader Länge, so ist σ gerade.

Definition 1.89 Die Menge aller gerader Permutationen in S_n ist eine Untergruppe von S_n. Sie heißt **alternierende Gruppe der Ordnung** n und wird mit A_n bezeichnet.

Satz 1.90 a) Die alternierende Gruppe A_n hat Ordnung $\frac{n!}{2}$.

b) Die Untergruppe $A_n \subseteq S_n$ ist ein Normalteiler vom Index 2 von S_n.

c) Die Gruppe A_n ist die einzige Untergruppe der Ordnung $\frac{n!}{2}$ von S_n.

d) Jedes Element von A_n ist Produkt von 3-Zyklen.

Satz 1.91 a) Für $\mathbb{N} \ni n \geq 5$ ist A_n einfach.

b) Die Gruppe A_5 ist die kleinste nichtzyklische einfache Gruppe.

Definition 1.92 Die Symmetriegruppe eines regelmäßigen n-Ecks im $\mathbb{R}^2$ heißt **n-te Diedergruppe** und wird mit D_n bezeichnet.

Satz 1.93 Die Diedergruppe D_3 ist isomorph zu S_3.

Satz 1.94 (Charakterisierungen von Diedergruppen)

a) Ist G eine Gruppe der Ordnung $2n$, $\sigma \in G$ ein Element der Ordnung n und $\tau \in G \setminus \langle\sigma\rangle$ ein Element der Ordnung 2, für das $\sigma\tau = \tau\sigma^{-1}$ gilt, so ist G isomorph zur Diedergruppe D_n.

b) Sei G eine Gruppe der Ordnung $2n$ mit neutralem Element id. Es gelte $G = \{\sigma^j \mid 0 \leq j < n\} \cup \{\tau\sigma^j \mid 0 \leq j < n\}$, $\sigma^n = \mathrm{id}$, $\tau^2 = \mathrm{id}$ und $\sigma\tau = \tau\sigma^{-1}$. Dann ist G isomorph zu D_n.

1.7. Gruppen kleinerer Ordnung

Satz 1.95 Bis auf Isomorphie enthält die folgende Tabelle alle Gruppen der Ordnung 1 bis 15.

1.7. Gruppen kleinerer Ordnung

Ordnung	abelsche Gruppen	nichtabelsche Gruppen
1	$\{e\}$	-
2	Z_2	-
3	Z_3	-
4	Z_4, $Z_2 \times Z_2$	-
5	Z_5	-
6	Z_6	S_3
7	Z_7	-
8	Z_8, $Z_2 \times Z_4$, $Z_2 \times Z_2 \times Z_2$	D_4, $\mathcal{Q}$
9	Z_9, $Z_3 \times Z_3$	-
10	Z_{10}	D_5
11	Z_{11}	-
12	Z_{12}, $Z_2 \times Z_6$	D_6, A_4, $\mathbb{Z}/3\mathbb{Z} \times_\varphi \mathbb{Z}/4\mathbb{Z}$
13	Z_{13}	-
14	Z_{14}	D_7
15	Z_{15}	-

Dabei bezeichne Z_n die zyklische Gruppe der Ordnung n, $\mathcal{Q}$ die Gruppe

$$\{\pm E, \pm A, \pm B, \pm C\}$$

mit

$$E := \begin{pmatrix} 1 & 0 \\ 0 & 1 \end{pmatrix}, \quad A := \begin{pmatrix} 0 & 1 \\ -1 & 0 \end{pmatrix}, \quad B := \begin{pmatrix} 0 & i \\ i & 0 \end{pmatrix}, \quad C := \begin{pmatrix} i & 0 \\ 0 & -i \end{pmatrix} \subseteq \text{Mat}_2(\mathbb{C})$$

und der üblichen Matrizenmultiplikation als Verknüpfung (siehe FJ06-III-3), und $\mathbb{Z}/3\mathbb{Z} \times_\varphi \mathbb{Z}/4\mathbb{Z}$ das semidirekte Produkt, das in der Lösung zu Aufgabe H07-II-2 ausführlich beschrieben wird.

2. Ringe

Definition 2.1 Ist $(R,+)$ eine abelsche Gruppe, $(R,\cdot)$ eine Halbgruppe und gilt $r\cdot(s+t)=r\cdot s+r\cdot t$ und $(r+s)\cdot t=r\cdot t+s\cdot t$ für alle $r,s,t\in R$, so heißt $(R,+,\cdot)$ ein **Ring**.
Ein Ring R heißt **kommutativ**, falls $r\cdot s=s\cdot r$ für alle $r,s\in R$ gilt.
Gibt es ein Element 1 im Ring R, so dass $1\cdot r=r\cdot 1=r$ für alle $r\in R$ gilt, so heißt R ein **Ring mit Eins**.

Definition 2.2 Sei S ein Ring mit Eins. Eine nichtleere Teilmenge R von S heißt **Unterring von** S, wenn $1\in R$ und für alle $r,s\in R$ sowohl $s-r\in R$ als auch $rs\in R$ gilt.

Definition 2.3 Sei R ein Unterring eines Rings S. Für $a\in S$ ist
$$R[a]:=\{f(a)\mid f\in R[x]\}$$
(„R adjungiert a") ein Unterring von S und zwar der kleinste Unterring von S, der R und a enthält.

Definition 2.4 Seien $R_1,\ldots,R_n$ Ringe. Die Menge
$$R_1\times\ldots\times R_n:=\{(r_1,\ldots,r_n)\mid r_i\in R_i\}$$
ist zusammen mit den Verknüpfungen
$$(r_1,\ldots,r_n)+(s_1,\ldots,s_n)=(r_1+s_1,\ldots,r_n+s_n),$$
$$(r_1,\ldots,r_n)\cdot(s_1,\ldots,s_n)=(r_1 s_1,\ldots,r_n s_n)$$
ein Ring, das **direkte Produkt von** $R_1,\ldots,R_n$.

Definition 2.5 Sei R ein Ring mit Eins und $0\neq 1$. Ein Element $r\in R$ heißt **Einheit** in R, falls es ein $s\in R$ gibt mit $rs=1$. Andernfalls heißt r eine **Nichteinheit**.

Satz 2.6 Sei R ein Ring mit Eins und $0\neq 1$. Die Einheiten von R bilden mit der Multiplikation des Rings eine Gruppe. Sie heißt **Einheitengruppe** von R und wird mit $R^\times$ (oder R^*) bezeichnet.

Definition 2.7 Sei R ein Ring mit Eins und $0\neq 1$.

a) Zwei Elemente $r,s\in R$ heißen **assoziiert**, wenn es eine Einheit $e\in R^\times$ gibt mit $re=s$.

b) Ein Element $r \in R$ heißt **irreduzibel**, falls $r \in R \setminus (R^\times \cup \{0\})$ gilt und aus $r = ab$ mit $a, b \in R$ folgt, dass entweder a oder b eine Einheit ist. Andernfalls heißt r **reduzibel**.

c) Ein Element $t \in R$ heißt **Teiler** eines Elements $r \in R$, falls es ein $s \in R$ gibt mit $r = st$. Man schreibt: $t \mid r$.

d) Seien $a_1, \ldots, a_k \in R$. Ein **größter gemeinsamer Teiler** von $a_1, \ldots, a_k$ ist ein Element g mit $g \mid a_j$ für alle $j \in \{1, \ldots, k\}$, so dass für jedes Element g' mit $g' \mid a_j$ für alle $j \in \{1, \ldots, k\}$ gilt, dass g' ein Teiler von g ist. Man schreibt: $g = \mathrm{ggT}(a_1, \ldots, a_k)$.

e) Seien $a_1, \ldots, a_k \in R$. Ein **kleinstes gemeinsames Vielfaches** von $a_1, \ldots, a_k$ ist ein Element $v \in R$ mit $a_1 \mid v, \ldots, a_k \mid v$, so dass für jedes weitere Element $w \in R$ mit $a_1 \mid w, \ldots, a_k \mid w$ gilt $v \mid w$.

f) Zwei Elemente $r, s \in R$ heißen **teilerfremd**, wenn für alle $a \in R$ mit $a \mid r$ und $a \mid s$ gilt $a \in R^\times$.

g) Ein Element $p \in R$ heißt **Primelement** oder **prim** in R, falls $p \in R \setminus (R^\times \cup \{0\})$ gilt und aus $p \mid ab$ für alle $a, b \in R$ folgt, dass $p \mid a$ oder $p \mid b$ gilt.

h) Gibt es zu einem Element $r \in R \setminus \{0\}$ ein Element $s \in R \setminus \{0\}$ mit $rs = 0$, so heißt r ein **Nullteiler**. Andernfalls heißt r ein **Nichtnullteiler**.

i) Ein Element $a \in R$ heißt **nilpotent**, wenn es ein $n \in \mathbb{N}$ gibt mit $a^n = 0$.

Satz 2.8 Sei R ein Ring mit Eins und $0 \neq 1$. Sei $r \in R \setminus \{0\}$.

a) Ist r ein Nullteiler, so ist r keine Einheit.

b) Ist R endlich und r kein Nullteiler, so ist r eine Einheit.

Definition 2.9 Sei R ein Ring. Ist R nullteilerfrei, kommutativ und gilt $1 \neq 0$, so heißt R **Integritätsring** oder auch **Integritätsbereich**.

Satz 2.10 Sei R ein Integritätsbereich. Dann ist jedes Primelement irreduzibel.

Beispiel 2.11 Die Einheitengruppe des Rings $\mathbb{Z}/n\mathbb{Z}$ hat die Ordnung $\varphi(n)$, wobei φ die Eulersche Phi-Funktion bezeichne. Das Element $m + (n)$ ist genau dann eine Einheit in $\mathbb{Z}/n\mathbb{Z}$, wenn m und n teilerfremd sind.

Definition 2.12 Seien R, S Ringe mit Eins. Eine Abbildung $\varphi : R \to S$ heißt **Ringhomomorphismus**, falls für alle $r, s \in R$ gilt:

i) $\varphi(r + s) = \varphi(r) + \varphi(s)$,

ii) $\varphi(rs) = \varphi(r)\varphi(s)$,

iii) $\varphi(1) = 1$.

2. Ringe

Definition 2.13 Ist $\varphi : R \to S$ ein Ringhomomorphismus, so heißt die Menge $\{r \in R \mid \varphi(r) = 0\}$ der **Kern** von φ und wird mit $\ker(\varphi)$ oder auch $\text{Kern}(\varphi)$ bezeichnet.
Die Menge $\{s \in S \mid \varphi(r) = s \text{ für ein } r \in R\}$ heißt das **Bild** von φ und wird mit $\text{Bild}(\varphi)$ oder auch $\text{im}(\varphi)$ bezeichnet.
Ist M eine Teilmenge von S, so heißt die Menge $\{r \in R \mid \varphi(r) \in M\}$ das **Urbild von** M unter φ und wird mit $\varphi^{-1}(M)$ bezeichnet.

Definition 2.14 Sei R ein Ring.

a) Eine nichtleere Teilmenge $I \subseteq R$ mit $a - b \in I$ und $ra \in I$ für alle $a, b \in I$ und $r \in R$ heißt **Ideal** von R.

b) Ein Ideal I von R mit $I \subsetneq R$ heißt **Primideal** von R oder auch **prim**, falls aus $ab \in I$ stets $a \in I$ oder $b \in I$ folgt.

c) Ein Ideal I von R heißt **echtes Ideal**, falls $I \neq R$ gilt.

d) Ein Ideal I von R heißt **maximal**, falls I ein echtes Ideal von R ist und es kein Ideal $J \neq R$ gibt mit $I \subsetneq J$.

Satz 2.15 Sei R ein Ring, I ein Ideal von R und $e \in R$ eine Einheit. Ist $e \in I$, so gilt $I = R$.

Definition 2.16 Sei R ein Ring und M eine nichtleere Teilmenge von R. Die Menge
$$\{r_1 m_1 + \ldots + r_l m_l \mid l \in \mathbb{N}, m_i \in M, r_i \in R, 1 \leq i \leq l\}$$
ist ein Ideal von R und heißt **das von M erzeugte Ideal**. Es wird mit $\langle M \rangle$ oder (M) bezeichnet.

Definition 2.17 Sei R ein kommutativer Ring mit Eins und seien I, J Ideale von R. Die Summe und das Produkt von I und J werden wie folgt definiert:
$$I + J := \{r + s \mid r \in I, s \in J\}$$
$$I \cdot J := (\{r \cdot s \mid r \in I, s \in J\})$$

Satz 2.18 Jedes maximale Ideal ist ein Primideal.

Satz 2.19 (Zornsches Lemma)
Sei $\mathcal{M} \neq \emptyset$ eine Menge und $\preceq \; \subseteq \mathcal{M} \times \mathcal{M}$ eine partielle Ordnung auf $\mathcal{M}$, so dass jede Kette in $\mathcal{M}$ bzgl. $\preceq$ eine obere Schranke in $\mathcal{M}$ hat. Dann besitzt $\mathcal{M}$ ein maximales Element.

Satz 2.20 Jedes echte Ideal ist in einem maximalen Ideal enthalten.

Definition 2.21 Sei R ein kommutativer Ring mit Eins und I ein Ideal von R. Die additive Faktorgruppe R/I bildet zusammen mit der Multiplikation $(r + I) \cdot (s + I) \mapsto rs + I$ einen kommutativen Ring mit Nullelement $0 + I$ und Einselement $1 + I$. Er heißt **Faktorring** oder **Restklassenring**.

Satz 2.22 Sei $\varphi : R \to S$ ein Ringhomomorphismus.

a) Ist J ein Ideal von S, so ist $\varphi^{-1}(J)$ ein Ideal in R und es gilt $\ker(\varphi) \subseteq \varphi^{-1}(J)$.

b) Ist φ surjektiv und I ein Ideal in R, so ist $\varphi(I)$ ein Ideal in S.

c) Der Homomorphismus φ bildet Einheiten in R auf Einheiten in S ab.

d) Der Kern von φ ist ein Ideal von R.

Definition 2.23 Sei S ein Ring, R ein Unterring von S und $\alpha \in S$. Dann ist

$$\varphi_\alpha : R[X] \to S$$
$$f \mapsto f(\alpha)$$

ein Ringhomomorphismus. Er heißt **der zu α gehörige Einsetzhomomorphismus**.

Satz 2.24 (Universelle Eigenschaft des Faktorrings)
Sei $\varphi : R \to S$ ein Ringhomomorphismus und $I \subseteq R$ ein Ideal, das im Kern von φ enthalten ist. Dann gibt es genau einen Homomorphismus $\overline{\varphi} : R/I \to S$ mit $\overline{\varphi} \circ \varepsilon = \varphi$, wobei $\varepsilon : R \to R/I$ den kanonischen Epimorphismus $r \mapsto r + I$ bezeichnet.

Satz 2.25 (Homomorphiesatz)
Sei $\varphi : R \to S$ ein Ringhomomorphismus. Dann ist

$$\overline{\varphi} : R/\ker(\varphi) \to S$$
$$r + \ker(\varphi) \mapsto \varphi(r)$$

injektiv. Insbesondere ist $R/\ker(\varphi) \cong \mathrm{im}(\varphi)$.

Satz 2.26 (Erster Isomorphiesatz)
Sei R ein Ring und seien I, J Ideale von R. Dann gilt $R/J \cong I/(I \cap J)$.

Satz 2.27 (Zweiter Isomorphiesatz)
Sei R ein Ring und seien I, J Ideale von R mit $I \subseteq J$. Dann gilt $R/J \cong (R/I)/(R/J)$.

Satz 2.28 (Korrespondenzsatz)
Sei R ein Ring und I ein Ideal von R. Die Ideale (Primideale, maximalen Ideale) in R/I entsprechen bijektiv den Idealen (Primidealen, maximalen Idealen) in R, die I enthalten. Der zugehörige Isomorphismus ist der kanonische Epimorphismus $\varepsilon : R \to R/I$.

Satz 2.29 Sei R ein Ring und I ein Ideal in R. Dann gilt:

i) R/I ist genau dann ein Integritätsring, wenn I ein Primideal von R ist.

ii) R/I ist genau dann ein Körper, wenn I ein maximales Ideal von R ist.

Satz 2.30 Ein Ring R ist genau dann ein Körper, wenn er keine Ideale außer die trivialen Ideale, (0) und R, besitzt.

2.1. Euklidische Ringe

Definition 2.31 Sei R ein Ring. Ein Ideal I von R heißt **Hauptideal**, wenn es ein Element $a \in R$ gibt mit $I = (a)$. Ist R ein Integritätsring und jedes Ideal von R ein Hauptideal, so heißt R **Hauptidealring** oder auch **Hauptidealbereich**.

Satz 2.32 Seien $I = (a)$ und $J = (b)$ Hauptideale im Ring R.

a) Es gilt $I \subseteq J$ genau dann, wenn b ein Teiler von a ist.

b) Es gilt $I = J$ genau dann, wenn a und b assoziierte Elemente sind.

Beispiel 2.33 Der Ring $\mathbb{Z}$ ist ein Hauptidealbereich.

Satz 2.34 Sei R ein Hauptidealbereich. Dann ist jedes irreduzible Element prim, die Primideale $\neq (0)$ sind genau die durch irreduzible Elemente erzeugten Ideale und jedes Primideal ist maximal.

Definition 2.35 Eine Menge M heißt **wohlgeordnet**, wenn eine lineare Ordnung $\leq_M$ auf M existiert und wenn jede nichtleere Teilmenge von M bezüglich $\leq_M$ ein kleinstes Element besitzt.

Definition 2.36 Ein Integritätsring R heißt **euklidisch**, wenn es eine Abbildung $N : R \to \mathbb{Z} \cup \{-\infty\}$ gibt, für die gilt:

i) Das Bild von N ist wohlgeordnet.

ii) Ist a_0 das kleinste Element im Bild von N, so ist $N(r) = a_0$ genau dann, wenn $r = 0$ ist.

iii) Für alle $r, r' \in R$, $r' \neq 0$ gibt es Elemente $s, t \in R$ mit $r = sr' + t$ und $N(t) < N(r')$.

Die Abbildung N heißt **(euklidische) Normfunktion**.

Satz 2.37 Euklidische Ringe sind Hauptidealbereiche.

Beispiel 2.38 Der Ring $\mathbb{Z}[i]$ ist ein euklidischer Ring mit euklidischer Normfunktion $a + ib \mapsto a^2 + b^2$.

Beispiel 2.39 Ist K ein Körper, so ist $K[x]$ ein euklidischer Ring mit Normfunktion $f \mapsto \deg(f)$.

Satz 2.40 (Euklidischer Algorithmus)
Sei R ein euklidischer Ring mit Normfunktion N. Seien $r_1, r_2 \in R \setminus \{0\}$. Dann gibt es Folgen $r_1, \ldots, r_n$ und $q_2, \ldots, q_{n-1}$ in R mit $n > 2$ und $r_n = 0$, so dass gilt:

i) $r_i = q_{i+1} r_{i+1} + r_{i+2}$ für $i = 1, \ldots, n-2$;

ii) $N(r_{i+1}) < N(r_i)$ für $i = 2, \ldots, n-1$;

iii) $r_{n-1} = \text{ggT}(r_1, r_2)$.

2.2. Faktorielle Ringe

Definition 2.41 Ein Integritätsring heißt **faktorieller Ring**, wenn sich jedes von 0 verschiedene Element als Produkt von Primelementen und Einheiten darstellen lässt. Eine solche Darstellung heißt **Primfaktorzerlegung**.

Satz 2.42 Sei R ein faktorieller Ring und $r \in R$. Sind $r = ep_1 \cdots p_k$ und $r = e'q_1 \cdots q_l$ zwei Primfaktorzerlegungen von r mit Primelementen p_i und q_j und Einheiten e, e', so gilt:

i) $k = l$

ii) Es gibt eine Permutation $\sigma \in S_l$, so dass für jedes $i \in \{1, \ldots, k\}$ die Elemente p_i und $q_{\sigma(i)}$ assoziierte Elemente sind.

Satz 2.43 Hauptidealbereiche sind faktoriell.

Satz 2.44 Ist R ein faktorieller Ring, so ist auch $R[x]$ ein faktorieller Ring.

Satz 2.45 Ist R ein faktorieller Ring, so ist ein Element $r \in R$ genau dann irreduzibel, wenn es prim ist.

2.3. Chinesischer Restsatz

Definition 2.46 Seien $I_1, \ldots, I_n$ Ideale eines Rings R. Dann heißen $I_1, \ldots, I_n$ paarweise **relativ prim**, wenn für $i \neq j$ gilt $I_i + I_j = R$.

Satz 2.47 Sind $I_1, \ldots, I_n$ paarweise relativ prim, so gilt $I_1 \cdots I_n = I_1 \cap \ldots \cap I_n$.

Satz 2.48 (Chinesischer Restsatz)
Sind $I_1, \ldots, I_n$ paarweise relativ prim, so ist die kanonische Abbildung

$$\begin{aligned} \pi: \quad R/I_1 \cap \ldots \cap I_n &\to R/I_1 \cap \ldots \cap R/I_n \\ r + I_1 \cap \ldots \cap I_n &\mapsto (r + I_1, \ldots, r + I_n) \end{aligned}$$

ein Isomorphismus.

2.4. Irreduzibilität

Definition 2.49 Sei R ein Ring. Ein Polynom $f \in R[X]$ heißt **irreduzibel in $R[X]$ oder über R**, falls aus $f = gh$ für $g, h \in R[X]$ folgt, dass entweder g oder h eine Einheit in $R[X]$ ist.

Satz 2.50 Der Ring $R[X]$ ist genau dann ein Integritätsring, wenn R ein Integritätsring ist. Ist $R[X]$ ein Integritätsring, so gilt $(R[X])^\times = R^\times$.

2.4. Irreduzibilität

Satz 2.51 Sei $f = a_0 + a_1 X + \ldots + a_n X^n \in \mathbb{Z}[X]$ mit $a_n \neq 0$. Ist $\frac{p}{q}$ eine rationale Nullstelle von f mit $p, q \in \mathbb{Z}$ und $\text{ggT}(p, q) = 1$, so gilt $q \mid a_n$ und $p \mid a_0$.

Satz 2.52 Sei R ein faktorieller Ring und S ein Integritätsring. Weiter sei $\varphi : R[X] \to S$ ein Ringhomomorphismus, der kein Polynom positiven Grades auf eine Einheit abbildet. Das Polynom $f \in R[X]$ sei vom Grad > 0 und habe teilerfremde Koeffizienten. Ist $\varphi(f)$ irreduzibel in S, so ist f irreduzibel in $R[X]$.

Satz 2.53 a) Ist $f = a_0 + a_1 X + a_2 X^2 + a_3 X^3 \in \mathbb{Q}[X]$, dann hat das Polynom $f(X - \frac{a_2}{3a_3})$ keinen quadratischen Term.

b) Ist $g = a_0 + a_1 X + \ldots + a_4 X^4 \in \mathbb{Q}[X]$. Dann hat das Polynom $f(X - \frac{a_3}{4a_4})$ keinen kubischen Term.

Satz 2.54 Sei R ein Integritätsring. Für zwei Polynome $f, g \in R[X]$ gilt $\deg(fg) = \deg(f) + \deg(g)$.

Satz 2.55 Sei R ein Integritätsbereich und $f \in R[X]$ ein Polynom vom Grad 2 oder vom Grad 3, das in R keine Nullstellen besitzt. Dann ist f irreduzibel über R.

Satz 2.56 (Koeffizientenreduktion)
Sei $f = a_0 + a_1 X + \ldots + a_n X^n \in \mathbb{Z}[X]$ mit $a_n \neq 0$, $n > 0$ und teilerfremden Koeffizienten. Sei $p \in \mathbb{N}$ eine Primzahl mit $a_n \not\equiv 0 \mod p$. Ist $\overline{f} = \sum_{j=0}^{n} \overline{a_j} X^j$ irreduzibel in $\mathbb{F}_p[X]$, so ist f irreduzibel in $\mathbb{Z}[X]$.

Satz 2.57 (Eisenstein)
Sei R ein faktorieller Ring und $f = \sum_{j=0}^{n} a_j x^j \in R[x]$ von positivem Grad mit teilerfremden Koeffizienten. Gibt es ein Primelement $p \in R$ mit $p \nmid a_n$, $p \mid a_j$ für alle $j \in \{0, \ldots, n-1\}$ und $p^2 \nmid a_0$, so ist f irreduzibel in $R[x]$.

Definition 2.58 Ein nach Satz 2.57 irreduzibles Polynom nennt man auch **Eisenstein-Polynom**.

Definition 2.59 Für einen Integritätsring R heißt

$$Q(R) := \left\{ \frac{r}{s} \mid r, s \in R, s \neq 0 \right\}$$

der **Quotientenkörper von** R.

Satz 2.60 (Gauß)
Sei R ein faktorieller Ring und $Q(R)$ sein Quotientenkörper. Ist $f \in R[X] \setminus R$ irreduzibel in $R[X]$, so ist f auch irreduzibel in $Q(R)[X]$.

3. Körper

Definition 3.1 Ein kommutativer Ring K mit Nullelement 0 und Einselement $1 \neq 0$ heißt **Körper**, falls $K^\times = K \setminus \{0\}$ gilt.

Satz 3.2 Körper sind nullteilerfrei.

Beispiel 3.3 Der Ring $\mathbb{Z}/n\mathbb{Z}$ ist genau dann ein Körper, wenn n eine Primzahl ist.

Definition 3.4 Sei K ein Körper. Eine Teilmenge $k \subseteq K$ heißt Teilkörper von K, wenn k ein Körper ist.

Definition 3.5 Seien K und L Körper. Eine Abbildung $\varphi : K \to L$ heißt **Körperhomomorphismus**, falls $\varphi(1) = 1$, $\varphi(x+y) = \varphi(x) + \varphi(y)$ und $\varphi(xy) = \varphi(x)\varphi(y)$ für alle $x, y \in K$ gilt.

Satz 3.6 Körperhomomorphismen sind injektiv.

Satz 3.7 Die Abbildung $\mathbb{C} \to \mathbb{C}, z \mapsto \overline{z}$ ist ein Körperautomorphismus.

Definition 3.8 Sei K ein Körper. Gibt es eine natürliche Zahl $n > 1$ mit $n1 = 0$, so heißt die kleinste der Zahlen mit dieser Eigenschaft **Charakteristik von** K und wird mit char(K) bezeichnet. Falls kein solches n existiert, wird char$(K) = 0$ definiert.

Definition 3.9 Der kleinste Teilkörper von K heißt **Primkörper** von K.

Satz 3.10 Seien K, L Körper.

a) Ist char$(K) = 0$, so ist der Primkörper von K isomorph zu $\mathbb{Q}$. Im Fall $p := $ char$(K) \neq 0$ ist der Primkörper von K isomorph zu $\mathbb{Z}/p\mathbb{Z}$.

b) Ist $\varphi : K \to L$ ein Körperhomomorphismus und P der Primkörper von K, so gilt $\varphi(x) = x$ für alle $x \in P$.

Definition 3.11 Seien K, L Körper.

a) Ist K ein Teilkörper von L, so heißt L ein **Erweiterungskörper von** K.

b) Ist L ein Erweiterungskörper von K, von heißt das Tupel (K, L) eine **Körpererweiterung**. Für eine Körpererweiterung (K, L) sind verschiedene Schreibweisen üblich: $K \subseteq L$, $K \leq L$, $L|K$, L/K oder auch $L : K$.

c) Ein Körper Z mit $K \subseteq Z \subseteq L$ heißt **Zwischenkörper** der Körpererweiterung $K \subseteq L$.

Definition 3.12 Sei K ein Körper, L ein Erweiterungskörper von K und M eine Teilmenge von L. Der Körper $K(M)$ sei der kleinste Teilkörper von L, der K und M enthält. Man sagt, $K(M)$ entsteht aus K durch **Adjunktion** von M. Im Falle einer endlichen Menge $M = \{\alpha_1, \ldots, \alpha_n\}$ mit $n \in \mathbb{N}$ schreibt man auch $K(\alpha_1, \ldots, \alpha_n)$.

Definition 3.13 Sei $K \leq L$ eine Körpererweiterung. Der **Grad** von L über K ist die Dimension von L als K-Vektorraum. Sie wird mit $[L:K]$ bezeichnet. Eine Körpererweiterung $K \leq L$ heißt **endlich**, wenn der Grad von L über K endlich ist.

Satz 3.14 (Gradformel)
Ist $K \leq L$ eine endliche Körpererweiterung und Z ein Zwischenkörper von $K \leq L$, so gilt
$$[L:K] = [L:Z] \cdot [Z:K].$$

Definition 3.15 Sei $K \leq L$ eine Körpererweiterung. Ein Element $\alpha \in L$ heißt **algebraisch über** K, wenn es ein Polynom $f \in K[X] \setminus \{0\}$ gibt mit $f(\alpha) = 0$. Andernfalls heißt α **transzendent über** K.
Die Körpererweiterung $K \leq L$ heißt **algebraisch**, falls alle Elemente aus L algebraisch über K sind.

Definition 3.16 Ist $\alpha \in L$ algebraisch über K, so heißt das normierte, irreduzible Polynom kleinsten Grades $m_{\alpha,K} \in K[X]$ mit $m_{\alpha,K}(\alpha) = 0$ das **Minimalpolynom von α über** K.

Satz 3.17 Das Minimalpolynom von α über K teilt alle Polynome in $K[x]$, die α als Nullstelle haben.

Satz 3.18 Sei $\alpha \in L$ algebraisch über K. Sei $f \in K[X]$ ein normiertes, über K irreduzibles Polynom mit $f(\alpha) = 0$. Dann ist f das Minimalpolynom von α über K.

Satz 3.19 Sei $\alpha \in L$ algebraisch über K und $(m_{\alpha,K})$ das Ideal in $K[X]$, das von $m_{\alpha,K}$ erzeugt wird. Dann gilt
$$K(\alpha) = K[\alpha] \cong K[X]/(m_{\alpha,K}) \text{ und } [K(\alpha):K] = \deg(m_{\alpha,K}).$$

Satz 3.20 Sei $K \leq L$ eine Körpererweiterung.

a) Sei $\alpha \in L$ algebraisch über K und n der Grad des Minimalpolynoms von α über K. Dann ist die Menge $\{1, \alpha, \alpha^2, \ldots, \alpha^{n-1}\}$ eine Basis des K-Vektorraums $K(\alpha)$.

b) Sei Z ein Zwischenkörper von $K \leq L$. Ist $\{a_1, \ldots, a_n\}$ eine Basis des K-Vektorraums Z und $\{b_1, \ldots, b_m\}$ eine Basis des Z-Vektorraums L, dann ist $\{a_i b_j \mid 1 \leq i \leq n, 1 \leq j \leq m\}$ eine Basis des K-Vektorraums L.

3. Körper 29

Satz 3.21 Sei K ein Körper und seien α, β algebraisch über K. Weiter sei $[K(\alpha) : K] = n$ und $[K(\beta) : K] = m$ mit $\mathrm{ggT}(n, m) = 1$. Dann gilt $[K(\alpha, \beta) : K] = n \cdot m$.

Definition 3.22 Sei K ein Körper.

a) K heißt **algebraisch abgeschlossen**, falls jedes Polynom $f \in K[x]$ mit $\deg(f) \geq 1$ über K in Linearfaktoren zerfällt.

b) Sei L ein algebraisch abgeschlossener Erweiterungskörper von K. Dann heißt $\overline{K} = \{\alpha \in L \mid \alpha \text{ algebraisch über } K\}$ **algebraischer Abschluss von K**.

Satz 3.23 (**Fundamentalsatz der Algebra**)
Der Körper der komplexen Zahlen $\mathbb{C}$ ist algebraisch abgeschlossen.

Satz 3.24 (**Hauptlemma der elementaren Körpertheorie**)
Sei K ein Körper und L ein algebraischer Abschluss von K. Sei $\alpha \in L$ mit Minimalpolynom $f = X^n + a_{n-1}X^{n-1} \cdots + a_1 X + a_0 \in K[X]$ und sei $K' = K(\alpha)$. Weiterhin sei $\sigma : K \to L$ ein Körperhomomorphismus und $f^\sigma = X^n + \sigma(a_{n-1})X^{n-1} + \cdots + \sigma(a_1)X + \sigma(a_0) \in L[X]$.

a) Ist $\sigma' : K' \to L$ ein Körperhomomorphismus, der σ fortsetzt, so ist $\sigma'(\alpha)$ eine Nullstelle von f^σ.

b) Umgekehrt gibt es zu jeder Nullstelle $\beta \in L$ von f^σ genau eine Fortsetzung $\sigma' : K' \to L$ von σ mit $\sigma'(\alpha) = \beta$.

Insbesondere ist die Anzahl der verschiedenen Fortsetzungen σ' von σ gleich der Anzahl der verschiedenen Nullstellen von f^σ in L, also höchstens $\deg(f)$.

Definition 3.25 Sei K ein Körper und $f = a_n X^n + \cdots + a_1 X + a_0 \in K[X]$. Dann heißt $f' = na_n X^{n-1} + \cdots + 2a_2 X + a_1 \in K[X]$ die **(formale) Ableitung** von f.

Satz 3.26 Sei K ein Körper, seien $f, g \in K[X]$ und $\alpha \in K$. Dann gilt für die Ableitung:

i) $(f + g)' = f' + g'$.

ii) $(\alpha f)' = \alpha f'$.

iii) $(f \cdot g)' = f' \cdot g + f \cdot g'$.

iv) $(f(g))' = f'(g) \cdot g'$.

Definition 3.27 Sei K ein Körper. Ein irreduzibles Polynom $f \in K[x]$ heißt **separabel**, wenn seine Nullstellen im algebraischen Abschluss von K paarweise verschieden sind.
Ein beliebiges Polynom $f \in K[x]$ heißt **separabel**, wenn alle seine irreduziblen Faktoren separabel sind.
Ein Element α heißt separabel über K, wenn α algebraisch über K ist und das Minimalpolynom von α über K separabel ist.
Eine Körpererweiterung $K \leq L$ heißt **separabel**, wenn jedes $\alpha \in L$ separabel über K ist.

Satz 3.28 Sei K ein Körper, $f \in K[X] \setminus K$ und f' die Ableitung von f. Dann sind die folgenden Eigenschaften äquivalent:

a) f ist separabel.

b) $\mathrm{ggT}(f, f') = 1$.

Ist $\mathrm{char}(K) = p$ für eine Primzahl p und f irreduzibel, so sind die folgenden Eigenschaften äquivalent:

a) f ist nicht separabel.

b) $f = g(X^p)$ für ein $g \in K[X]$.

c) $f' = 0$.

Definition 3.29 Ein Körper K heißt **vollkommen** oder **perfekt**, wenn jede algebraische Körpererweiterung von K separabel ist.

Satz 3.30 Ist K ein vollkommener Körper und $f \in K[x]$ irreduzibel, so ist f separabel.

Beispiel 3.31 Endliche Körper und Körper mit Charakteristik 0 sind vollkommen.

Satz 3.32 Sei $K \leq L$ eine separable Körpererweiterung und Z ein Zwischenkörper von $K \leq L$. Dann sind auch $K \leq Z$ und $Z \leq L$ separabel.

Definition 3.33 Sei $K \leq L$ eine Körpererweiterung und $\alpha \in L$ mit $K(\alpha) = L$. Dann heißt α ein **primitives Element** von $K \leq L$.

Satz 3.34 (Satz vom primitiven Element)
Sei $K \leq L$ eine algebraische Körpererweiterung von endlichem Grad.

a) Die Erweiterung hat genau dann ein primitives Element, wenn sie nur endlich viele Zwischenkörper besitzt.

b) Ist $K \leq L$ separabel, so gibt es ein primitives Element.

Definition 3.35 Sei K ein Körper und $f \in K[x]$ ein nichtkonstantes Polynom. Ein Erweiterungskörper Z_f von K heißt **Zerfällungskörper** von f über K, wenn f über Z_f in Linearfaktoren zerfällt und die Körpererweiterung $K \leq Z_f$ von den Nullstellen von f erzeugt wird.

3.1. Galoistheorie

Definition 3.36 Seien L/K und L'/K Körpererweiterungen. Ein Homomorphismus (Isomorphismus, Automorphismus) $\varphi: L \to L'$ heißt K-**Homomorphismus** (K-**Isomorphismus**, K-**Automorphismus**) oder **Homomorphismus (Isomorphismus, Automorphismus) von** L **über** K, wenn φ die identische Abbildung $\mathrm{id}: K \to K$ fortsetzt, d.h. wenn $\varphi(a) = a$ für alle $a \in K$ gilt.
Die Menge aller K-Automorphismen von L bildet eine Untergruppe der Automorphismengruppe $\mathrm{Aut}(L)$ von L und wird mit $\mathrm{Aut}(L/K)$ bezeichnet.

Definition 3.37 Eine algebraische Körpererweiterung $K \leq L$ heißt

a) **normal**, falls jedes Polynom in $K[X]$, das eine Nullstelle in L hat, über L in Linearfaktoren zerfällt. In diesem Fall heißt L **normal über** K.

b) **galoissch** oder **Galoiserweiterung**, falls sie normal und separabel ist. In diesem Fall heißt L **galoissch über** K.

Satz 3.38 Sei $K \leq L$ eine endliche Körpererweiterung und $\overline{L}$ ein algebraischer Abschluss von L. Dann sind die folgenden Eigenschaften äquivalent:

a) $K \leq L$ ist normal.

b) L ist Zerfällungskörper eines Polynoms aus $K[X]$.

c) Jeder K-Homomorphismus $L \to \overline{L}$ beschränkt sich zu einem Automorphismus von L.

Insbesondere ist $K \leq L$ genau dann galoissch, wenn L der Zerfällungskörper eines separablen Polynoms aus $K[X]$ ist.

Satz 3.39 Sei $K \leq L$ eine Körpererweiterung und sei Z ein Zwischenkörper von $K \leq L$.

a) Ist $K \leq L$ normal, so ist auch $Z \leq L$ normal.

b) Ist $K \leq L$ galoissch, so ist auch $Z \leq L$ galoissch.

Definition 3.40 Sei L/K eine algebraische Körpererweiterung. Dann existiert ein kleinster Erweiterungskörper L' von L, so dass L'/K eine normale Körpererweiterung ist. L' ist bis auf L-Isomorphie eindeutig bestimmt und heißt eine **normale Hülle** zu L/K.

Definition 3.41 Sei L ein Körper und U eine Untergruppe von $\mathrm{Aut}(L)$. Dann ist die Menge
$$\{x \in L \mid f(x) = x \text{ für alle } f \in U\}$$
ein Teilkörper von L. Er heißt **Fixkörper** von U und wird mit $\mathrm{Fix}(U)$ oder L_U bezeichnet.

Definition 3.42 Sei $K \leq L$ eine galoissche Körpererweiterung. Die Menge aller K-Automorphismen von L ist ein Gruppe und heißt **Galoisgruppe der Körpererweiterung** $K \leq L$ oder **Galoisgruppe von** L **über** K. Sie wird mit $\mathrm{Gal}(L|K)$, $\mathrm{Gal}(L/K)$, $G(L|K)$ oder $G(L/K)$ bezeichnet.

Satz 3.43 Sei $K \leq L$ eine galoissche Körpererweiterung mit Galoisgruppe G. Dann gilt $[L:K] = |G|$.

Satz 3.44 (Hauptsatz der Galoistheorie)
Sei $K \leq L$ eine Galoiserweiterung mit Galoisgruppe G. Sei $\mathcal{U}$ die Menge der endlichen Untergruppen von G und $\mathcal{Z}$ die Menge der Zwischenkörper Z von $K \leq L$ mit $[Z:K] \leq \infty$.

a) Die Abbildungen

$$\varphi: \mathcal{U} \to \mathcal{Z} \quad \text{und} \quad \psi: \mathcal{Z} \to \mathcal{U}$$
$$U \mapsto L_U \qquad\qquad Z \mapsto \mathrm{Gal}(L|Z)$$

sind zueinander inverse Bijektionen.

b) Für einen Zwischenkörper Z von $K \leq L$ ist die Erweiterung $K \leq Z$ genau dann galoissch, wenn $\mathrm{Gal}(L|Z)$ ein Normalteiler von G ist. Es gilt dann

$$\mathrm{Gal}(Z|K) \cong \mathrm{Gal}(L|K)/\mathrm{Gal}(L|Z).$$

Satz 3.45 (Spurmethode)
Sei $K \leq L$ eine Galoiserweiterung, $\mathrm{char}(K) = 0$ und $\{a_1, \ldots, a_n\}$ eine K-Basis des K-Vektorraums L. Sei U eine Untergruppe der Galoisgruppe von L über K und für $a \in L$ sei $\mathrm{Sp}_U(a) = \sum_{\sigma \in U} \sigma(a)$. Dann gilt für den Fixkörper L_U von U und $a \in L$

a) $\mathrm{Sp}_U(a) \in L_U$ und

b) $L_U = K(\mathrm{Sp}_U(a_1), \ldots, \mathrm{Sp}_U(a_n))$.

Definition 3.46 Sei K ein Körper und $f \in K[X]$ ein separables Polynom. Dann heißt die Galoisgruppe des Zerfällungskörpers von f über K auch **Galoisgruppe von** f **über** K und wird mit $\mathrm{Gal}(f, K)$ bezeichnet.

Satz 3.47 Die Galoisgruppe eines Polynoms mit n verschiedenen Nullstellen ist eine Untergruppe der S_n.

Definition 3.48 Ist $K \leq L$ eine Galoiserweiterung mit Galoisgruppe G und Z ein Zwischenkörper von $K \leq L$, so heißen die Körper $\sigma(Z)$ mit $\sigma \in G$ die **Konjugierten** von Z.

Definition 3.49 Sei L ein Körper, seien K_1, K_2 Teilkörper von L. Der kleinste Teilkörper von L, der K_1 und K_2 enthält, heißt das **Kompositum** $K_1 \cdot K_2$.

Satz 3.50 Sei $K \leq L$ eine endliche Galoiserweiterung. Seien Z_1, Z_2 Zwischenkörper von $K \leq L$ mit $G_1 = \mathrm{Gal}(L|Z_1)$ und $G_2 = \mathrm{Gal}(L|Z_2)$. Dann gilt

a) $Z_1 \subset Z_2 \Leftrightarrow G_2 \subset G_1$.

b) $Z_1 \cdot Z_2 = L_{G_1 \cap G_2}$.

c) $Z_1 \cap Z_2 = L_{\langle G_1, G_2 \rangle}$.

3.2. Einheitswurzeln und Kreisteilungspolynome

Definition 3.51 Sei K ein Körper, $\overline{K}$ ein algebraischer Abschluss von K und $n \in \mathbb{N}$. Eine Nullstelle $\zeta \in \overline{K}$ von $x^n - 1 \in K[x]$ heißt eine n-te **Einheitswurzel** in $\overline{K}$.

Satz 3.52 Die Menge der n-ten Einheitswurzeln in $\overline{K}$ ist eine Untergruppe von $\overline{K}^\times$. Falls $\mathrm{char}(K)$ kein Teiler von n ist, ist diese Untergruppe zyklisch der Ordnung n.

Definition 3.53 Eine n-te Einheitswurzel ζ heißt **primitiv**, falls sie die Gruppe der n-ten Einheitswurzeln erzeugt, also wenn $\zeta^n = 1$ gilt und $\zeta^d \neq 1$ für alle $1 \leq d < n$.

Satz 3.54 Sei K ein Körper und $n \in \mathbb{N}$. Ist $\mathrm{char}(K)$ kein Teiler von n, dann besitzt $\overline{K}$ eine primitive n-te Einheitswurzel.

Beispiel 3.55 Im Fall $K = \mathbb{Q}$ ist

$$\{e^{\frac{k \cdot 2\pi i}{n}} \mid 1 \leq k \leq n\}$$

die Menge der n-ten Einheitswurzeln. Dabei ist $e^{\frac{k \cdot 2\pi i}{n}}$ genau dann primitiv, wenn $\mathrm{ggT}(k, n) = 1$ gilt.

Definition 3.56 Sei K ein Körper und n eine natürliche Zahl, die nicht durch die Charakteristik von K teilbar ist. Mit φ sei die Eulersche Phi-Funktion bezeichnet. Sind $\zeta_1, \ldots, \zeta_{\varphi(n)}$ die primitiven n-ten Einheitswurzeln über K, so heißt das Polynom

$$\Phi_n(X) = \prod_{i=1}^{\varphi(n)} (X - \zeta_i)$$

n-tes **Kreisteilungspolynom** über K.

Satz 3.57 Das n-te Kreisteilungspolyom Φ_n ist ein normiertes Polynom in $K[X]$. Es ist separabel und hat Grad $\varphi(n)$.

Beispiel 3.58 Ist p eine Primzahl und K ein Körper mit $\mathrm{char}(K) \neq p$, so gilt $\Phi_p(X) = X^{p-1} + X^{p-2} + \ldots + X + 1$.

Satz 3.59 Sei $\Phi_n(X) = a_0 + a_1 X + \ldots + a_{\varphi(n)} X^{\varphi(n)}$ das n-te Kreisteilungspolynom in $\mathbb{Z}[X]$ und K ein Körper der Charakteristik $p > 0$ mit $p \nmid n$. Dann ist $\overline{\Phi_n}(X) = a_0 \cdot 1_K + a_1 \cdot 1_K X + \ldots + a_{\varphi(n)} \cdot 1_K X^{\varphi(n)}$ das n-te Kreisteilungspolynom in $K[X]$.

Satz 3.60 Sei K ein Körper, $n \in \mathbb{N}$ und $\mathrm{char}(K)$ kein Teiler von n. Dann gilt die Formel
$$X^n - 1 = \Phi_n(X) \cdot \prod_{\substack{d \mid n \\ 1 \leq d < n}} \Phi_d(X).$$

Beispiel 3.61 Mit Hilfe der Formel 3.60 berechnet man die folgenden Kreisteilungspolynome über $\mathbb{Q}$:

$$\Phi_1 = X - 1$$
$$\Phi_2 = X + 1$$
$$\Phi_3 = X^2 + X + 1$$
$$\Phi_4 = X^2 + 1$$
$$\Phi_5 = X^4 + X^3 + X^2 + X + 1$$
$$\Phi_6 = X^2 - X + 1$$
$$\Phi_7 = X^6 + X^5 + X^4 + X^3 + X^2 + X + 1$$
$$\Phi_8 = X^4 + 1$$
$$\Phi_9 = X^6 + X^3 + 1.$$

Satz 3.62 Ist K ein Körper mit Charakteristik 0, dann ist $\Phi_n(X) \in \mathbb{Z}[X]$ und Φ_n ist irreduzibel in $\mathbb{Q}[X]$.

Satz 3.63 Sei $\zeta \in \overline{\mathbb{Q}}$ eine primitive n-te Einheitswurzel. Mit φ sei die Eulersche Phi-Funktion bezeichnet. Dann ist $\mathbb{Q} \leq \mathbb{Q}(\zeta)$ eine endliche Galoiserweiterung vom Grad $\varphi(n)$ mit Galoisgruppe $G \cong (\mathbb{Z}/n\mathbb{Z})^\times$ und es gilt
$$G = \{\zeta \mapsto \zeta^k \mid 1 \leq k \leq n,\ \mathrm{ggT}(k,n) = 1\}.$$

3.3. Endliche Körper

Satz 3.64 Für jede Primzahl p und jede natürliche Zahl $1 \leq n$ existiert ein Körper mit p^n Elementen. Bis auf Isomorphie gibt es genau einen endlichen Körper mit p^n Elementen. Er wird mit $\mathbb{F}_{p^n}$ bezeichnet. Ist umgekehrt K ein endlicher Körper, so gilt $|K| = p^n$ für eine Primzahl p und eine natürliche Zahl $1 \leq n$.

Satz 3.65 Ist K ein endlicher Körper mit p^n Elementen, so hat K Charakteristik p und der Primkörper ist isomorph zu $\mathbb{Z}/p\mathbb{Z}$.

3.3. Endliche Körper

Satz 3.66 Die multiplikative Gruppe $K^\times$ eines Körpers K mit p^n Elementen ist zyklisch der Ordnung $p^n - 1$.

Definition 3.67 Sei K ein Körper mit $\mathrm{char}(K) = p$. Der Automorphismus

$$\begin{aligned} K &\to K \\ x &\mapsto x^p \end{aligned}$$

heißt **Frobenius-Automorphismus**.

Satz 3.68 Der Körper $\mathbb{F}_{p^n}$ ist Zerfällungskörper des separablen Polynoms

$$x^{p^n} - x.$$

Die Elemente von $\mathbb{F}_{p^n}$ sind genau die Nullstellen dieses Polynoms.

Satz 3.69 Ist L ein endlicher Körper mit $\mathrm{char}(L) = p > 0$ und K ein Teilkörper von L, so gilt:

a) $\mathrm{char}(K) = p$;

b) Ist $L = \mathbb{F}_{p^n}$, so ist $K = \mathbb{F}_{p^d}$ für einen Teiler d von n.

c) Die Körpererweiterung $K \leq L$ ist galoissch vom Grad $[L : K] = \frac{n}{d}$.

d) Es ist $\mathrm{Gal}(L|K) = \langle \sigma^{[K:\mathbb{F}_p]} \rangle$, wobei σ den Frobenius-Automorphismus bezeichnet.

4. Zahlentheorie

Satz 4.1 (Fundamentalsatz der Zahlentheorie)
Jede natürliche Zahl ist Produkt von Primzahlen. Die Darstellung ist, abgesehen von der Reihenfolge der Faktoren, eindeutig.

Satz 4.2 (Division mit Rest)
Zu $x \in \mathbb{Z}$ und $y \in \mathbb{N}$ existieren eindeutig bestimmte Zahlen $q, r \in \mathbb{Z}$ mit $x = qy + r$ und $0 \leq r < y$.

Satz 4.3 (Lemma von Bézout)
Seien $a, b \in \mathbb{Z}$. Genau dann gilt $\operatorname{ggT}(a, b) = 1$, wenn $x, y \in \mathbb{Z}$ existieren, für die $1 = x \cdot a + y \cdot b$ gilt.

Satz 4.4 (Kleiner Satz von Fermat)
Für alle Primzahlen p und alle natürlichen Zahlen n mit $p \nmid n$ gilt

$$n^{p-1} \equiv 1 \mod p.$$

Satz 4.5 (Satz von Euler)
Sind $m, n \in \mathbb{N}$ mit $\operatorname{ggT}(m, n) = 1$, so gilt

$$m^{\varphi(n)} \equiv 1 \mod n.$$

Satz 4.6 (Satz von Wilson)
Eine Zahl $p \in \mathbb{N}$ ist genau dann prim, wenn $(p-1)! \equiv -1 \mod p$ gilt.

Satz 4.7 Seien $m_1, m_2, m_3 \notin \{0, 1\}$ paarweise teilerfremde ganze Zahlen und $a, b, c \in \mathbb{Z}$. Sei $x \in \mathbb{Z}$ mit

$$x \equiv a \mod m_1$$
$$x \equiv b \mod m_2$$
$$x \equiv c \mod m_3.$$

Setze $N = m_1 \cdot m_2 \cdot m_3$ und $N_i = \frac{N}{m_i}$ für $i = 1, 2, 3$. Mit dem euklidischen Algorithmus lassen sich ganze Zahlen x_1, x_2, x_3 bestimmen mit

$$N_1 \cdot x_1 \equiv 1 \mod m_1$$
$$N_2 \cdot x_2 \equiv 1 \mod m_2$$
$$N_3 \cdot x_3 \equiv 1 \mod m_3.$$

Dann gilt $x \equiv a \cdot N_1 \cdot x_1 + b \cdot N_2 \cdot x_2 + c \cdot N_3 \cdot x_3 \mod N$.

Definition 4.8 Sei $m \in \mathbb{N}_{>1}$ und $a \in \mathbb{Z}$ mit $\mathrm{ggT}(a, m) = 1$. Die Zahl a heißt ein **quadratischer Rest** (QR) modulo m, falls es eine ganze Zahl x gibt mit $x^2 \equiv a \mod m$. Andernfalls heißt a ein **quadratischer Nichtrest** (NR).

Definition 4.9 Sei p eine ungerade Primzahl und a eine ganze Zahl. Dann wird das **Legendre-Symbol** wie folgt definiert:

$$\left(\frac{a}{p}\right) := \begin{cases} 0 & \text{falls } p \mid a \\ 1 & \text{falls } p \nmid a \text{ und } a \text{ ist QR} \mod p \\ -1 & \text{falls } p \nmid a \text{ und } a \text{ ist NR} \mod p. \end{cases}$$

Satz 4.10 (Eulersches Kriterium)
Ist p eine ungerade Primzahl und a eine ganze Zahl, so gilt

$$\left(\frac{a}{p}\right) \equiv a^{\frac{p-1}{2}} \mod p.$$

Satz 4.11 Sei p eine ungerade Primzahl. Für alle $a, b \in \mathbb{Z}$ gilt

$$\left(\frac{ab}{p}\right) = \left(\frac{a}{p}\right)\left(\frac{b}{p}\right).$$

Satz 4.12 Für ungerade Primzahlen $p \neq q$ gilt

$$\left(\frac{q}{p}\right)\left(\frac{p}{q}\right) = (-1)^{\frac{p-1}{2} \frac{q-1}{2}}.$$

Satz 4.13 Sei p eine ungerade Primzahl. In $\mathbb{F}_p$ gibt es $\frac{p+1}{2}$ quadratische Reste und $\frac{p-1}{2}$ quadratische Nichtreste.

5. Konstruktionen mit Zirkel und Lineal

Definition 5.1 Für $k \in \mathbb{N}$ sei P_k eine nichtleere Menge von Punkten in der Ebene, $\mathcal{G}(P_k)$ die Menge aller Geraden, die zwei Punkte aus P_k enthalten, und $\mathcal{K}(P_k)$ die Menge der Kreise, deren Mittelpunkt ein Punkt aus P_k ist und deren Radius ein Abstand zweier Punkte aus P_k ist.

P'_k sei die Menge der Schnittpunkte zweier Geraden aus $\mathcal{G}(P_k)$ vereinigt mit der Menge der Schnittpunkte zweier Kreise aus $\mathcal{K}(P_k)$ und der Menge der Schnittpunkte einer Geraden aus $\mathcal{G}(P_k)$ und eines Kreises aus $\mathcal{K}(P_k)$.

Setze $P_{k+1} = P_k \cup P'_k$ und $\hat{P} = \bigcup_{k=0}^{\infty} P_k$. Dann heißt $\hat{P}$ die Menge der **aus P_0 mit Zirkel und Lineal konstruierbaren Punkte**.

Definition 5.2 Ein Punkt $z \in \mathbb{C}$ heißt **mit Zirkel und Lineal konstruierbar**, falls z in der Menge $\hat{P}$ der aus $P_0 = \{0, 1\}$ mit Zirkel und Lineal konstruierbaren Punkte liegt.

Satz 5.3 Ist P_0 eine Menge von komplexen Zahlen, die 0 und 1 enthält, so ist $\hat{P}$ ein Teilkörper von $\mathbb{C}$.

Satz 5.4 Sei $P_0 \subseteq \mathbb{C}$ mit $\{0, 1\} \subset P_0$ und sei $K = \mathbb{Q}(P_0 \cup \overline{P_0})$. Ist $z \in \mathbb{C}$ aus P_0 mit Zirkel und Lineal konstruierbar, so ist der Grad der Körpererweiterung $K \leq K(z)$ eine Potenz von 2.

Satz 5.5 Sei $P_0 \subseteq \mathbb{C}$ mit $\{0, 1\} \subset P_0$ und sei $K = \mathbb{Q}(P_0 \cup \overline{P_0})$. Sei $z \in \mathbb{C}$ algebraisch über K mit Minimalpolynom $m_{z,K}$. Dann sind äquivalent:

i) z ist aus P_0 mit Zirkel und Lineal konstruierbar.

ii) Für den Zerfällungskörper L von $m_{z,K}$ gilt $[L : K] = 2^m$ für ein $m \in \mathbb{N}$.

iii) Die Galoisgruppe $\mathrm{Gal}(L|K)$ ist eine 2-Gruppe.

6. Lineare Algebra

Definition 6.1 Sei K ein Körper und $(V, +)$ eine abelsche Gruppe. Zusätzlich sei $\cdot : K \times V \to V, (\lambda, v) \mapsto \lambda \cdot v$ eine Abbildung, für die gilt:

i) $(\lambda \mu) \cdot v = \lambda \cdot (\mu \cdot v)$

ii) $1 \cdot v = v$

iii) $(\lambda + \mu) \cdot v = \lambda \cdot v + \mu \cdot v$

iv) $\lambda \cdot (v + w) = \lambda \cdot v + \lambda \cdot w$ für alle $\lambda, \mu \in K$, $v, w \in V$.

Dann heißt das Tripel $(V, +, \cdot)$ **Vektorraum über K** oder **K-Vektorraum** und die Elemente von V heißen **Vektoren**.

Definition 6.2 Sei V ein K-Vektorraum.

a) Für $n \in \mathbb{N}$ heißen $v_1, \ldots, v_n \in V$ **linear unabhängig**, falls für alle $\lambda_1, \ldots, \lambda_n \in K$ aus $\lambda_1 v_1 + \ldots + \lambda_n v_n = 0$ folgt, dass $\lambda_1 = \ldots = \lambda_n = 0$ gilt. Andernfalls heißen $v_1, \ldots, v_n$ **linear abhängig**.

b) Eine unendliche Menge $\{v_1, v_2, \ldots\} \subset V$ von Vektoren heißt **linear unabhängig**, falls jede endliche Teilmenge von $\{v_1, v_2, \ldots\}$, die aus mindestens zwei und aus paarweise verschiedenen Vektoren besteht, eine Menge linear unabhängiger Vektoren ist.

c) Die Menge $E := \{v_1, v_2, \ldots\}$ heißt **Erzeugendensystem** von V, falls es für alle $v \in V$ Vektoren $v_{i_1}, \ldots, v_{i_n} \in E$ und Elemente $\lambda_1, \ldots, \lambda_n \in K$ gibt mit $\lambda_1 v_{i_1} + \ldots + \lambda_n v_{i_n} = v$.

d) Ein endliches Erzeugendensystem $\{v_1, \ldots, v_n\}$ heißt **Basis** von V, falls die Vektoren $v_1, \ldots, v_n$ linear unabhängig sind. Ein unendliches Erzeugendensystem $B := \{v_1, v_2, \ldots\}$ heißt **Basis** von V, falls B linear unabhängig ist.

e) Hat V eine Basis $\{v_1, \ldots, v_n\}$ für ein $n \in \mathbb{N}$, so heißt n **Dimension** von V. Wir schreiben $\dim_K(V) = n$ und setzen $\dim_K(V) = \infty$, falls V keine Basis endlicher Länge besitzt.

Satz 6.3 Sei V ein K-Vektorraum der Dimension n. Für $m > n$ sind m verschiedene Vektoren linear abhängig.

Satz 6.4 Sei K ein Körper. V und W seien K-Vektorräume mit $V \subseteq W$ und $\dim_K(V) = \dim_K(W) < \infty$. Dann gilt $V = W$.

Satz 6.5 Jeder Körper ist ein Vektorraum über seinem Primkörper.

Definition 6.6 Sei R ein Ring. Ein Tripel $(M, +, \cdot)$ heißt R-**Modul**, falls $(M, +)$ eine abelsche Gruppe ist und $\cdot : R \times M \to M, (r, m) \mapsto r \cdot m$ eine Abbildung, für die gilt:

i) $(rs) \cdot m = r \cdot (s \cdot m)$

ii) $1 \cdot m = m$

iii) $(r + s) \cdot m = r \cdot m + s \cdot m$

iv) $r \cdot (m + n) = r \cdot m + r \cdot n$ für alle $r, s \in R$, $m, n \in M$.

Definition 6.7 Sei M ein R-Modul. Eine Menge $\{m_\lambda \mid \lambda \in \Lambda\} \subseteq M$ heißt **Erzeugendensystem** von M, falls es zu jedem $m \in M$ Elemente $r_1, \ldots, r_n \in R$ und $\lambda_1, \ldots, \lambda_n \in \Lambda$ gibt mit $m = r_1 m_{\lambda_1} + \ldots + r_n m_{\lambda_n}$. Ein Erzeugendensystem von M heißt **Basis** von M, falls diese Darstellung für jedes Element eindeutig ist.

Definition 6.8 V, W seien K-Vektorräume. Eine Abbildung $\varphi : V \to W$ heißt (K-)**Vektorraum-Homomorphismus**, wenn für alle $\lambda \in K$ und $v, w \in V$ gilt: $\varphi(v + w) = \varphi(v) + \varphi(w)$ und $\varphi(\lambda v) = \lambda \varphi(v)$.

Satz 6.9 Sei K ein Körper. Seien V, W K-Vektorräume und $\varphi : V \to W$ ein Vektorraum-Homomorphismus. Genau dann ist φ injektiv, wenn $\ker(\varphi) = \{0\}$ ist.

Satz 6.10 (Dimensionsformel)
Sei K ein Körper. V und W seien endlich dimensionale K-Vektorräume und $\varphi : V \to W$ sei ein Vektorraum-Homomorphismus. Dann gilt

$$\dim_K(V) = \dim_K(\ker(\varphi)) + \dim_K(\operatorname{im}(\varphi)).$$

Gilt zusätzlich $\dim_K(V) = \dim_K(W)$, so ist φ genau dann injektiv, wenn φ surjektiv ist.

Definition 6.11 Sei $\varphi : V \to W$ ein Vektorraum-Homomorphismus. Sei $B_1 = \{v_1, \ldots, v_n\}$ eine Basis von V und $B_2 = \{w_1, \ldots, w_m\}$ eine Basis von W. Zu $\varphi(v_i)$ existieren $a_{1i}, \ldots, a_{mi}$, so dass $\varphi(v_i) = \sum_{j=1}^m a_{ji} w_j$ gilt. Die Matrix $A := (a_{ji})_{1 \leq j \leq m, 1 \leq i \leq n}$ heißt **Darstellungsmatrix** von f bezüglich der Basen B_1 und B_2.

Definition 6.12 Eine Matrix A der Form

$$\begin{pmatrix} 1 & x_0 & x_0^2 & \ldots & x_0^{n-2} & x_0^{n-1} \\ 1 & x_1 & x_1^2 & \ldots & x_1^{n-2} & x_1^{n-1} \\ \vdots & & & & & \vdots \\ 1 & x_{n-1} & x_{n-1}^2 & \ldots & x_{n-1}^{n-2} & x_{n-1}^{n-1} \end{pmatrix}$$

heißt **Vandermonde-Matrix**. Sie hat Determinante $\prod_{0 \leq k < l \leq n-1}(x_l - x_k)$.

6. Lineare Algebra

Definition 6.13 Sei $f : V \to V$ ein Vektorraum-Homomorphismus. Ein Vektor $v \in V$ heißt **Eigenvektor** von f, falls $v \neq 0$ gilt und es ein $\lambda \in K$ gibt mit $f(v) = \lambda v$. Ist dies der Fall, so heißt λ **Eigenwert** von f. Die Eigenvektoren zu einem Eigenwert λ bilden zusammen mit dem Nullvektor einen Untervektorraum, den sogenannten **Eigenraum** zum Eigenwert λ.

Definition 6.14 Sei A eine $n \times n$-Matrix über einem Körper K.

a) Das Polynom $\chi_A(X) := \det(XE_n - A) \in K[X]$ heißt **charakteristisches Polynom** der Matrix A.

b) Ist $\mu_A(X) \in K[X]$ ein Polynom, für das $\mu_A(A) = 0$ gilt und das alle anderen Polynome $\varphi \in K[X]$ teilt, für die $\varphi(A) = 0$ gilt, so heißt μ_A **Minimalpolynom** von A.

Definition 6.15 Ist $f : V \to V$ ein Vektorraum-Homomorphismus und A eine Darstellungsmatrix von f, so heißt das charakteristische Polynom von A auch **charakteristisches Polynom** von f und das Minimalpolynom von A auch **Minimalpolynom** von f.

Satz 6.16 (Satz von Cayley-Hamilton)
Sei A eine $n \times n$-Matrix über einem Körper K. Dann gilt $\chi_A(A) = 0$.

Satz 6.17 Sei K ein Körper und A eine $n \times n$-Matrix über K. Das Element $\lambda \in K$ ist genau dann ein Eigenwert von A, wenn λ eine Nullstelle von $\mu_A(X)$ ist.

Definition 6.18 Sei A eine $n \times n$-Matrix über einem Körper K.

i) A heißt **(obere) Dreiecksmatrix**, falls alle Einträge von A unterhalb der Hauptdiagonalen 0 sind.

ii) A heißt **Diagonalmatrix**, falls alle Einträge von A außerhalb der Hauptdiagonalen 0 sind.

Definition 6.19 Eine $n \times n$-Matrix A heißt **trigonalisierbar**, wenn eine $n \times n$-Dreiecksmatrix B und eine invertierbare $n \times n$-Matrix P existiert, so dass $B = PAP^{-1}$ gilt.

Satz 6.20 (Trigonalisierbarkeitskriterium)
Eine $n \times n$-Matrix A über einem Körper K ist genau dann triagonalisierbar, wenn das charakteristische Polynom $\chi_A = \det(XE_n - A) \in K[X]$ in Linearfaktoren zerfällt.

Definition 6.21 Eine $n \times n$-Matrix A heißt **diagonalisierbar**, wenn eine $n \times n$-Diagonalmatrix B und eine invertierbare $n \times n$-Matrix P existiert, so dass $B = PAP^{-1}$ gilt.

Satz 6.22 (Diagonalisierbarkeitskriterium)
Eine $n \times n$-Matrix A über einem Körper K ist genau dann diagonalisierbar, wenn der zu A gehörige Homomorphismus eine Basis aus Eigenvektoren besitzt.

Teil II.

Aufgaben und Lösungsvorschläge

„**Muss ich das beweisen?**" war eine der häufigsten Fragen von Studenten in den Staatsexamens-Tutorien der letzten Jahre. Die Beantwortung dieser Frage fällt nicht immer leicht. Zu Satz 1.95 könnte man sich beispielsweise die folgende Argumentation vorstellen. Aufgabe: Sei G eine nichtabelsche Gruppe der Ordnung 8, die eine nichtnormale Untergruppe besitzt. Zeigen Sie, dass G isomorph zur Diedergruppe D_4 ist.
Lösung: Bekanntlich gibt es genau zwei nichtabelsche Gruppen der Ordnung 8, die Diedergruppe D_4 und die Gruppe

$$\mathcal{Q} = \{\pm E, \pm A, \pm, \pm C\}$$

mit

$$E := \begin{pmatrix} 1 & 0 \\ 0 & 1 \end{pmatrix}, \ A := \begin{pmatrix} 0 & 1 \\ -1 & 0 \end{pmatrix}, \ B := \begin{pmatrix} 0 & i \\ i & 0 \end{pmatrix}, \ C := \begin{pmatrix} i & 0 \\ 0 & -i \end{pmatrix}$$

und der üblichen Matrizenmultiplikation als Verknüpfung. Alle Untergruppen der Gruppe $\mathcal{Q}$ sind Normalteiler. Da G nach Voraussetzung eine nichtnormale Untergruppe besitzt, ist G isomorph zu D_4.

Die Frage ist nun, ob dieses zweifelsfrei richtige Argument in der Prüfung anerkannt wird, also ob der Prüfling als bekannt voraussetzen darf, dass die angegebene Menge eine Gruppe ist, dass es genau zwei nichtabelsche Gruppen der Ordnung 8 gibt und dass alle Untergruppen der Gruppe $\mathcal{Q}$ Normalteiler sind. Diese Frage kann hier nicht verbindlich beantwortet werden. Im Grunde gilt, dass Sätze, die zum allgemeinen Kanon der Grundvorlesungen gehören (wie z.B. die Sylow-Sätze, der Satz von Lagrange, der Hauptsatz der Galoistheorie und viele mehr) oder sich in den Standardwerken der Algebra-Literatur finden lassen, ohne Beweis verwendet werden dürfen. Wird in der Examensklausur mit Hilfe weniger bekannter Sätze argumentiert, sollten diese jedenfalls mit allen Voraussetzungen exakt zitiert werden.

Was das obige Beispiel betrifft, sollte die Tabelle in Satz 1.95 wohl nicht ohne Beweis als Argument genutzt werden. Mit Hilfe der Sylow-Sätze und anderen bekannten Aussagen sollte gezeigt werden, dass es genau zwei nichtabelsche Gruppen der Ordnung 8 gibt. Zusätzlich ist zu beweisen, dass alle Untergruppen von $\mathcal{Q}$ Normalteiler sind. Dass $\mathcal{Q}$ eine Gruppe ist, könnte eventuell ohne Beweis verwendet werden. Sollte in der Examensklausur noch Zeit sein, empfiehlt es sich aber, auch das noch nachzuweisen.

7. Prüfungstermin Herbst 2003

H03-I-1

Aufgabe

Sei G eine Gruppe der Ordnung n. Zeigen Sie:

a) G ist isomorph zu einer Untergruppe der symmetrischen Gruppe S_n.

b) Ist $n = 2u$ mit ungeradem u, so hat G einen Normalteiler vom Index 2.

Lösung

a) Für $a \in G$ sei $\tau_a : G \to G$ definiert durch $\tau_a(g) = ag$. Dann ist τ_a eine Permutation (1.81) auf G, denn es gilt

$$\tau_a \circ \tau_{a^{-1}}(g) = \tau_a(\tau_{a^{-1}}(g)) = aa^{-1}g = g \text{ und}$$
$$\tau_{a^{-1}} \circ \tau_a(g) = a^{-1}ag = g$$

für alle $g \in G$. Betrachte die Abbildung $\varphi : G \to S_G$ mit $\varphi(a) = \tau_a$. Wegen $\tau_{ab}(g) = abg = \tau_a(bg) = \tau_a \circ \tau_b(g)$ und somit

$$\varphi(ab) = \tau_{ab} = \tau_a \circ \tau_b = \varphi(a) \circ \varphi(b)$$

ist φ ein Gruppenhomomorphismus (1.6). Wegen

$$\ker(\varphi) = \{a \in G \mid \varphi(a) = \mathrm{id}\} = \{a \in G \mid \tau_a = \mathrm{id}\}$$
$$= \{a \in G \mid \forall g \in G : ag = g\} = \{e_G\}$$

ist φ injektiv (1.11). Die Abbildung

$$G \to \mathrm{im}(\varphi)$$
$$a \mapsto \varphi(a)$$

ist also ein Isomorphismus.

Das Bild von φ ist eine Untergruppe von S_G (1.50). Außerdem ist S_G isomorph zu S_n (Schreibe $G = \{a_1, \ldots, a_n\}$ und ordne jeder Permutation auf G die Permutation der Indizes zu!). Somit ist G isomorph zu einer Untergruppe von S_n.

b) Wie in Teilaufgabe a) sei $\varphi : G \to S_G$ definiert durch $\varphi(a) = \tau_a$. Da die alternierende Gruppe A_n Normalteiler in $S_n \cong S_G$ ist (1.35, 1.90), ist $\varphi^{-1}(A_n)$ Normalteiler in G (1.50). Wir wollen zeigen, dass $[G : \varphi^{-1}(A_n)] = 2$ ist.

Nach dem 3. Isomorphiesatz (1.55) gibt es einen injektiven Homomorphismus $\Phi : G/\phi^{-1}(A_n) \to S_n/A_n$. Die Faktorgruppe $G/\varphi^{-1}(A_n)$ ist demnach isomorph zu einer Untergruppe von S_n/A_n. Folglich ist

$$[G : \varphi^{-1}(A_n)] = |G/\varphi^{-1}(A_n)|$$

ein Teiler von $|S_n/A_n| = 2$ (1.34), also $[G : \varphi^{-1}(A_n)] \in \{1, 2\}$.

Nun zeigen wir, dass es ein Element $b \in G$ gibt, dessen Bild unter der Abbildung φ nicht in A_n liegt. Dann gilt nämlich $\varphi^{-1}(A_n) \neq G$ und es folgt die Behauptung.

Nach den Sylow-Sätzen (1.79) hat G (mindestens) eine Untergruppe der Ordnung 2. Sei $H = \{e, b\}$ Untergruppe von G. Dann ist $[G : H] = u$ (1.34). Es gibt also u paarweise verschiedene Rechtsnebenklassen von H (1.31). Seien $h_1, \ldots, h_u$ deren Repräsentanten. Da die Rechtsnebenklassen eine Partition von G bilden (1.33), ist

$$G = Hh_1 \cup \ldots \cup Hh_u \text{ mit } Hh_i = \{h_i, bh_i\}.$$

Nun gilt für alle $i \in \{1, \ldots, u\}$ und alle $g \in Hh_i$

$$\tau_b(g) = \begin{cases} bh_i & \text{falls } g = h_i \\ bbh_i = h_i & \text{falls } g = bh_i \end{cases}.$$

Das bedeutet, τ_b vertauscht die Elemente der Rechtsnebenklassen. Da $n = 2u$ mit ungeradem u ist, kann τ_b also als Produkt einer ungeraden Anzahl an Transpositionen geschrieben werden. Bekanntlich ist $\varphi(b) = \tau_b$ dann eine ungerade Permutation (1.88), also ist $\varphi(b) \notin A_n$.

H03-I-2

Aufgabe

Beweisen Sie
$$\cos\frac{2\pi}{5} = \frac{\sqrt{5}-1}{4}.$$

Lösung

Für die primitive 5-te Einheitswurzel (3.55)
$$\zeta := e^{\frac{2\pi}{5}i} = \cos\frac{2\pi}{5} + i\sin\frac{2\pi}{5}$$

gilt
$$\zeta + \zeta^{-1} = \cos\frac{2\pi}{5} + i\sin\frac{2\pi}{5} + \cos\frac{2\pi}{5} - i\sin\frac{2\pi}{5} = 2\cos\frac{2\pi}{5}.$$

Die komplexe Zahl ζ ist Nullstelle des Polynoms $X^4+X^3+X^2+X+1 \in \mathbb{Q}[X]$ (3.58, 3.56). Damit folgt:

$$\zeta^4 + \zeta^3 + \zeta^2 + \zeta + 1 = 0$$
$$\stackrel{\cdot\zeta^{-2}}{\Rightarrow} \quad \zeta^2 + \zeta + 1 + \zeta^{-1} + \zeta^{-2} = 0$$
$$\Rightarrow \quad (\zeta+\zeta^{-1})^2 + (\zeta+\zeta^{-1}) - 1 = 0$$
$$\Rightarrow \quad \zeta+\zeta^{-1} = \frac{-1 \pm \sqrt{5}}{2}$$
$$\stackrel{2\cos\frac{2\pi}{5}>0}{\Rightarrow} \quad \cos\frac{2\pi}{5} = \frac{\sqrt{5}-1}{4}$$

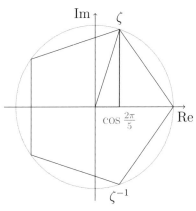

H03-I-3

Aufgabe

Begründen oder widerlegen Sie folgende Aussagen:

a) Ist p eine Primzahl, sind $1 \leq i \leq j$ natürliche Zahlen, sind K bzw. L Körper mit p^i bzw. p^j Elementen, so ist K zu einem Teilkörper von L isomorph.

b) Für jede Primzahl p und jede natürliche Zahl a gilt:
Ist $X^2 \equiv a \mod p$ lösbar in $\mathbb{Z}$, so auch $X^4 \equiv a \mod p$.

c) Die Zahl $\zeta_{13} = e^{2\pi i/13}$ ist mit Zirkel und Lineal konstruierbar.

d) Seien $\alpha_1, \alpha_2 \in \mathbb{C}$ algebraische Zahlen, sei $K_i = \mathbb{Q}(\alpha_i)$ für $i = 1, 2$, sei $L = \mathbb{Q}(\alpha_1, \alpha_2)$ und es gelte $K_1 \cap K_2 = \mathbb{Q}$. Dann gilt

$$[L : \mathbb{Q}] \text{ teilt } [K_1 : \mathbb{Q}] \cdot [K_2 : \mathbb{Q}].$$

Lösung

a) Die Aussage ist falsch:

Seien $K = \mathbb{F}_{2^2}$, $L = \mathbb{F}_{2^3}$ und x ein erzeugendes Element der multiplikativen Gruppe $K^\times$. Dann hat x die Ordnung 3 (3.66). Da 3 kein Teiler von $7 = |L^\times|$ ist, hat $L^\times$ nach Lagrange (1.34) kein Element der Ordnung 3. Da Isomorphismen die Ordnungen der Elemente erhalten, kann es keinen injektiven Homomorphismus $K \to L$ geben.

b) Die Aussage ist falsch:

Die Gleichung $X^2 \equiv 4 \mod 5$ ist lösbar in $\mathbb{Z}$, denn es ist $2^2 \equiv 4 \mod 5$. Für alle $x \in \mathbb{Z}$ gilt aber

$$x^4 \equiv 0 \mod 5 \text{ oder } x^4 \equiv 1 \mod 5,$$

die Gleichung $X^4 \equiv 4 \mod 5$ ist also nicht lösbar in $\mathbb{Z}$.

c) Die Aussage ist falsch:

Die Zahl ζ_{13} ist genau dann konstruierbar, wenn der Zerfällungskörper L des Minimalpolynoms f von ζ_{13} über $\mathbb{Q}$ Grad 2^m hat für ein $m \in \mathbb{N}$ (5.5). Bekanntlich (3.62, 3.58, 3.18) ist

$$f = X^{12} + X^{11} + \ldots + X + 1$$

und $L = \mathbb{Q}(\zeta_{13})$ hat über $\mathbb{Q}$ Grad 12 (3.63). Die Zahl 12 ist keine Potenz von 2, also ist ζ_{13} nicht konstruierbar.

d) Die Aussage ist falsch:

Das Minimalpolynom von $\alpha_1 := \sqrt[3]{2}$ über $\mathbb{Q}$ ist $f = x^3 - 2$, denn es ist $f(\alpha_1) = 0$ und nach Eisenstein (2.57) ist f irreduzibel über $\mathbb{Q}$ (3.18). Somit gilt $[K_1 : \mathbb{Q}] = 3$ (3.19).

Mit gleicher Begründung ist das Polynom f auch das Minimalpolynom von $\alpha_2 := \sqrt[3]{2} e^{\frac{2\pi i}{3}}$ über $\mathbb{Q}$. Folglich gilt $[K_2 : \mathbb{Q}] = 3$.

Wegen $\alpha_2 \in \mathbb{C} \setminus \mathbb{R}$ und $\alpha_1 \in \mathbb{R}$ gilt $\mathbb{Q}(\alpha_1) \neq \mathbb{Q}(\alpha_2)$. Da die Zahl 3 eine Primzahl ist, folgt mit der Gradformel (3.14), dass K_1 keinen echten Teilkörper außer den Primkörper $\mathbb{Q}$ hat. Somit ist $K_1 \cap K_2 = \mathbb{Q}$.

Offensichtlich ist $\mathbb{Q}(\alpha_1, \alpha_2) = \mathbb{Q}(\alpha_1, e^{\frac{2\pi i}{3}})$ und das Minimalpolynom der 3-ten Einheitswurzel $e^{\frac{2\pi i}{3}}$ über $\mathbb{Q}$ ist $\Phi_3 = X^2 + X + 1$ (3.58, 3.62). Also gilt $[\mathbb{Q}(e^{\frac{2\pi i}{3}}) : \mathbb{Q}] = \deg(\Phi_3) = 2$ (3.19).

Somit gilt $[\mathbb{Q}(\alpha_1, \alpha_2) : \mathbb{Q}] = 2 \cdot 3 = 6$ (3.21), aber 6 ist kein Teiler von

$$[\mathbb{Q}(\alpha_1) : \mathbb{Q}] \cdot [\mathbb{Q}(\alpha_2) : \mathbb{Q}] = 3 \cdot 3 = 9.$$

H03-I-4

Aufgabe

Sei K ein Körper mit 81 Elementen, sei G die Gruppe aller Automorphismen von K. Bestimmen Sie:

a) die Länge der Bahnen der Operation von G auf K, sowie

b) die Anzahl der Bahnen gegebener Länge.

Lösung

a) Die Automorphismengruppe G (3.36) operiert auf K (1.61) mittels

$$\gamma : G \times K \to K$$
$$(\alpha, x) \mapsto \alpha(x),$$

denn für alle $x \in K$ und alle $\alpha, \beta \in G$ gilt

$$\gamma(\mathrm{id}, x) = x$$

und
$$\gamma(\alpha \circ \beta, x) = \alpha \circ \beta(x) = \alpha(\beta(x)) = \gamma(\alpha, \gamma(\beta, x)).$$

Die Bahn (1.65) eines Elements x ist
$$B_x = \{\gamma(\alpha, x) \mid \alpha \in G\} = \{\alpha(x) \mid \alpha \in G\},$$

die Länge der Bahn von x ist also die Anzahl der verschiedenen Bilder von x unter allen Automorphismen auf K.

Nun ist K ein Körper mit 81 Elementen, also $K = \mathbb{F}_{3^4}$ (3.64). Die Automorphismen auf K bilden die Galoisgruppe G der Körpererweiterung $\mathbb{F}_{3^4} : \mathbb{F}_3$ (3.10, 3.42). Diese ist zyklisch, hat Ordnung 4 und wird vom Frobenius-Homomorphismus

$$\sigma : K \to K$$
$$x \mapsto x^3$$

erzeugt (3.69).

Die Galoisgruppe $G = \{\mathrm{id}, \sigma, \sigma^2, \sigma^3\}$ liefert die Körperkette
$$\mathbb{F}_3 \subseteq \mathbb{F}_{3^2} \subseteq \mathbb{F}_{3^4}. \qquad (3.44)$$

Ist x Element des Primkörpers $\mathbb{F}_3$, so lassen alle Automorphismen x fest (3.10), die Bahn hat also Länge 1.

Ist $x \in \mathbb{F}_{3^2} \setminus \mathbb{F}_3$, so gilt nach 3.68
$$\begin{aligned} B_x &= \{\mathrm{id}(x), \sigma(x), \sigma^2(x), \sigma^3(x)\} \\ &= \{x, x^3, (x^3)^3, ((x^3)^3)^3\} = \{x, x^3, x^9, x^{27}\} \\ &= \{x, x^3, x, x^3\}, \end{aligned}$$

die Bahn hat also Länge 2.

Ist schließlich $x \in \mathbb{F}_{3^4} \setminus \mathbb{F}_{3^2}$, so ist
$$B_x = \{\mathrm{id}(x), \sigma(x), \sigma^2(x), \sigma^3(x)\} = \{x, x^3, x^9, x^{27}\}$$

und die Bahn hat Länge 4.

b) Es gibt 3 Elemente in $\mathbb{F}_3$, somit 3 Bahnen der Länge 1.

Die Menge $\mathbb{F}_{3^2} \setminus \mathbb{F}_3$ hat $9 - 3 = 6$ Elemente. Da die Bahnen eine Partition von K bilden (1.67), gibt es $\frac{6}{2} = 3$ Bahnen der Länge 2.

Mit gleicher Argumentation gibt es $\frac{81-9}{4} = 18$ Bahnen der Länge 4.

H03-II-1

Aufgabe

a) Definieren Sie die alternierende Gruppe A_n.

b) Warum ist A_n für $n \geq 2$ eine Untergruppe vom Index 2 in S_n?

c) Zeigen Sie, dass die Gruppe S_4 auflösbar ist.

Lösung

a) Automorphismen auf der Menge $\{1, \ldots, n\}$, die zwei Zahlen i und j (mit $i \neq j$) vertauschen und alle übrigen fest lassen, heißen Transpositionen und werden mit (i, j) notiert. Eine Permutation (ein Automorphismus) der Menge $\{1, \ldots, n\}$, die sich als Produkt (Komposition) einer geraden Anzahl von Transpositionen schreiben lässt, heißt eine gerade Permutation. Die Menge der geraden Permutationen der Menge $\{1, \ldots, n\}$ mit der Komposition als Verknüpfung ist eine Gruppe und heißt alternierende Gruppe A_n.

b) Eine Permutation $\sigma \in S_n$ lässt sich als Produkt von Transpositionen schreiben. Hat σ eine Darstellung

$$\sigma = \tau_1 \circ \ldots \circ \tau_s$$

mit Transpositionen τ_i und einer geraden Zahl s, so gilt für jede weitere Darstellung

$$\sigma = \tilde{\tau}_1 \circ \ldots \circ \tilde{\tau}_t$$

mit Transpositionen $\tilde{\tau}_j$, dass t eine gerade Zahl ist. Die Eigenschaft, eine gerade Permutation zu sein, ist also wohldefiniert. Das Signum $\text{sign}(\sigma)$ einer Permutation σ sei 1, falls σ gerade ist, und -1 sonst. Die Abbildung

$$\begin{aligned} \varphi : S_n &\longrightarrow \{+1, -1\} \\ \sigma &\longmapsto \text{sign}(\sigma) \end{aligned}$$

ist ein Gruppenhomomorphismus (1.88) und offensichtlich surjektiv. Der Kern dieser Abbildung ist die Untergruppe A_n und nach dem Homomorphiesatz (1.52) gilt

$$S_n/A_n \cong \{+1, -1\}.$$

Folglich ist $[S_n : A_n] = |S_n/A_n| = 2$.

c) Die Untergruppe A_4 ist ein Normalteiler vom Index 2 von S_4. Die Menge

$$V_4 := \{\text{id}, (12)(34), (13)(24), (14)(23)\}$$

ist ein Normalteiler vom Index 3 von A_4:

Die Verknüpfungstafel

$\circ$	id	(1 2)(3 4)	(1 3)(2 4)	(1 4)(2 3)
id	id	(1 2)(3 4)	(1 3)(2 4)	(1 4)(2 3)
(1 2)(3 4)	(1 2)(3 4)	id	(1 4)(2 3)	(1 3)(2 4)
(1 3)(2 4)	(1 3)(2 4)	(1 4)(2 3)	id	(1 2)(3 4)
(1 4)(2 3)	(1 4)(2 3)	(1 3)(2 4)	(1 2)(3 4)	id

zeigt, dass V_4 eine Untergruppe ist. Kein Element von A_4 hat Ordnung 4, denn alle Permutationen in S_4 mit Ordnung 4 sind ungerade. Die einzigen Elemente der Ordnung 2 in A_4 sind die Elemente

$$(1\ 2)(3\ 4), (1\ 3)(2\ 4), (1\ 4)(2\ 3) \in V_4.$$

Also ist V_4 die einzige Untergruppe der Ordnung 4 in A_4 und damit Normalteiler (1.43).

Die Faktorgruppen S_4/A_4 und A_4/V_4 haben Primzahlordnung, sind also abelsch (1.19, 1.22). Die Faktorgruppe $V_4/\{\text{id}\} \cong V_4$ ist als Gruppe der Ordnung 2^2 ebenfalls abelsch (1.77). Somit ist A_4 auflösbar (1.57) mit

$$\{\text{id}\} \leq V_4 \leq A_4 \leq S_4.$$

H03-II-2

Aufgabe

Sei K ein Teilkörper von $\mathbb{C}$, der über $\mathbb{Q}$ von endlichem Grad n ist. Zeigen Sie: Ist n ungerade und K normal über $\mathbb{Q}$, so gilt $K \subset \mathbb{R}$.

Lösung

Der Körper $\mathbb{Q}$ der rationalen Zahlen ist vollkommen (3.31). Es gibt also ein primitives Element $\alpha \in K$ mit $\mathbb{Q}(\alpha) = K$ (3.29, 3.34). Das Minimalpolynom $m_{\alpha,\mathbb{Q}}$ hat Grad n und ist separabel (3.16, 3.29).

Ist $z \in \mathbb{C}$ Nullstelle von $m_{\alpha,\mathbb{Q}} := \sum_{k=0}^{n} a_k x^k$, so ist die zu z komplex konjugierte Zahl $\bar{z}$ ebenfalls Nullstelle dieses Polynoms, denn es gilt

$$m_{\alpha,\mathbb{Q}}(z) = 0 \Rightarrow \overline{\sum_{k=0}^{n} a_k z^k} = \bar{0} \stackrel{3.7}{\Rightarrow} \sum_{k=0}^{n} \overline{a_k} \cdot \overline{z}^k = 0$$
$$\Rightarrow \sum_{k=0}^{n} a_k \bar{z}^k = 0 \Rightarrow m_{\alpha,\mathbb{Q}}(\bar{z}) = 0.$$

Da n ungerade ist, gilt $\beta = \bar{\beta}$ für mindestens eine Nullstelle $\beta \in \mathbb{C}$. Das Polynom $m_{\alpha,\mathbb{Q}}$ hat folglich mindestens eine Nullstelle β in $\mathbb{R}$.

Da β Nullstelle von $m_{\alpha,\mathbb{Q}}$ ist und $m_{\alpha,\mathbb{Q}}$ per Definition über $\mathbb{Q}$ irreduzibel ist (3.16), ist $m_{\alpha,\mathbb{Q}} = m_{\beta,\mathbb{Q}}$ (3.18). Daraus folgt $[\mathbb{Q}(\beta) : \mathbb{Q}] = n$ und insgesamt

$$K = \mathbb{Q}(\alpha) = \mathbb{Q}(\beta) \subseteq \mathbb{R}.$$

H03-II-3

Aufgabe

Es seien p und q Primzahlen. Warum zerfällt das Polynom

$$f(X) = X^{p^q} - X$$

über dem Körper $\mathbb{F}_p$ mit p Elementen in p verschiedene Faktoren vom Grad 1 und in $\frac{p^q - p}{q}$ verschiedene irreduzible Faktoren von Grad q?
Hinweis: Die Faktoren müssen nicht angegeben werden! Zum Einstieg in die Aufgabe überlege man, dass die Nullstellen von f einen Körper bilden.

Lösung

Das Polynom f hat Grad p^q. Also hat f höchstens p^q Nullstellen in $\mathbb{F}_{p^q}$. Offensichtlich ist 0 Nullstelle von f. Die Ordnung eines Elements $x \in \mathbb{F}_{p^q} \setminus \{0\}$ ist ein Teiler von $p^q - 1$, denn die multiplikative Gruppe von $\mathbb{F}_{p^q}$ hat Ordnung $p^q - 1$ (3.66). Damit folgt

$$x^{p^q - 1} = 1 \Rightarrow x^{p^q} = x \Rightarrow f(x) = 0.$$

Jedes Element von $\mathbb{F}_{p^q}$ ist also Nullstelle von f. Die Elemente von $\mathbb{F}_{p^q}$ sind somit genau die Nullstellen von f.

Da q eine Primzahl ist, hat die Körpererweiterung $\mathbb{F}_p \leq \mathbb{F}_{p^q}$ keine echten Zwischenkörper (3.44). Die Minimalpolynome der Elemente aus $\mathbb{F}_{p^q} \setminus \mathbb{F}_p$ über $\mathbb{F}_p$ haben folglich Grad q (3.19). Davon gibt es

$$\frac{|\mathbb{F}_{p^q}| - |\mathbb{F}_p|}{q} = \frac{p^q - p}{q},$$

denn die Minimalpolynome sind separabel (3.27, 3.29, 3.31) und eindeutig (3.17). Die Minimalpolynome der Elemente aus $\mathbb{F}_p$ haben Grad 1 und davon gibt es p verschiedene. Alle diese Minimalpolynome teilen f (3.17), das Polynom f zerfällt also wie behauptet.

H03-II-4

Aufgabe

Sei $R = \mathbb{Z} + \mathbb{Z}i$ der Hauptidealring der ganzen Gaußschen Zahlen mit $i^2 = -1$, sei $N : R \to \mathbb{Z}$ die komplexe Norm $N(a + bi) = a^2 + b^2$.

a) Zeigen Sie, dass 11 ein Primelement und 13 kein Primelement in R ist.

b) Zeigen Sie, dass $11R$ ein maximales Ideal in R ist, und zerlegen Sie $13R$ in ein Produkt von zwei maximalen Idealen.

c) Welche Ordnung und welche Struktur hat die Gruppe $(R/11R)^\times$ der teilerfremden Restklassen modulo 11 in R?

d) Welche Ordnung und welche Struktur hat die Gruppe $(R/13R)^\times$ der teilerfremden Restklassen modulo 13 in R?
Hinweis: Der Chinesische Restsatz kann nützlich sein.

Lösung

a) Ist $x \in R$ eine Einheit (2.5), so gibt es ein $y \in R$ mit $xy = 1$ und es folgt

$$N(xy) = N(1) \Rightarrow N(x)N(y) = 1 \stackrel{N(x) \in \mathbb{N}}{\Rightarrow} N(x) = 1.$$

Die einzigen Elemente mit Norm 1 sind

$$1, -1, i, -i,$$

denn $a^2 + b^2 = 1$ gilt genau dann, wenn

$$(a, b) \in \{(-1, 0), (1, 0), (0, 1), (0, -1)\}$$

ist. Alle diese Elemente sind Einheiten, denn es gilt
$$1^2 = (-1)^2 = i(-i) = 1.$$

Angenommen, 11 ist kein Primelement (2.7). Da in Hauptidealringen jedes irreduzible Element ein Primelement ist (2.34), ist 11 reduzibel (2.7) in R. Es gibt also eine Darstellung $11 = (a+ib)(c+id)$ mit Nichteinheiten $a+ib, c+id \in R$. Da alle Nichteinheiten Norm $\neq 1$ haben und $11 \cdot 11$ die einzige nichttriviale Faktorisierung von 121 ist, folgt aus
$$N(a+ib) \cdot N(c+id) = 121,$$
dass $N(a+ib) = 11$, also $a^2 + b^2 = 11$ gilt. Quadrate ganzer Zahlen sind kongruent 0, 1, 3, 4, 5 oder 9 modulo 11. Aus $a^2 + b^2 \equiv 0 \mod 11$ folgt also
$$a^2 \equiv b^2 \equiv 0 \mod 11.$$
Widerspruch, denn 11 ist keine Quadratzahl. Folglich ist 11 ein Primelement.

Die Elemente $(3+2i)$ und $(3-2i)$ haben Norm 13, sind folglich keine Einheiten. Mit $13 = (3+2i)(3-2i)$ hat man also eine Zerlegung von 13 in zwei Nichteinheiten und somit ist 13 reduzibel. Da alle Primelemente irreduzibel sind (2.10), ist 13 kein Primelement.

b) Bekanntlich ist ein von Null verschiedenes Ideal eines Hauptidealringes genau dann maximal, wenn es von einem irreduziblen Element erzeugt wird (2.34). Mit Teilaufgabe a) ist $11R$ demnach ein maximales Ideal in R. Da $N(3 \pm 2i)$ prim in $\mathbb{Z}$ ist, sind $(3+2i)$ und $(3-2i)$ Primelemente in R, denn ein Faktor einer jeden Zerlegung hätte Norm 1 und wäre demnach eine Einheit. Die von diesen Elementen erzeugten Ideale sind also maximal.

Das Produkt zweier Ideale I und J ist das Ideal $(\{a \cdot b \mid a \in I, b \in J\})$ (2.17). Also gilt:

$$\begin{aligned} 13R &= (\{r13 \mid r \in R\}) \\ &= (\{r(3+2i)(3-2i) \mid r \in R\}) \\ &= (\{r_1 r_2 (3+2i)(3-2i) \mid r_1, r_2 \in R\}) \\ &= (\{r_1(3+2i) \cdot r_2(3-2i) \mid r_1, r_2 \in R\}) \\ &= (\{a \cdot b \mid a \in (3+2i)R, b \in (3-2i)R\}) \\ &= (3+2i)R(3-2i)R \end{aligned}$$

c) Da $11R$ maximal ist, ist $R/11R$ ein Körper (2.29).

Sei $a + bi + 11R \in R/11R$, seien $a = 11x + r_1$ und $b = 11y + r_2$ mit $0 \leq r_1, r_2 \leq 10$. Dann gilt
$$a + bi + 11R = 11x + r_1 + 11y + r_2 + 11R = r_1 + r_2 i + 11R.$$

Somit gibt es höchstens $11 \cdot 11 = 121$ Elemente in $R/11R$. Angenommen, $R/11R$ hat weniger als 121 Elemente. Dann gibt es ganze Zahlen $a, b, c, d \in \{0, \ldots, 10\}$ mit $(a, b) \neq (c, d)$ und $a + bi + 11R = c + di + 11R$ und es folgt $a - c + (b - d)i + 11R = 0 + 11R$. Sowohl $a - c$ als auch $b - d$ werden also von 11 geteilt. Wegen $a - c \in \{-10, \ldots, 10\}$ und $b - d \in \{-10, \ldots, 10\}$ ist damit $a - c = b - d = 0$, also $(a, b) = (c, d)$. Widerspruch.

Folglich hat der Körper $R/11R$ genau 121 Elemente. Einheitengruppen von endlichen Körpern sind zyklisch (3.66), also ist $(R/11R)^\times$ eine zyklische Gruppe der Ordnung

$$|(R/11R)^\times| = 121 - 1 = 120.$$

d) Die maximalen Ideale $(3+2i)R$ und $(3-2i)R$ sind paarweise relativ prim (2.46), da

$$(2 - 7i)(3 + 2i) + (-7 + i)(3 - 2i) = 1 \in (3 + 2i)R + (3 - 2i)R$$

und damit $(3+2i)R+(3-2i)R = R$ gilt. Nach dem Chinesischen Restsatz (2.48) gilt also

$$R/13R \cong R/(3 + 2i)R \times R/(3 - 2i)R.$$

Das Ideal $(3 + 2i)R$ enthält die beiden Elemente

$$(3 + 2i)(3 - 2i) = 13$$

und

$$(3 + 2i)(2 - i) = i + 8.$$

Somit gilt

$$a + bi + (3 + 2i)R = a + bi - b(i + 8) + (3 + 2i)R = a - 8b + (3 + 2i)R$$

für alle $a + bi \in R$. Ist r der Rest von $a - 8b$ bei Division durch 13, so gilt

$$a + bi + (3 + 2i)R = r + (3 + 2i)R.$$

Der Körper $R/(3 + 2i)R$ hat also höchstens 13 Elemente. Da

$$x + (3 + 2i)R \in R/(3 + 2i)R$$

für $x \in \{0, \ldots, 12\}$, hat $R/(3 + 2i)R$ genau 13 Elemente und es gilt $R/(3+2i)R \cong \mathbb{Z}/13\mathbb{Z}$. Genauso zeigt man, dass

$$R/(3 - 2i)R \cong \mathbb{Z}/13\mathbb{Z}$$

gilt. Die Einheitengruppe von $R/13R$ ist also direktes Produkt zweier zyklischer Gruppen der Ordnung 13 (2.11).

H03-II-5

Aufgabe

Zeigen Sie die Irreduzibilität der folgenden Polynome f über $\mathbb{Z}$:

a) $f = X^p + pX - 1$ für jede Primzahl p

b) $f = X^4 - 42X^2 + 1$

Lösung

a) Für jede Primzahl p gilt

$$\begin{aligned} f(X+1) &= (X+1)^p + p(X+1) - 1 \\ &= \sum_{j=0}^{p} \binom{p}{j} X^j \cdot 1^{p-j} + pX + p - 1 \\ &= X^p + \sum_{j=1}^{p-1} \binom{p}{j} X^j + pX + p. \end{aligned}$$

Das normierte Polynom $f(X+1)$ ist nach Eisenstein irreduzibel über $\mathbb{Z}$ (2.57), denn p teilt die Koeffizienten p und $\binom{p}{j}$ für $j \in \{1, \ldots, p-1\}$, aber nicht 1, und p^2 teilt nicht p. Da auch das Polynom f teilerfremde Koeffizienten hat, ist f irreduzibel über $\mathbb{Z}$ (2.52).

b) Das Polynom f hat keine Nullstelle in $\mathbb{Z}$, denn eine solche müsste Teiler von 1 in $\mathbb{Z}$ sein (2.51), es gilt aber $f(1) = f(-1) = -40 \neq 0$.

Angenommen, das Polynom f lässt sich faktorisieren in zwei Polynome zweiten Grades. Dann ist

$$\begin{aligned} f &= (X^2 + aX + b)(X^2 + cX + d) \\ &= X^4 + (c+a)X^3 + (d+ac+b)X^2 + (ad+bc)X + bd \end{aligned}$$

mit $a, b, c, d \in \mathbb{Z}$ und es folgt

$$\begin{aligned} c + a &= 0 & &\Rightarrow & c &= -a, \\ bd &= 1 & &\Rightarrow & (b,d) &\in \{(1,1), (-1,-1)\} \\ d + ac + b &= -42 & &\Rightarrow & a^2 &\in \{40, 44\} & &\Rightarrow a \notin \mathbb{Z}. \end{aligned}$$

Widerspruch.

Also ist f irreduzibel über $\mathbb{Z}$.

H03-III-1

Aufgabe
Sei G eine endliche Gruppe der Ordnung $n > 1$, sei p der kleinste Primteiler von n und P eine zyklische, normale p-Sylow-Gruppe von G.

a) Zeigen Sie: Ist p^m die Ordnung von P, so ist $p^{m-1}(p-1)$ die Ordnung der Automorphismengruppe $\mathrm{Aut}(P)$ von P.

b) Die Konjugation von G auf P liefert einen Homomorphismus
$$\alpha : G \to \mathrm{Aut}(P), \alpha(g) : x \mapsto gxg^{-1}$$
für $g \in G$ und $x \in P$.
Zeigen Sie: Der Index $[G : \mathrm{Kern}(\alpha)]$ ist ein Teiler von $p^{m-1}(p-1)$ und nicht durch p teilbar.

c) Zeigen Sie, dass P im Zentrum von G enthalten ist.

Lösung

a) Eine zyklische Gruppe (1.17) der Ordnung p^m hat
$$\varphi(p^m) = p^m - p^{m-1} = p^{m-1}(p-1)$$
erzeugende Elemente (1.24, 1.25). Sei $E = \{x_1, \ldots, x_{p^{m-1}(p-1)}\}$ die Menge der erzeugenden Elemente von P. Dann werden durch
$$\psi_i : P \to P$$
$$x_1 \mapsto x_i$$
$p^{m-1}(p-1)$ verschiedene Automorphismen definiert. Da ein Automorphismus die Ordnungen der Elemente erhält (1.12, 1.11), sind dies die einzigen Automorphismen auf P. Also ist $|\mathrm{Aut}(P)| = p^{m-1}(p-1)$.

b) Der Kern von α ist ein Normalteiler von G (1.50). Nach dem Homomorphiesatz ist die Faktorgruppe $G/\mathrm{Kern}(\alpha)$ isomorph zu einer Untergruppe von $\mathrm{Aut}(P)$ (1.52). Also ist
$$[G : \mathrm{Kern}(\alpha)] \stackrel{1.31, 1.38}{=} |G/\mathrm{Kern}(\alpha)|$$
ein Teiler von $|\mathrm{Aut}(P)| = p^{m-1}(p-1)$.

Ist $g \in P$, so gilt $\alpha(g)(x) = gxg^{-1} \stackrel{1.22}{=} x$ für alle $x \in P$. Also ist $\alpha(g) = \text{id}$ und folglich $P \subset \text{Kern}(\alpha)$. Da P ein Normalteiler von G ist, ist P ein Normalteiler von $\text{Kern}(\alpha)$. Somit gilt

$$|G| = |G/\text{Kern}(\alpha)| \cdot |\text{Kern}(\alpha)| = |G/P| \cdot |P|$$
$$\Rightarrow |G/\text{Kern}(\alpha)| \cdot |\text{Kern}(\alpha)/P| \cdot |P| = |G/P| \cdot |P|$$
$$\Rightarrow |G/\text{Kern}(\alpha)| \cdot |\text{Kern}(\alpha)/P| = |G/P|$$

Da P eine p-Sylow-Untergruppe (1.78) von G ist, ist p kein Teiler von $|G/P|$. Folglich ist p auch kein Teiler von $|G/\text{Kern}(\alpha)| = [G : \text{Kern}(\alpha)]$.

c) Nach Teilaufgabe b) wird $[G : \text{Kern}(\alpha)]$ nicht von p geteilt. Da aber $[G : \text{Kern}(\alpha)]$ ein Teiler von $p^{m-1}(p-1)$ ist, ist $[G : \text{Kern}(\alpha)]$ ein Teiler von $p-1$. Nach Lagrange (1.34) teilt $[G : \text{Kern}(\alpha)]$ die Gruppenordnung n. Da aber p nach Voraussetzung der kleinste Primteiler von n ist, folgt $[G : \text{Kern}(\alpha)] = 1$, also $G = \text{Kern}(\alpha)$. Das bedeutet, für alle $g \in G$ und für alle $x \in P$ gilt $gxg^{-1} = x$, und somit ist P im Zentrum von G (1.48) enthalten.

H03-III-2

Aufgabe

Sei R der Unterring des Matrizenringes $\mathbb{Q}^{2\times 2}$, der aus den Matrizen $\begin{pmatrix} z & a \\ 0 & z \end{pmatrix}$ mit $z \in \mathbb{Z}, a \in \mathbb{Q}$ besteht.

a) Zeigen Sie, dass jedes Primideal von R die Elemente

$$\begin{pmatrix} 0 & a \\ 0 & 0 \end{pmatrix} \text{ für } a \in \mathbb{Q}$$

enthält, und dass die Elemente ein Ideal N von R bilden, für das $R/N \cong \mathbb{Z}$ gilt.

b) Bestimmen Sie alle Primideale von R.

Lösung

a) Seien $z \in \mathbb{Z}$ und $a, a', b \in \mathbb{Q}$. Da

$$\begin{pmatrix} 0 & 0 \\ 0 & 0 \end{pmatrix} = \begin{pmatrix} 0 & a \\ 0 & 0 \end{pmatrix}^2$$

in jedem Ideal von R enthalten ist, ist

$$\begin{pmatrix} 0 & a \\ 0 & 0 \end{pmatrix}$$

in jedem Primideal von R (2.14) enthalten. Wegen

$$\begin{pmatrix} z & b \\ 0 & z \end{pmatrix}\begin{pmatrix} 0 & a \\ 0 & 0 \end{pmatrix} = \begin{pmatrix} 0 & az \\ 0 & 0 \end{pmatrix} \in N \text{ und } \begin{pmatrix} 0 & a \\ 0 & 0 \end{pmatrix} - \begin{pmatrix} 0 & a \\ 0 & 0 \end{pmatrix} = \begin{pmatrix} 0 & 0 \\ 0 & 0 \end{pmatrix} \in N$$

ist N ein Ideal von R (2.14).

Sei $\varphi : R \to \mathbb{Z}$ definiert durch $\varphi\left(\begin{pmatrix} z & a \\ 0 & z \end{pmatrix}\right) = z$. Dann gilt

$$\varphi\left(\begin{pmatrix} z & a \\ 0 & z \end{pmatrix} + \begin{pmatrix} z' & a' \\ 0 & z' \end{pmatrix}\right) = \varphi\left(\begin{pmatrix} z+z' & a+a' \\ 0 & z+z' \end{pmatrix}\right)$$

$$= z + z' = \varphi\left(\begin{pmatrix} z & a \\ 0 & z \end{pmatrix}\right) + \varphi\left(\begin{pmatrix} z' & a' \\ 0 & z' \end{pmatrix}\right),$$

$$\varphi\left(\begin{pmatrix} z & a \\ 0 & z \end{pmatrix} \cdot \begin{pmatrix} z' & a' \\ 0 & z' \end{pmatrix}\right) = \varphi\left(\begin{pmatrix} zz' & a'z+az' \\ 0 & zz' \end{pmatrix}\right)$$

$$= zz' = \varphi\left(\begin{pmatrix} z & a \\ 0 & z \end{pmatrix}\right) \cdot \varphi\left(\begin{pmatrix} z' & a' \\ 0 & z' \end{pmatrix}\right)$$

für alle $\begin{pmatrix} z & a \\ 0 & z \end{pmatrix}, \begin{pmatrix} z' & a' \\ 0 & z' \end{pmatrix} \in R$. Also ist φ ein Ringhomomorphismus. Er ist surjektiv, denn es ist $\begin{pmatrix} z & 0 \\ 0 & z \end{pmatrix} \in R$ mit $\varphi\left(\begin{pmatrix} z & 0 \\ 0 & z \end{pmatrix}\right) = z$. Der Kern von φ ist N, denn es gilt

$$\varphi\left(\begin{pmatrix} z & a \\ 0 & z \end{pmatrix}\right) = 0 \Leftrightarrow z = 0.$$

Nach dem Homomorphiesatz (2.25) folgt $R/N \cong \mathbb{Z}$.

b) Nach dem Korrespondenzsatz (2.28) ist $J \mapsto J/N$ eine Bijektion von der Menge der Primideale J von R mit $N \subseteq J$ auf die Menge der Primideale von $R/N \cong \mathbb{Z}$.

Nach Teilaufgabe a) enthält jedes Primideal von R das Ideal N. Die Primideale in $\mathbb{Z}$ sind die Ideale, die von einer Primzahl erzeugt werden, und das Ideal (0).

Das Ideal (0) von $\mathbb{Z}$ liefert das Ideal N von R. Die Ideale (p) von $\mathbb{Z}$ mit einer Primzahl p liefern die Primideale

$$\left\{ \begin{pmatrix} pz & a \\ 0 & pz \end{pmatrix} \mid a \in \mathbb{Q}, z \in \mathbb{Z} \right\}$$

von R.

H03-III-3

Aufgabe

Sei F der Körper mit zwei Elementen. Zeigen Sie:

a) Ist $n > 1$ eine natürliche Zahl, ist $2^n - 1$ eine Primzahl und $f \in F[X]$ ein irreduzibles Polynom vom Grad n, dann erzeugt die Restklasse $X + (f)$ die multiplikative Gruppe des Körpers $F[X]/(f)$.

b) Für $g = X^4 + X^3 + X^2 + X + 1 \in F[X]$ ist $K = F[X]/(g)$ ein Körper, und die Restklasse $X + (g)$ in $K^\times$ hat die Ordnung 5.

Lösung

a) Wir zeigen zunächst, dass $L := F[X]/(f)$ ein endlicher Körper mit 2^n Elementen ist:

Der Ring $F[X]$ ist als Polynomring in einer Unbestimmten über einem Körper ein Hauptidealbereich (2.39, 2.37). Ist das Polynom f irreduzibel, so ist das von f erzeugte Ideal also ein maximales Ideal (2.34) und L folglich ein Körper (2.29).

Jedes Element $h(X) + (f)$ von L hat einen Repräsentanten $r(X) + (f)$ mit $\deg(r) < n$, denn durch Division von $h(X)$ mit Rest durch $f(X)$

(2.36) erhält man eine Darstellung $h(X) = q(X)f(X) + r(X)$, wobei der Grad von r echt kleiner ist als der Grad von f, und damit gilt

$$\begin{aligned} h(X) + (f) &= h(X) + (f) - 0 + (f) \\ &= h(X) + (f) - q(X)f(X) + (f) \\ &= h(X) - q(X)f(X) + (f) = r(X) + (f). \end{aligned}$$

Es gibt über F genau 2^n Polynome vom Grad kleiner oder gleich $n-1$, also 2^n solche Repräsentanten, und alle sind Elemente von L. Somit hat L genau 2^n Elemente.

Die multiplikative Gruppe von L ist also zyklisch der Ordnung $2^n - 1$ (3.66). Das Element $1 + (f)$ ist das neutrale Element der multiplikativen Gruppe. Da $\mathrm{ord}(X + (f))$ größer als 1 und ein Teiler der Primzahl $2^n - 1$ ist (1.34), folgt $\mathrm{ord}(X + (f)) = 2^n - 1$. Das Element $X + (f)$ erzeugt somit die multiplikative Gruppe von L.

b) Es gilt $g(0) = g(1) = 1 \neq 0$, das Polynom g hat also keine Nullstelle in F. Über F gibt es vier Polynome vom Grad 2,

$$X^2 + X + 1, \quad X^2 + 1, \quad X^2 + X, \quad X^2.$$

Von diesen ist nur $X^2 + X + 1$ irreduzibel, denn alle anderen haben Nullstellen in F (2.55). Das Polynom g ist nicht durch $X^2 + X + 1$ teilbar, es ist

$$X^4 + X^3 + X^2 + X + 1 = X^2(X^2 + X + 1) + X + 1$$

und $X + 1$ ist nicht durch $X^2 + X + 1$ teilbar. Also ist g irreduzibel über F. Nach Teilaufgabe a) ist K ein Körper mit 2^4 Elementen.

Es gilt

$$\begin{aligned} (X + (g)) \cdot (g + (g)) &= 0 + (g) \\ \Rightarrow X^5 + X^4 + X^3 + X^2 + X + (g) &= 0 + (g) \\ \Rightarrow X^5 + X^4 + X^3 + X^2 + X + 1 + (g) &= 1 + (g) \\ \Rightarrow X^5 + (g) &= 1 + (g), \end{aligned}$$

die Ordnung von $X + (g)$ in der multiplikativen Gruppe von K ist also ein Teiler von 5 (1.18). Da $X + (g)$ nicht das neutrale Element von K^* ist, ist die Ordnung von $X + (g)$ echt größer als 1, also gleich 5.

H03-III-4

Aufgabe

Gegeben sei das Element $z = X^2 + X^{-2}$ des rationalen Funktionenkörpers $\mathbb{Q}(X)$.

a) Zeigen Sie, dass $\mathbb{Q}(X)$ über $\mathbb{Q}(z)$ endlich vom Grad ≤ 4 ist.

b) Bestimmen Sie die Gruppe aller Automorphismen von $\mathbb{Q}(X)$, die z festlassen.

c) Zeigen Sie, dass $\mathbb{Q}(X)$ über $\mathbb{Q}(z)$ galoissch ist und geben Sie alle Körper zwischen $\mathbb{Q}(X)$ und $\mathbb{Q}(z)$ an.

Lösung

a) Es gilt
$$z = X^2 + X^{-2}$$
$$\Rightarrow zX^2 = X^4 + 1$$
$$\Rightarrow 0 = X^4 - zX^2 + 1,$$

das Element X ist also Nullstelle des Polynoms $f = Y^4 + zY^2 + 1$ aus $\mathbb{Q}(z)[Y]$. Das Minimalpolynom $m_{X,\mathbb{Q}(z)}$ von X über $\mathbb{Q}(z)$ ist Teiler dieses Polynoms (3.17) und damit gilt

$$\deg(m_{X,\mathbb{Q}(z)}) \stackrel{3.19}{=} [\mathbb{Q}(X) : \mathbb{Q}(z)] \leq \deg(f) = 4.$$

b) Sei φ ein Automorphismus auf $\mathbb{Q}(X)$, der z festhält, also eine Fortsetzung von $\mathrm{id} : \mathbb{Q}(z) \to \mathbb{Q}(z)$ (3.10). Nach dem Hauptlemma der elementaren Körpertheorie (3.24) ist $\varphi(X)$ eine Nullstelle des Polynoms

$$f^\varphi = \varphi(1)Y^4 + \varphi(-z)Y^2 + 1 = Y^4 - zY^2 + 1 = f \in \mathbb{Q}(z)[Y].$$

Die Nullstellen von f sind $X, -X, X^{-1}, -X^{-1}$. Somit sind die vier verschiedenen Automorphismen durch die Bilder von X auf diese vier Nullstellen eindeutig festgelegt und es ist $\mathrm{Aut}(\mathbb{Q}(X)/\mathbb{Q}(z)) = \{\varphi_1, \varphi_2, \varphi_3, \varphi_4\}$ mit

φ_i	φ_1	φ_2	φ_3	φ_4
$\varphi_i(X)$	X	$-X$	X^{-1}	$-X^{-1}$

die Gruppe aller Automorphismen von $\mathbb{Q}(X)$, die z festlassen.

Alternative Lösung von b):

Sei φ ein Automorphismus auf $\mathbb{Q}(X)$, der z festhält. Dann gilt

$$\varphi(X^4 - zX^2 + 1) = \varphi(0)$$
$$\Rightarrow (\varphi(X))^4 - \varphi(z)(\varphi(X))^2 + \varphi(1) = \varphi(0)$$
$$\stackrel{3.10}{\Rightarrow} (\varphi(X))^4 - z(\varphi(X))^2 + 1 = 0,$$

d.h. φ bildet X auf eine Nullstelle von f ab, also auf X, $-X$, X^{-1} oder $-X^{-1}$.

Diese vier Nullstellen legen eindeutig vier Automorphismen auf $\mathbb{Q}(X)$ fest,

$$\varphi_1 = \text{id}, \quad \varphi_2 : X \mapsto -X, \quad \varphi_3 : X \mapsto X^{-1}, \quad \varphi_4 : X \mapsto -X^{-1}.$$

Jeder von ihnen hält z fest:

$$\begin{aligned}
\varphi_1(z) &= z \\
\varphi_2(z) &= (-X)^2 + (-X)^{-2} = X^2 + X^{-2} = z \\
\varphi_3(z) &= (X^{-1})^2 + (X^{-1})^{-2} = X^{-2} + X^2 = z \\
\varphi_4(z) &= (-X^{-1})^2 + (-X^{-1})^{-2} = X^{-2} + X^2 = z
\end{aligned}$$

Somit gilt $\text{Aut}(\mathbb{Q}(X)/\mathbb{Q}(z)) = \{\varphi_1, \varphi_2, \varphi_3, \varphi_4\}$.

c) Das Polynom f hat vier verschiedene Nullstellen im algebraischen Abschluss $\overline{\mathbb{Q}}$ von $\mathbb{Q}$, ist also separabel (3.27). Der Zerfällungskörper von f (3.35) ist

$$\mathbb{Q}(X, -X, X^{-1}, -X^{-1}) = \mathbb{Q}(X).$$

Somit ist $\mathbb{Q}(X)$ galoissch über $\mathbb{Q}(z)$ (3.38).

Nach dem Hauptsatz der Galoistheorie (3.44) entsprechen die Zwischenkörper von $\mathbb{Q}(z) \leq \mathbb{Q}(X)$ genau den Untergruppen der Galoisgruppe $\text{Gal}(\mathbb{Q}(X)/\mathbb{Q}(z))$. Diese ist isomorph zu $\mathbb{Z}/2\mathbb{Z} \times \mathbb{Z}/2\mathbb{Z}$, denn alle Elemente außer id haben Ordnung 2:

$$\begin{aligned}
\varphi_2 \circ \varphi_2(X) &= \varphi_2(-X) = -\varphi_2(X) = X \\
\varphi_3 \circ \varphi_3(X) &= \varphi_3(X^{-1}) = (\varphi_3(X))^{-1} = X \\
\varphi_4 \circ \varphi_4(X) &= \varphi_4(-X^{-1}) = -(\varphi_4(X))^{-1} = X
\end{aligned}$$

Die Gruppe $\mathbb{Z}/2\mathbb{Z} \times \mathbb{Z}/2\mathbb{Z}$ hat genau drei echte Untergruppen. Diese entsprechen den Untergruppen

$$U_1 = \{\text{id}, \varphi_2\}, \quad U_2 = \{\text{id}, \varphi_3\} \text{ und } U_3 = \{\text{id}, \varphi_4\}$$

von $\text{Gal}(\mathbb{Q}(X)|\mathbb{Q}(z))$. Die Fixkörper dieser Untergruppen liefern genau die echten Zwischenkörper von $\mathbb{Q}(z) \leq \mathbb{Q}(X)$. Diese können mit der Spurmethode (3.45) ermittelt werden:

Der Körper $\mathbb{Q}(X)$ hat als $\mathbb{Q}(z)$-Vektorraum die Basis $\{1, X, X^2, X^3\}$ (3.20). Also gilt:

$$\begin{aligned}
L_{U_1} &= \mathbb{Q}(z)(1+1, X-X, X^2+X^2, X^3-X^3) = \mathbb{Q}(z, X^2) \\
L_{U_2} &= \mathbb{Q}(z)(1+1, X+X^{-1}, X^2+(X^{-1})^2, X^3+(X^{-1})^3) \\
&= \mathbb{Q}(z, X+X^{-1}, (z-1)(X+X^{-1})) = \mathbb{Q}(z, X+X^{-1}) \\
L_{U_3} &= \mathbb{Q}(z)(1+1, X-X^{-1}, X^2+(-X^{-1})^2, X^3+(-X^{-1})^3) \\
&= \mathbb{Q}(z, X-X^{-1}, (z+1)(X-X^{-1})) = \mathbb{Q}(z, X-X^{-1})
\end{aligned}$$

8. Prüfungstermin Frühjahr 2004

FJ04-I-1

Aufgabe

Sei G eine endliche Gruppe der Ordnung n, sei $n = a \cdot b$ eine Zerlegung in teilerfremde Faktoren $a, b > 1$. Zeigen Sie:

a) Es gibt einen minimalen Normalteiler N in G mit zu b teilerfremdem Index $[G : N]$.

b) Der Normalteiler in a) ist die von der Teilmenge $\{g^a; g \in G\}$ erzeugte Untergruppe von G.

c) Es gibt eine endliche Gruppe H und einen Homomorphismus $u : G \to H$ mit den folgenden Eigenschaften:

   i) Die Ordnung von H ist teilerfremd zu b.

   ii) Jeder Gruppenhomomorphismus $f : G \to A$ in eine endliche Gruppe A mit zu b teilerfremder Ordnung faktorisiert eindeutig über u, d.h. ist von der Gestalt $f = h \circ u$ mit einem wohlbestimmten Homomorphismus $h : H \to A$.

Lösung

a) Die Gruppe G ist ein Normalteiler mit zu b teilerfremdem Index 1 in G. Somit ist die Menge der Normalteiler mit zu b teilerfremdem Index nicht leer.

Sei $b = p_1^{k_1} \cdot \ldots \cdot p_l^{k_l}$ mit paarweise verschiedenen Primzahlen p_i. Sei N ein Normalteiler mit zu b teilerfremdem Index. Angenommen, eine p_i-Sylow-Untergruppe S (1.78) ist nicht in N enthalten. Dann gibt es ein Element x der Ordnung p_i^j mit $j \le k_i$ in $S \setminus N$. Die Ordnung der von xN erzeugten Untergruppe der Faktorgruppe G/N ist dann echt größer als 1 und teilt b, denn es gilt $(xN)^b = x^b N = (x^{p_i^j})^{\frac{b}{p_i^j}} N = N$ (1.18). Somit sind $|G/N| \stackrel{1.38}{=} [G : N]$ und b nicht teilerfremd. Widerspruch.

Jeder Normalteiler mit zu b teilerfremdem Index enthält somit alle p_i-Sylow-Untergruppen mit $i \in \{1, \ldots, l\}$.

Der Schnitt aller Normalteiler mit zu b teilerfremdem Index (kurz: Schnitt) ist ein Normalteiler (1.42). Da alle p_i-Sylow-Untergruppen mit $p_i \mid b$ im Schnitt enthalten sind, sind alle $p_i^{k_i}$ und damit b Teiler der Ordnung des Schnitts. Der Schnitt hat also ebenfalls einen zu b teilerfremden Index und ist damit offensichtlich minimaler Normalteiler mit dieser Eigenschaft.

Alternative Lösung für a):

Sei

$$\mathcal{M} = \{N \subseteq G \mid N \text{ ist Normalteiler von } G, \operatorname{ggT}([G:N], b) = 1\}$$

die Menge aller Normalteiler von G mit zu b teilerfremden Index $[G:N]$. Weiter sei $\preceq \; \subseteq \mathcal{M} \times \mathcal{M}$ mit

$$N \preceq N' \Leftrightarrow N \supseteq N'$$

eine partielle Ordnung auf $\mathcal{M}$.

Die Gruppe G ist ein trivialer Normalteiler von G (1.36) und es gilt $\operatorname{ggT}([G:G], b) \stackrel{1.31}{=} \operatorname{ggT}(1, b) = 1$, also $G \in \mathcal{M} \neq \emptyset$. Sei $N_1 \preceq N_2 \preceq \cdots$ eine Kette in $\mathcal{M}$. Dann ist

$$N_{\max} = \bigcap_{i=1}^{\infty} N_i = \lim_{i \to \infty} N_i$$

als Schnitt von Normalteilern von G wieder ein Normalteiler von G (1.42). Weiter ist G eine endliche Gruppe und hat deshalb auch nur endlich viele paarweise verschiedene Untergruppen. Somit kann es keine unendlich lange echt absteigende Kette in $\mathcal{M}$ geben. Sei $i \in \mathbb{N}$ mit $N_j = N_{j+1}$ für alle $j \geq i$. In diesem Fall ist $N_{\max} = N_i \in \mathcal{M}$. Jede Kette in $\mathcal{M}$ hat also ein maximales Element $N_{\max}$ in $\mathcal{M}$.

Nach dem Zornschen Lemma (2.19) existiert also ein maximales Element in $\mathcal{M}$ und dieses ist nach Definition von $\preceq$ bzgl. $\subseteq$ minimal.

b) Sei $N = \langle \{g^a \mid g \in G\} \rangle$, $h \in G$ und $x \in N$. Dann ist x von der Form $g_1^a \cdots g_l^a$ mit $g_1, \ldots, g_l \in G$ (1.14) und es gilt

$$\begin{aligned} hxh^{-1} &= hg_1^a \cdots g_l^a h^{-1} \\ &= \underbrace{(hg_1h^{-1})(hg_1h^{-1})\cdots(hg_1h^{-1})}_{a-\text{mal}} \cdots \underbrace{(hg_lh^{-1})(hg_lh^{-1})\cdots(hg_lh^{-1})}_{a-\text{mal}} \\ &= (hg_1h^{-1})^a \cdots (hg_lh^{-1})^a \in N. \end{aligned}$$

Also ist N ein Normalteiler von G (1.35).

Wir zeigen nun, dass N im Schnitt enthalten ist.

Alle Elemente in $\{g^a \mid g \in G\}$ haben Teiler von b als Ordnungen, denn für g^a gilt $(g^a)^b = g^{ab} = 1$ (1.18). Angenommen, es gibt ein Element $x \neq 1$, dessen Ordnung ein Teiler von b ist und das nicht im Schnitt liegt. Dann gilt $(xN)^b = x^b N = N$, die von xN erzeugte Untergruppe der Faktorgruppe G/N hat einen nichttrivialen Teiler von b als Ordnung. Widerspruch zu $\mathrm{ggT}([G:N], b) = 1$.

Der Schnitt enthält also alle Elemente, deren Ordnung ein Teiler von b ist. Also ist das Erzeugendensystem von N im Schnitt enthalten und damit liegt N im Schnitt.

Jetzt zeigen wir noch, dass N einen zu b teilerfremden Index hat, also dass die Ordnung von G/N Teiler von a ist. Damit ist der Schnitt in N enthalten.

Sei $xN \in G/N$. Dann gilt $(xN)^a = x^a N = N$. Alle Elemente von G/N haben Teiler von a als Ordnungen. Also ist $|G/N|$ ein Teiler von a.

c) Sei $N = \langle\{g^a \mid g \in G\}\rangle$ der Normalteiler aus b) und $H = G/N$ die Faktorgruppe. Sei $u: G \to H$ definiert durch $g \mapsto gN$. Dann gilt:

   i) Nach den Teilaufgaben a) und b) ist die Ordnung $|H| = [G:N]$ von H teilerfremd zu b.

   ii) Sei $f: G \to A$ ein Homomorphismus in eine endliche Gruppe A mit zu b teilerfremder Ordnung. Dann ist der Kern von f Normalteiler von G (1.50) mit zu b teilerfremdem Index, denn $|G/\ker(f)|$ teilt $|A|$ (1.12, 1.38, 1.50, 1.34). Also ist der Schnitt N im Kern von f enthalten. Nach der universellen Eigenschaft der Faktorgruppe (1.51) gibt es somit einen eindeutig bestimmten Homomorphismus $h: H \to A$ mit $h \circ u = f$.

FJ04-I-2

Aufgabe

Zeigen Sie: Sind $a, b, c \in \mathbb{Z}$ ungerade, so ist das Polynom $aX^4 + bX^3 + c$ irreduzibel in $\mathbb{Q}[X]$.

Lösung

Sei $f(X) = aX^4 + bX^3 + c \in \mathbb{Q}[X]$ mit $a, b, c \in \mathbb{Z}$ ungerade. Dann kann man f als $f(X) = \mathrm{ggT}(a,b,c) \cdot g(X)$ mit $g(X) = a'X^4 + b'X^3 + c' \in \mathbb{Q}[X]$ und ungeraden Koeffizienten $a', b', c' \in \mathbb{Z}$ schreiben. Da $\mathrm{ggT}(a,b,c) \in \mathbb{Z} \setminus \{0\}$ in $\mathbb{Q}$

eine Einheit ist, genügt es für die Irreduziblität von f über $\mathbb{Q}$, die Irreduzibilität von g über $\mathbb{Q}$ nachzuweisen.

Wir betrachten dazu das Polynom

$$h(X) = X^4 + X^3 + 1 \in \mathbb{F}_2[X].$$

Es hat keine Nullstelle in $\mathbb{F}_2$, denn es gilt $h(0) = h(1) = 1$. Von den $1 \cdot 2 \cdot 2 = 4$ normierten Polynomen zweiten Grades in $\mathbb{F}_2[X]$,

$$X^2,\ X^2 + X,\ X^2 + 1,\ X^2 + X + 1,$$

ist $X^2 + X + 1$ das einzige, das keine Nullstelle in $\mathbb{F}_2$ hat, also das einzige irreduzible Polynom (2.55). Aus

$$(X^2 + X + 1)^2 \stackrel{3.67}{=} X^4 + X^2 + 1 \neq h(X)$$

folgt, dass h nicht durch $X^2 + X + 1$ teilbar und damit irreduzibel ist in $\mathbb{F}_2[X]$.

Da $a', b', c' \in \mathbb{Z}$ ungerade sind, gilt

$$\overline{a'}X^4 + \overline{b'}X^3 + \overline{c'} = h(X).$$

Aus der Irreduzibilität von h in $\mathbb{F}_2[X]$ folgt wegen $\mathrm{ggT}(a', b', c') = 1$ die Irreduzibilität von g in $\mathbb{Z}[X]$ (2.56). Damit ist das Polynom g auch irreduzibel über dem Quotientenkörper von $\mathbb{Z}$, also in $\mathbb{Q}[X]$ (2.60).

FJ04-I-3

Aufgabe

Sei k ein Körper, der keine Galoiserweiterung vom Grad 3 hat. Kann k dann eine Galoiserweiterung vom Grad 225 haben?

Lösung

Angenommen, k hat eine Galoiserweiterung L vom Grad 225 (3.13). Es bezeichne G die Galoisgruppe von L über k (3.42). Sie hat die Ordnung 225 (3.43).

Für die Anzahl s_5 der 5-Sylow-Untergruppen von G gilt nach den Sylow-Sätzen (1.79)

$$s_5 \equiv 1 \mod 5 \quad \text{und} \quad s_5 \mid 9.$$

Somit gibt es genau eine 5-Sylow-Untergruppe P_5, die demnach Normalteiler von G ist (1.43). Wegen

$$|G/P_5| \stackrel{1.39}{=} \frac{|G|}{|P_5|} \stackrel{1.78}{=} \frac{225}{25} = 9 = 3^2,$$

ist die Faktorgruppe G/P_5 abelsch (1.77). Die Untergruppen von G/P_5 sind also Normalteiler (1.37). In abelschen Gruppen gibt es zu jedem Teiler der Gruppenordnung (mindestens) eine Untergruppe dieser Ordnung (1.26), somit gibt es einen Normalteiler der Ordnung 3 in G/P_5. Nach dem Korrespondenzsatz (1.56) ist dieser Normalteiler von der Form N/P_5, wobei N ein Normalteiler von G ist, der P_5 enthält. Also hat G einen Normalteiler N der Ordnung

$$|N| \stackrel{1.39}{=} |N/P_5| \cdot |P_5| = 3 \cdot 5^2 = 75.$$

Nach dem Hauptsatz der Galoistheorie (3.44) ist der Fixkörper L_N von N (3.41) ein Zwischenkörper der Körpererweiterung $L|k$. Da $N = \mathrm{Gal}(L|L_N)$ ein Normalteiler von $G = \mathrm{Gal}(L|k)$ ist, ist L_N eine Galoiserweiterung von k vom Grad

$$[L_N : k] \stackrel{3.43}{=} |\mathrm{Gal}(L_N|k)| = \frac{|\mathrm{Gal}(L|k)|}{|\mathrm{Gal}(L|L_N)|} = \frac{|G|}{|N|} = \frac{225}{75} = 3$$

im Widerspruch zur Voraussetzung. Also besitzt k keine Galoiserweiterung vom Grad 225.

FJ04-I-4

Aufgabe

Sei $K|k$ eine Galoiserweiterung, deren Galoisgruppe isomorph zur symmetrischen Gruppe S_n ist. Zeigen Sie:

a) K enthält n zueinander konjugierte Zwischenkörper vom Grad n über k, die zusammen K über k erzeugen.

b) K ist der Zerfällungskörper eines Polynoms vom Grad n aus $k[X]$ über k.

Lösung

a) Es gibt genau n verschiedene $(n-1)$-elementige Teilmengen der Menge $\{1, \ldots, n\}$. Die Permutationsgruppen dieser Teilmengen sind Untergruppen der Ordnung $(n-1)!$ in S_n (1.82). Nach dem Hauptsatz der Galoistheorie (3.44) liefert jede dieser Untergruppen einen Zwischenkörper von

$K|k$, nämlich den Fixkörper der Untergruppe. Über diesen Fixkörpern ist K galoissch (3.41, 3.39), also haben alle diese Fixkörper L über k den Grad

$$[L:k] \stackrel{3.14}{=} \frac{[K:k]}{[K:L]} \stackrel{3.43}{=} \frac{n!}{(n-1)!} = n.$$

Diese n Permutationsgruppen sind zueinander konjugiert (1.79): Für $1 \leq i \leq n$ sei mit S_n^i diejenige Gruppe bezeichnet, die die Menge $\{1,\ldots,n\} \setminus \{i\}$ permutiert, und mit τ_{ij} für $i \neq j$ die Transposition (i,j). Es gilt

$$\sigma \in S_n^i \Leftrightarrow \sigma(i) = i \Leftrightarrow \tau_{ij}\sigma\tau_{ij}(j) = j \Leftrightarrow \tau_{ij}\sigma\tau_{ij} \in S_n^j$$

und somit

$$S_n^i = \tau_{ij} S_n^j \tau_{ij}.$$

Damit folgt

$$\begin{aligned}
x \in L_{S_n^i} &\Leftrightarrow \sigma(x) = x \text{ für alle } \sigma \in S_n^i \\
&\Leftrightarrow \tau_{ij}\rho\tau_{ij}(x) = x \text{ für alle } \rho \in S_n^j \\
&\Leftrightarrow \rho(\tau_{ij}(x)) = \tau_{ij}(x) \text{ für alle } \rho \in S_n^j \\
&\Leftrightarrow \tau_{ij}(x) \in L_{S_n^j}.
\end{aligned}$$

Somit sind die n Zwischenkörper zueinander konjugiert (3.48),

$$L_{S_n^i} = \tau_{ij} L_{S_n^j}.$$

Für das Körperkompositum gilt

$$L_{S_n^1} \cdot \ldots \cdot L_{S_n^n} = L_{\bigcap_{i=1}^n S_n^i} \quad (3.50).$$

Wegen $\bigcap_{i=1}^n S_n^i = \{\mathrm{id}\}$ folgt $L_{S_n^1} \cdot \ldots \cdot L_{S_n^n} = K$. Die n Zwischenkörper $L_{S_n^i}$ erzeugen also K über k.

b) Sei α ein primitives Element der Körpererweiterung $k \leq L_{S_n^1}$ (3.37, 3.33, 3.34). Nach Teilaufgabe a) hat das Minimalpolynom f von α über k Grad n (3.19). Seien $\alpha = \alpha_1, \alpha_2, \ldots, \alpha_n$ die Nullstellen von f. Dann gilt $\alpha_j = \tau_{1j}(\alpha) \in L_{S_n^j} \setminus k$ für $j \in \{2,\ldots,n\}$. Das Element $\tau_{1j}(\alpha)$ ist sogar primitives Element der Körpererweiterung $k \leq L_{S_n^j}$, denn es gilt

$$\begin{aligned}
&x \in L_{S_n^j} \\
\Rightarrow\ &\tau_{1j}(x) \in L_{S_n^1} \\
\Rightarrow\ &\tau_{1j}(x) = k_0 + k_1\alpha + \ldots + k_{n-1}\alpha^{n-1} \text{ mit } k_0,\ldots,k_{n-1} \in k \\
\Rightarrow\ &x = \tau_{1j}(k_0 + k_1\alpha + \ldots + k_{n-1}\alpha^{n-1}) \\
\Rightarrow\ &x = k_0 + k_1\tau_{1j}(\alpha) + \ldots + k_{n-1}(\tau_{1j}(\alpha))^{n-1}.
\end{aligned}$$

Folglich ist
$$k(\alpha, \tau_{12}(\alpha), \ldots, \tau_{1n}(\alpha)) = L_{S_n^1} \cdot \ldots \cdot L_{S_n^n} \stackrel{a)}{=} K$$
der Zerfällungskörper von f.

FJ04-I-5

Aufgabe

Sei $n > 2$ und ζ eine primitive n-te Einheitswurzel über $\mathbb{Q}$. Zeigen Sie
$$[\mathbb{Q}(\zeta + \zeta^{-1}) : \mathbb{Q}] = \frac{1}{2}\varphi(n),$$
wobei φ die Eulersche φ-Funktion bezeichnet.

Lösung

Da $\zeta + \zeta^{-1}$ ein Element des Körpers $\mathbb{Q}(\zeta)$ ist, ist $\mathbb{Q}(\zeta + \zeta^{-1})$ ein Teilkörper von $\mathbb{Q}(\zeta)$. Da ζ eine primitive Einheitswurzel ist (3.53), ist $\mathbb{Q}(\zeta)$ eine Galoiserweiterung von $\mathbb{Q}$ (3.63). Der Körper $\mathbb{Q}(\zeta)$ hat Grad $\varphi(n)$ über $\mathbb{Q}$ und nach der Gradformel (3.14) gilt
$$[\mathbb{Q}(\zeta) : \mathbb{Q}] = [\mathbb{Q}(\zeta) : \mathbb{Q}(\zeta + \zeta^{-1})] \cdot [\mathbb{Q}(\zeta + \zeta^{-1}) : \mathbb{Q}].$$

Wegen
$$\begin{aligned}
\zeta + \zeta^{-1} &= e^{\frac{k2\pi i}{n}} + e^{-\frac{k2\pi i}{n}} \\
&= \cos\left(\frac{k2\pi}{n}\right) + i\sin\left(\frac{k2\pi}{n}\right) + \cos\left(-\frac{k2\pi}{n}\right) + i\sin\left(-\frac{k2\pi}{n}\right) \\
&= 2\cos\left(\frac{k2\pi}{n}\right) \in \mathbb{R}
\end{aligned}$$

und $\zeta \in \mathbb{C} \setminus \mathbb{R}$ für $n > 2$ ist $[\mathbb{Q}(\zeta) : \mathbb{Q}(\zeta + \zeta^{-1})] > 1$. Zudem gilt
$$\zeta^2 - (\zeta + \zeta^{-1})\zeta + 1 = 0,$$
also ist ζ eine Nullstelle des Polynoms $X^2 - (\zeta + \zeta^{-1})X + 1 \in \mathbb{Q}(\zeta + \zeta^{-1})[X]$. Es folgt $[\mathbb{Q}(\zeta) : \mathbb{Q}(\zeta + \zeta^{-1})] = 2$ (3.16, 3.17, 3.19) und damit
$$[\mathbb{Q}(\zeta + \zeta^{-1}) : \mathbb{Q}] = \frac{1}{2}\varphi(n).$$

FJ04-II-1

Aufgabe

Geben Sie eine Untergruppe der Ordnung 21 in der symmetrischen Gruppe S_7 an.

Lösung

Überlegungen: Für einen 7-Zykel a und einen 3-Zykel b gilt nach Lagrange $\langle a \rangle \cap \langle b \rangle = \{\mathrm{id}\}$. Die Untergruppe $G = \langle a, b \rangle$ hat in der Regel allerdings mehr als 21 Elemente. Ein Element σ von G hat die Form

$$\sigma = a^{k_1} b^{l_1} a^{k_2} b^{l_2} \cdots a^{k_n} b^{l_n}$$

mit $k_i \in \{0, \ldots, 6\}$ und $l_i \in \{0, 1, 2\}$ für $i \in \{1, \ldots, n\}$. Könnten wir $a, b \in S_7$ so bestimmen, dass $bab^{-1} \in \langle a \rangle$ gilt, so ließe sich σ wegen $ba = a^k b$ in die Form $\sigma = a^k b^l$ bringen:

Beispiel: Ist $bab^{-1} = a^4$ so folgt

$$a^5 b a^3 b^2 = a^5 a^4 b a b^2 = a^9 a^4 b a b^2 = a^{13} a^4 b^3 = a^3 b^3.$$

Unsere Gruppe $\langle a, b \rangle$ hätte dann genau 21 Elemente. (Dies ist die anschauliche Erklärung von Satz 1.70.)

Wir wählen nun einen 7-Zykel, z.B. $a = (1, 2, 3, 4, 5, 6, 7)$, und versuchen, ein Element b der Ordnung 3 zu finden, so dass $bab^{-1} = a^k$ für ein $k \in \{0, 1, \ldots, 6\}$ gilt.

Es hilft uns die Rechenregel

$$b\,(1, 2, 3, 4, 5, 6, 7)\,b^{-1} = (b(1), b(2), b(3), b(4), b(5), b(6), b(7))$$

aus Satz 1.84 weiter:

- $bab^{-1} = a^0 = \mathrm{id}$ und $bab^{-1} = a$ kommen offensichtlich nicht in Frage.
- Sei $bab^{-1} = a^2$, also

$$(b(1), b(2), b(3), b(4), b(5), b(6), b(7)) = (1, 3, 5, 7, 2, 4, 6).$$

Dann ist $b = (2, 3, 5)(4, 7, 6)$ und dies ist ein Element der Ordnung 3.

- Sei $bab^{-1} = a^3$, also
$$(b(1), b(2), b(3), b(4), b(5), b(6), b(7)) = (1, 4, 7, 3, 6, 2, 5).$$
Dann ist $b = (2, 4, 3, 7, 5, 6)$, ein Element mit Ordnung $\neq 3$.

- Sei $bab^{-1} = a^4$, also
$$(b(1), b(2), b(3), b(4), b(5), b(6), b(7)) = (1, 5, 2, 6, 3, 7, 4).$$
Dann ist $b = (2, 5, 3)(4, 6, 7)$, also ebenfalls ein mögliches Element zur Erzeugung einer Gruppe der Ordnung 21.

- Sei $bab^{-1} = a^5$ bzw. $bab^{-1} = a^6$, dann ergibt sich $b = (2, 6, 5, 7, 3, 4)$ bzw. $b = (2, 7)(3, 6)(4, 5)$, beides Elemente mit Ordnung $\neq 3$.

Behauptung:
Für $a = (1, 2, 3, 4, 5, 6, 7)$ und $b = (2, 3, 5)(4, 7, 6)$ sei $N = \langle a \rangle$ und $U = \langle b \rangle$. Dann ist $\langle N \cup U \rangle$ eine Untergruppe der Ordnung 21 in S_7.

Beweis:
Aus $bab^{-1} = a^2$ folgt $b^j N (b^j)^{-1} \subseteq N$ für $j = 1, 2, 3$. Nach Satz 1.70 gilt $\langle U \cup N \rangle = NU$. Da ggT$(|U|, |N|) = 1$ ist, gilt nach Lagrange (1.34) $U \cap N = \{e\}$ und somit $|NU| = |N| \cdot |U| = 3 \cdot 7 = 21$. Die Gruppe $\langle N \cup U \rangle$ ist also eine Untergruppe der Ordnung 21 in S_7.

$\square$

Bemerkung: Für $a = (1, 2, 3, 4, 5, 6, 7)$ hat die Automorphismengruppe von $\langle a \rangle$ die Ordnung 6 und besteht aus den Automorphismen

$$\text{id},$$
$$\alpha : (1, 2, 3, 4, 5, 6, 7) \mapsto (1, 3, 5, 7, 2, 4, 6) \text{ mit Ordnung } 3,$$
$$\alpha^2 : (1, 2, 3, 4, 5, 6, 7) \mapsto (1, 4, 7, 3, 6, 2, 5) \text{ mit Ordnung } 6,$$
$$\alpha^3 : (1, 2, 3, 4, 5, 6, 7) \mapsto (1, 5, 2, 6, 3, 7, 4) \text{ mit Ordnung } 3,$$
$$\alpha^4 : (1, 2, 3, 4, 5, 6, 7) \mapsto (1, 6, 4, 2, 7, 5, 3) \text{ mit Ordnung } 6 \text{ und}$$
$$\alpha^5 : (1, 2, 3, 4, 5, 6, 7) \mapsto (1, 7, 6, 5, 4, 3, 2) \text{ mit Ordnung } 2.$$

Für ein semidirektes Produkt zwischen einer Gruppe $\langle b \rangle$ der Ordnung 3 und $\langle a \rangle$ brauchen wir einen nichtkonstanten Homomorphismus $\varphi : \langle b \rangle \to \text{Aut}(\langle a \rangle)$, also ein Element der Ordnung 3 in Aut$(\langle a \rangle)$. In Frage kommen also α und α^3. Genau das haben auch die obigen Überlegungen geliefert.

FJ04-II-2

Aufgabe

Der Ring $R = \{n + m\sqrt{-2} \mid n, m \in \mathbb{Z}\}$ ist bekanntlich ein euklidischer Ring bezüglich der Norm $N(n + m\sqrt{-2}) = n^2 + 2m^2$.

a) Zeigen Sie, dass 11 ein zerlegbares und 13 ein unzerlegbares Element in R ist.

b) Zeigen Sie, dass der Restklassenring $R/13R$ ein Körper ist. Aus wie viel Elementen besteht er?

c) Verwenden Sie den Chinesischen Restsatz, um $R/11R$ als direktes Produkt von zwei Körpern darzustellen.

Lösung

a) Die Norm N ist multiplikativ, denn es gilt

$$N((a + b\sqrt{-2})(c + d\sqrt{-2})) = N(ac - 2bd + (ad + bc)\sqrt{-2})$$
$$= (ac - 2bd)^2 + 2(ad + bc)^2 = a^2c^2 + 2a^2d^2 + 2b^2c^2 + 4b^2d^2$$
$$= (a^2 + 2b^2)(c^2 + 2d^2) = N(a + b\sqrt{-2})N(c + d\sqrt{-2}).$$

Die Elemente ± 1 sind offensichtlich Einheiten in R. Es gibt auch keine weiteren Einheiten in R. Ist $x \in R$ eine Einheit, dann gibt es nämlich ein $y \in R$ mit $xy = 1$ (2.5) und es gilt

$$N(xy) = N(1) \Rightarrow N(x)N(y) = 1 \overset{N(x) \in \mathbb{N}_0}{\Rightarrow} N(x) = 1 \Rightarrow x = \pm 1.$$

Folglich sind die Elemente $(3 + \sqrt{-2})$ und $(3 - \sqrt{-2})$ keine Einheiten in R und $11 = (3 + \sqrt{-2})(3 - \sqrt{-2})$ zeigt, dass 11 reduzibel (2.7) ist.

Angenommen, es gilt $13 = xy$ für zwei Nichteinheiten $x, y \in R$. Dann ist $N(xy) = N(13) = 13^2$, also $N(x) = 13$. Da 13 ungerade ist, $\sqrt{13} \notin \mathbb{Z}$ und $2 \cdot 3^2 > 13$, kommen für $x = n + m\sqrt{-2}$ nur Paare (n, m) mit $0 < m < 3$ und $n < 4$ ungerade in Frage. Es gilt aber

$$1^2 + 2 \cdot 1^2 \neq 13, \quad 1^2 + 2 \cdot 2^2 \neq 13$$
$$3^2 + 2 \cdot 1^2 \neq 13, \quad 3^2 + 2 \cdot 2^2 \neq 13.$$

Widerspruch. Also ist 13 irreduzibel in R.

b) Der Ring R ist ein euklidischer Ring, also ein Hauptidealbereich (2.37). Bekanntlich ist ein von Null verschiedenes Ideal in einem Hauptidealbereich genau dann maximal, wenn es von einem irreduziblen Element erzeugt wird (2.34). Nach Teilaufgabe a) ist 13 irreduzibel, $13R$ ist also ein maximales Ideal in R und der Restklassenring $R/13R$ demnach ein Körper (2.29).

Sei nun $n + m\sqrt{-2} \in R$, seien $\tilde{n}$ bzw. $\tilde{m}$ die Reste von n bzw. m bei Division durch 13. Dann gilt $0 \leq \tilde{n}, \tilde{m} < 13$ und

$$n + m\sqrt{-2} + 13R = \tilde{n} + \tilde{m}\sqrt{-2} + 13R,$$

der Restklassenring $R/13R$ hat also höchstens $13^2 = 169$ Elemente.

Angenommen, der Ring $R/13R$ hat weniger als 169 Elemente. Dann gibt es ganze Zahlen $a, b, c, d \in \{0, \ldots, 12\}$ mit $(a,b) \neq (c,d)$ und

$$a + b\sqrt{-2} + 13R = c + d\sqrt{-2} + 13R.$$

Es folgt $-12 \leq a - c \leq 12$ und $-12 \leq b - d \leq 12$ und sowohl $a - c$ als auch $b - d$ sind durch 13 teilbar. Somit ist $a - c = 0$ und $b - d = 0$, also $(a,b) = (c,d)$. Widerspruch.

Also ist $R/13R$ ein Körper mit 169 Elementen.

c) Seien $I = (3+\sqrt{-2})R$ und $J = (3-\sqrt{-2})R$. Der euklidische Algorithmus (2.40) liefert

$$\rightarrow 3 + \sqrt{-2} = (3 - \sqrt{-2}) + 2\sqrt{-2}$$
$$\rightarrow 3 - \sqrt{-2} = (-1 - \sqrt{-2})(2\sqrt{-2}) + (-1 + \sqrt{-2})$$
$$\rightarrow 2\sqrt{-2} = (1 - \sqrt{-2})(-1 + \sqrt{-2}) + (-1),$$

also

$$1 = (-1 + \sqrt{-2})(3 + \sqrt{-2}) + 2(3 - \sqrt{-2}) \in I + J.$$

Folglich sind I und J paarweise relativ prim (2.46) und nach dem Chinesischen Restsatz (2.48) ist $R/11R$ isomorph zu $R/I \times R/J$.

Die Elemente $3 + \sqrt{-2}$ und $3 - \sqrt{-2}$ haben Norm 11. Da 11 eine Primzahl ist und N multiplikativ ist, können diese beiden Elemente nicht als Produkt von Nichteinheiten geschrieben werden und sind folglich irreduzibel. Damit sind die Ideale I und J maximal und die Faktorringe R/I und R/J sind Körper (2.29).

Für $n + m\sqrt{-2} + I \in R/I$ gilt

$$n + m\sqrt{-2} + I = n + m\sqrt{-2} + I + 0 + I$$
$$= n + m\sqrt{-2} + I + (-m) \cdot (3 + \sqrt{-2}) + I$$
$$= n - 3m + I.$$

Da $11 = (3 - \sqrt{-2})(3 + \sqrt{-2}) \in I$ ist, gilt
$$n - 3m + I = r + I,$$
wobei $0 \leq r \leq 10$ der Rest von $n - 3m$ bei Division durch 11 ist. Der Körper R/I hat folglich höchstens elf Elemente. Da die Restklassen $n+I$ für alle $0 \leq n \leq 10$ Elemente von R/I sind, hat R/I genau elf Elemente.

Ganz analog zeigt man, dass R/J ein Körper mit elf Elementen ist, und dann folgt
$$R/11R \cong \mathbb{F}_{11} \times \mathbb{F}_{11}.$$

FJ04-II-3

Aufgabe

a) Geben Sie die Anzahl und die Grade der irreduziblen Teiler des Polynoms $X^{45} - 1$ im Polynomring $\mathbb{Z}[X]$ an. Wie lautet der irreduzible Teiler vom Grad 6?

b) Die Einheitswurzeln $\xi = e^{\frac{2\pi i}{9}}$ bzw. $\alpha = e^{\frac{2\pi i}{3}}$ erzeugen die Körper
$$K_9 = \mathbb{Q}(\xi) \text{ bzw. } K_3 = \mathbb{Q}(\alpha).$$
Geben Sie die Bahn von ξ unter den Galoisgruppen $G = \mathrm{Gal}(K_9|\mathbb{Q})$ bzw. $H = \mathrm{Gal}(K_9|K_3)$ an.

c) Geben Sie die Zerlegung des Polynoms $X^6 + X^3 + 1$ in irreduzible Faktoren im Polynomring $K_3[X]$ an.

Lösung

a) Bekanntlich gilt die Formel (3.60)
$$X^n - 1 = \Phi_n \cdot \prod_{\substack{d \mid n \\ 1 \leq d < n}} \Phi_d.$$

Nach Satz 3.62 sind die Kreisteilungspolynome über $\mathbb{Q}$ irreduzibel in $\mathbb{Z}[X]$. Die Formel liefert also genau sechs irreduzible Teiler von $X^{45} - 1$, genauer gilt
$$X^{45} - 1 = \Phi_{45} \cdot \Phi_{15} \cdot \Phi_9 \cdot \Phi_5 \cdot \Phi_3 \cdot \Phi_1.$$

Desweiteren ist
$$\Phi_d = \prod_{i=1}^{\varphi(d)}(X - \alpha_i),$$

wobei φ die Eulersche Phi-Funktion und α_i die primitiven d-ten Einheitswurzeln bezeichnet. Die Grade der o. a. Teiler sind demnach (1.24)

$$\varphi(45) = 24, \ \varphi(15) = 8, \ \varphi(9) = 6, \ \varphi(5) = 4, \ \varphi(3) = 2, \ \varphi(1) = 1.$$

Der irreduzible Teiler vom Grad 6 lautet
$$\Phi_9 = \frac{X^9 - 1}{\Phi_3 \cdot \Phi_1} = \frac{X^9 - 1}{(X^2 + X + 1)(X - 1)} = X^6 + X^3 + 1 \ (3.58).$$

b) Die Bahn (1.65) von ξ unter G sei mit B_G, die unter H mit B_H bezeichnet. Es ist
$$G = \{\xi \mapsto \xi, \xi \mapsto \xi^2, \xi \mapsto \xi^4, \xi \mapsto \xi^5, \xi \mapsto \xi^7, \xi \mapsto \xi^8\} \ (3.63)$$
und damit $B_G = \{\xi, \xi^2, \xi^4, \xi^5, \xi^7, \xi^8\}$.

Die Gruppe H enthält alle Automorphismen von K_9, die K_3 festlassen (3.36, 3.42). Wegen $\alpha = \xi^3$ und $\xi^9 = 1$ gilt $H = \{\xi \mapsto \xi, \xi \mapsto \xi^4, \xi \mapsto \xi^7\}$, denn es ist

$$\alpha = \xi^3 = \xi \cdot \xi \cdot \xi \stackrel{\xi \mapsto \xi^2}{\mapsto} \xi^2 \cdot \xi^2 \cdot \xi^2 = \xi^6 \neq \xi^3$$
$$\alpha = \xi^3 = \xi \cdot \xi \cdot \xi \stackrel{\xi \mapsto \xi^4}{\mapsto} \xi^4 \cdot \xi^4 \cdot \xi^4 = \xi^{12} = \xi^3$$
$$\alpha = \xi^3 = \xi \cdot \xi \cdot \xi \stackrel{\xi \mapsto \xi^5}{\mapsto} \xi^{15} = \xi^6 \neq \xi^3$$
$$\alpha = \xi^3 = \xi \cdot \xi \cdot \xi \stackrel{\xi \mapsto \xi^7}{\mapsto} \xi^{21} = \xi^3$$
$$\alpha = \xi^3 = \xi \cdot \xi \cdot \xi \stackrel{\xi \mapsto \xi^8}{\mapsto} \xi^{24} = \xi^6 \neq \xi^3.$$

Daraus folgt $B_H = \{\xi, \xi^4, \xi^7\}$.

c) Da ξ Nullstelle von g ist, ist das Minimalpolynom von ξ über K_3 ein irreduzibler Teiler von g in $K_3[X]$ (3.17). Das Polynom $X^3 - \alpha$ ist ein normiertes Polynom in $K_3[X]$, das ξ als Nullstelle hat. Es ist irreduzibel, da die drei Nullstellen ξ, ξ^4 und ξ^7 nicht in K_3 liegen (2.55).

Polynomdivision liefert
$$(X^6 + X^3 + 1) : (X^3 - \alpha) = X^3 + (1 + \alpha) + \alpha^2 + \alpha + 1 = X^3 + (1 + \alpha),$$
also
$$(X^6 + X^3 + 1) = (X^3 - \alpha)(X^3 + 1 + \alpha).$$

Keine der primitiven 9-ten Einheitswurzeln
$$\xi, \xi^2, \xi^4, \xi^5, \xi^7, \xi^8$$

liegt in K_3. Somit hat das Polynom $f = X^6 + X^3 + 1$, also insbesondere auch $X^3 + 1 + \alpha$, keinen Teiler vom Grad 1 in $K_3[X]$. Damit ist auch $(X^3 + 1 + \alpha)$ irreduzibel in $K_3[X]$ (2.55).

Insgesamt folgt, dass $(X^3 - \alpha)(X^3 + 1 + \alpha)$ die Zerlegung in irreduzible Faktoren in $K_3[X]$ ist.

FJ04-II-4

Aufgabe

Für Primzahlpotenzen q bezeichne $\mathbb{F}_q$ den Körper aus q Elementen.

a) Bestimmen Sie die kleinste Zweierpotenz $q = 2^m$, so dass der Körper $\mathbb{F}_q$ eine primitive 17-te Einheitswurzel enthält.

b) Sei α ein erzeugendes Element der multiplikativen Gruppe des Körpers $\mathbb{F}_{256}$. Welchen Grad hat das Minimalpolynom f von α über $\mathbb{F}_2$? Welche Potenzen von α sind Nullstellen von f?

c) Sei α wie in b). Zeigen Sie unter Benutzung von Galois-Theorie, dass das Polynom

$$g(X) = (X - \alpha)(X - \alpha^4)(X - \alpha^{16})(X - \alpha^{64})$$

Koeffizienten in $\mathbb{F}_4$ hat.

Lösung

a) Die multiplikative Gruppe des Körpers $\mathbb{F}_{2^8}$ ist zyklisch der Ordnung 255 (3.66). Da 17 ein Teiler von $255 = 17 \cdot 15$ ist, besitzt $\mathbb{F}_{2^8}^\times$ ein Element x der Ordnung 17 (1.26, 1.19). Es gilt also $x^{17} = 1$ und $x^k \neq 1$ für alle k mit $0 < k < 17$. Folglich ist x eine primitive 17-te Einheitswurzel in $\mathbb{F}_{2^8}$ (3.51, 3.53).

Sei $1 \leq m < 8$. Angenommen, der Körper $\mathbb{F}_{2^m}$ besitzt eine primitive 17-te Einheitswurzel. Dann gibt es ein Element der Ordnung 17 in $\mathbb{F}_{2^8}^\times$. Nach Lagrange (1.34) teilt 17 also die Gruppenordnung $2^m - 1$. Nun gilt aber

$$17 \nmid 1 = 2^1 - 1, \quad 17 \nmid 15 = 2^4 - 1, \quad 17 \nmid 127 = 2^7 - 1,$$
$$17 \nmid 4 = 2^2 - 1, \quad 17 \nmid 31 = 2^5 - 1,$$
$$17 \nmid 7 = 2^3 - 1, \quad 17 \nmid 63 = 2^6 - 1,$$

Widerspruch. Also ist $\mathbb{F}_{2^8}$ der kleinste Körper mit den gewünschten Eigenschaften.

b) Ist α ein erzeugendes Element der multiplikativen Gruppe $\mathbb{F}_{2^8}^\times$, so gilt $\mathbb{F}_2(\alpha) = \mathbb{F}_{2^8}$ (3.66). Also hat das Minimalpolynom von α über $\mathbb{F}_2$ Grad 8 (3.19, 3.69).

Die Galoisgruppe $\text{Gal}(\mathbb{F}_2(\alpha)|\mathbb{F}_2)$ wird erzeugt vom Frobenius-Homomorphismus

$$\sigma : \mathbb{F}_2(\alpha) \to \mathbb{F}_2(\alpha)$$
$$x \mapsto x^2.$$

Dieser hat also Ordnung 8 und es gilt

$$\alpha^{2^8} = \sigma^8(\alpha) = \text{id}(\alpha) = \alpha.$$

Der Automorphismus σ permutiert die Nullstellen von f. Somit ist auch $\sigma(\alpha) = \alpha^2$ Nullstelle von f, damit auch $\sigma(\alpha^2) = \alpha^4$, $\sigma(\alpha^4) = \alpha^8$ usw.. Erst für α^{2^7} gilt dann $\sigma(\alpha^{2^7}) = 2^8 = \alpha$ und folglich gilt:

$$\begin{aligned} f &= (x-\alpha)(x-\alpha^2)(x-\alpha^4)(x-\alpha^8)(x-\alpha^{16})(x-\alpha^{32}) \\ &\quad (x-\alpha^{64})(x-\alpha^{128}) \end{aligned}$$

c) Die Galoisgruppe $\text{Gal}(\mathbb{F}_{2^8}|\mathbb{F}_{2^2})$ ist eine Untergruppe der Galoisgruppe $\text{Gal}(\mathbb{F}_{2^8}|\mathbb{F}_2)$ (3.37, 3.50) vom Grad

$$|\text{Gal}(\mathbb{F}_{2^8}|\mathbb{F}_{2^2})| \stackrel{3.43}{=} [\mathbb{F}_{2^8} : \mathbb{F}_{2^2}] \stackrel{3.69}{=} \frac{8}{2} = 4,$$

die von σ^2 erzeugt wird (3.69). Folglich lässt σ^2 genau die Elemente in $\mathbb{F}_4$ fest (3.42).

$$\sigma^2(\alpha) = \alpha^4, \ \sigma^2(\alpha^4) = \alpha^{16}, \ \sigma^2(\alpha^{16}) = \alpha^{64} \text{ und } \sigma^2(\alpha^{64}) = \alpha$$

zeigt, dass σ^2 die Koeffizienten von g festlässt, woraus folgt, dass diese in $\mathbb{F}_4$ liegen.

FJ04-III-1

Aufgabe

a) Sei $K = \mathbb{F}_2$ der Körper mit 2 Elementen. Finden Sie ein Polynom f in $K[x]$, das die Kongruenz
$$(x^4 + x^3 + x^2 + 1) \cdot f \equiv x^2 + 1 \mod (x^3 + 1)$$
in $K[x]$ erfüllt.

b) Sei $K = \mathbb{F}_3$ der Körper mit 3 Elementen. Gibt es dann zu jedem $g \in K[x]$ ein $f \in K[x]$, so dass die Kongruenz
$$(x^2 + 1) \cdot f \equiv g \mod (x^3 + 1) \quad (*)$$
erfüllt ist?

c) Finden Sie in der Kongruenz $(*)$ für $g = 1$ eine Lösung $f \in \mathbb{F}_3[x]$.

Lösung

a) Es gilt
$$(x^4 + x^3 + x^2 + 1) \cdot f \equiv x^2 + 1 \mod (x^3 + 1)$$
$$\Leftrightarrow ((x+1)(x^3+1) + x^2 + x) \cdot f \equiv x^2 + 1 \mod (x^3 + 1)$$
genau dann, wenn es ein $g \in K[x]$ gibt mit
$$(x^2 + x) \cdot f = g \cdot (x^3 + 1) + x^2 + 1.$$
Für $f = x$ und $g = 1$ ist dies erfüllt.

b) Mit dem euklidischen Algorithmus (2.40) findet man
$$1 = (2 + 2x)(x^3 + 1) + (x^2 + x + 2)(x^2 + 1).$$
Sei nun $g \in \mathbb{F}_2[x]$. Dann gilt
$$g = g(2 + 2x)(x^3 + 1) + g(x^2 + x + 2)(x^2 + 1)$$
$$\Rightarrow g \equiv g(x^2 + x + 2)(x^2 + 1) \mod (x^3 + 1),$$
das Polynom $f = g(x^2 + x + 2)$ ist also eine Lösung der Kongruenz in $\mathbb{F}_3[x]$.

c) Mit Teilaufgabe b) findet man $f = x^2 + x + 2 \in \mathbb{F}_3[x]$ als Lösung der Kongruenz.

FJ04-III-2

Aufgabe

Sei $K = \mathbb{F}_2$ und $f = x^4+x^3+x^2+x+1 \in K[x]$. Bestimmen Sie die Galoisgruppe von f über K.

Lösung

Die Charakteristik von K ist $2 \neq 5$, das Polynom f ist also das 5-te Kreisteilungspolynom über K (3.58). Die Galoisgruppe G von f über K ist definiert als die Galoisgruppe des Zerfällungskörpers Z_f von f (3.46). Die Nullstellenmenge von f ist die Menge der primitiven 5-ten Einheitswurzeln über K (3.56) und es gilt $Z_f = K(\zeta)$ für eine primitive 5-te Einheitswurzel ζ (3.53).

Nun ist $f(0) = f(1) = 1 \neq 0$, das Polynom f hat also keine Nullstelle in K. Außerdem ist f nicht durch $x^2 + x + 1$, das einzige irreduzible Polynom vom Grad 2 in $K[x]$, teilbar, denn es ist

$$x^4 + x^3 + x^2 + x + 1 = x^2(x^2 + x + 1) + x + 1.$$

Also ist f irreduzibel in $K[x]$ und damit ist f das Minimalpolynom von ζ über K (3.18). Es folgt

$$|G| \stackrel{3.43}{=} [Z_f : K] \stackrel{3.19}{=} 4.$$

Da K ein endlicher Körper ist, und Z_f ein K-Vektorraum endlicher Dimension, ist auch Z_f endlich. Somit ist die Galoisgruppe zyklisch (3.69) und es gilt $G = \mathbb{Z}/4\mathbb{Z}$ (1.21).

FJ04-III-3

Aufgabe

Die Diedergruppe D_6, also die Symmetriegruppe des regulären Sechsecks, und die alternierende Gruppe A_4 haben beide zwölf Elemente.

a) Zeigen Sie, dass die Gruppen D_6 und A_4 nicht isomorph sind.

b) Geben Sie eine weitere nichtabelsche Gruppe der Ordnung 12 an, die zu den beiden genannten Gruppen nicht isomorph ist.

Lösung

a) Die Diedergruppe $D_6 = \{\text{id}, \sigma, \sigma^2, \sigma^3, \sigma^4, \sigma^5, \tau, \tau\sigma, \tau\sigma^2, \tau\sigma^3, \tau\sigma^4, \tau\sigma^5\}$ besitzt mit σ ein Element der Ordnung 6 (1.94).

Die alternierende Gruppe A_4 besitzt keinen Zyklus der Länge 6. Jedes Element in A_4 kann als Produkt disjunkter Zyklen geschrieben werden und die Ordnung eines solchen Produkts ist das kleinste gemeinsame Vielfache der Ordnungen der einzelnen Faktoren (1.82). Einzige Möglichkeit, die Zahl 6 als kleinstes gemeinsames Vielfaches zu erhalten, wären Faktoren der Ordnung 2 und 3. Die Gruppe A_4 enthält nur Zyklen ungerader Länge (1.89, 1.88), also keinen der Länge 2. Eine Permutation der Ordnung 6 in A_4 wäre demnach von der Form $(a\ b)(c\ d)(e\ f\ g)$ mit paarweise verschiedenen a, b, c, d, e, f, g. Dies ist aber in A_4 nicht möglich. Also hat A_4 kein Element der Ordnung 6.

Wäre $\varphi : D_6 \to A_4$ ein Isomorphismus, so würde φ das Element σ auf ein Element der Ordnung 6 in A_4 abbilden. Da dies, wie gezeigt, nicht möglich ist, sind die Gruppen D_6 und A_4 nicht isomorph (1.9).

b) Das in der Lösung zu Aufgabe H07-II-2 beschriebene semidirekte Produkt G von $\mathbb{Z}/3\mathbb{Z}$ und $\mathbb{Z}/4\mathbb{Z}$ ist nicht abelsch, denn beispielsweise ist $(1, 1) \circ (1, 0) = (0, 1) \neq (2, 1) = (1, 0) \circ (1, 1)$. Die Gruppe G hat Ordnung 12 und besitzt sechs Elemente der Ordnung 4.

Nach Lagrange (1.34) hat keines der Elemente in $\langle \sigma \rangle \subseteq D_6$ die Ordnung 4. Das Element $\tau \notin \langle \sigma \rangle$ hat Ordnung 2. Bleiben nur höchstens 5 Elemente in D_6, die Ordnung 4 haben können. Die alternierende Gruppe A_4 enthält keinen Zyklus gerader Länge, also keinen Zyklus der Länge 4. Folglich besitzt A_4 auch keine Permutation der Ordnung 4.

Die Gruppe G ist also weder isomorph zu D_6 noch zu A_4.

FJ04-III-4

Aufgabe

Für ein Polynom $f \in \mathbb{R}[x]$ bezeichne f' die Ableitung. Seien $a_1, \ldots, a_n \in \mathbb{R}$ verschiedene reelle Zahlen, und sei I die Menge aller Polynome $f \in \mathbb{R}[x]$ mit

$$f(a_i) = f'(a_i) = 0 \text{ für } i = 1, \ldots, n.$$

Zeigen Sie:

a) I ist ein Ideal im Polynomring $\mathbb{R}[x]$.

b) I wird erzeugt von dem Polynom $\prod_{i=1}^{n}(X - a_i)^2$.

c) Wie viele Ideale besitzt der Faktorring $\mathbb{R}[x]/I$?

Lösung

a) Das Nullpolynom ist offensichtlich in I, somit ist I nicht leer. Sei $h \in \mathbb{R}[x]$ und seien $f, g \in I$. Dann gilt für $i = 1, \ldots, n$

$$(f - g)(a_i) = f(a_i) - g(a_i) = 0$$

und

$$(f - g)'(a_i) = f'(a_i) - g'(a_i) = 0,$$

also $f - g \in I$. Weiter gilt

$$(hf)(a_i) = h(a_i)f(a_i) = 0$$

und

$$(hf)'(a_i) = h'(a_i)f(a_i) + h(a_i)f'(a_i) = 0,$$

also $hg \in I$. Damit ist I ein Ideal von $\mathbb{R}[x]$ (2.14).

b) Ist $f \in I$, so hat f an den Stellen a_i für $i = 1, \ldots, n$ eine doppelte Nullstelle. Folglich ist $\prod_{i=1}^{n}(x - a_i)^2$ ein Teiler von f und f ist Element von $\langle \prod_{i=1}^{n}(x - a_i)^2 \rangle$.

Ist umgekehrt f ein Polynom in $\mathbb{R}[x]$ von der Form $g(x) \prod_{i=1}^{n}(x - a_i)^2$

für ein $g \in \mathbb{R}[x]$, so gilt $f(a_i) = 0$ und

$$\begin{aligned}
f'(a_i) &= \left((x-a_i) \left[g(x)(x-a_i) \prod_{\substack{j=1 \\ n \neq i}}^{n} (x-a_j)^2 \right] \right)'(a_i) \\
&= 1 \cdot g(a_i)(a_i - a_i) \prod_{\substack{j=1 \\ n \neq i}}^{n} (a_i - a_j)^2 \\
&\quad + (a_i - a_i) \left[g(x)(x-a_i) \prod_{\substack{j=1 \\ n \neq i}}^{n} (x-a_j)^2 \right]'(a_i) = 0
\end{aligned}$$

für $i = 1, \ldots, n$, also $f \in I$.

c) Die Ideale $I_i = \langle (x-a_i)^2 \rangle$ mit $i \in \{1, \ldots, n\}$ sind paarweise relativ prim (2.46), denn es ist

$$\operatorname{ggT}\left((x-a_i)^2, (x-a_j)^2 \right) = 1$$

und damit $I_i + I_j = \mathbb{R}[x]$ für $i \neq j$. Nach dem Chinesischen Restsatz (2.48) gilt also

$$\mathbb{R}[x]/I \cong \mathbb{R}[x]/(x-a_1)^2 \times \ldots \times \mathbb{R}[x]/(x-a_n)^2.$$

Nun betrachten wir $\mathbb{R}[x]/(x-a_i)^2$ für ein $i \in \{1, \ldots, n\}$. Nach dem Korrespondenzsatz (2.28) gibt es eine Bijektion zwischen der Menge der Ideale J in $\mathbb{R}[x]$, die das Ideal $(x-a_i)^2$ enthalten und der Menge der Ideale in $\mathbb{R}[x]/(x-a_i)^2$. Jedes Ideal, das $(x-a_i)^2$ enthält, wird von einem Teiler von $(x-a_i)^2$ erzeugt (2.32), also entweder von 1, von $(x-a_i)$ oder von $(x-a_i)^2$. Somit hat $\mathbb{R}[x]/(x-a_i)^2$ genau 3 Ideale. Der Faktorring $\mathbb{R}[x]/I$ hat demnach 3^n Ideale.

9. Prüfungstermin Herbst 2004

H04-I-1

Aufgabe

Bestimmen Sie je eine 2-Sylow-Gruppe in

a) der symmetrischen Gruppe S_4,

b) der alternierenden Gruppe A_5,

c) der alternierenden Gruppe A_6.

Lösung

a) Wegen $|S_4| = 4! = 2^3 \cdot 3$ hat eine 2-Sylow-Gruppe in S_4 die Ordnung 8 (1.78). Die Ordnung von $a := (13)$ ist 2. Für $b := (1234)$ gilt $\operatorname{ord}(b) = 4$, $a \notin \langle b \rangle$ und
$$aba^{-1} = (1432) = b^3.$$

Nach einer bekannten Charakterisierung (1.94) ist $\langle a, b \rangle$ isomorph zur Diedergruppe D_4. Also ist $\langle a, b \rangle$ eine Untergruppe der Ordnung 8 in S_4.

b) Eine 2-Sylow-Gruppe in A_5 hat wegen $|A_5| = \frac{5!}{2} = 5 \cdot 3 \cdot 2^2$ die Ordnung 4. Die Gruppe $V_4 = \{\operatorname{id}, (12)(34), (13)(24), (14)(23)\}$ ist eine solche:

$\circ$	id	(12)(34)	(13)(24)	(14)(23)
id	id	(12)(34)	(13)(24)	(14)(23)
(12)(34)	(12)(34)	id	(14)(23)	(13)(24)
(13)(24)	(13)(24)	(14)(23)	id	(12)(34)
(14)(23)	(14)(23)	(13)(24)	(12)(34)	id

c) Es ist $|A_6| = \frac{6!}{2} = 5 \cdot 3^2 \cdot 2^3$, eine 2-Sylow-Gruppe in A_6 hat also Ordnung 8. Die Kleinsche Vierergruppe V_4 aus Teilaufgabe b) ist Untergruppe von A_6. Wir versuchen, die Kleinsche Vierergruppe zu einer Gruppe der Ordnung 8 zu ergänzen (vgl. 1.79 b) und finden

$$\langle V_4, (12)(56)\rangle = \{\text{id}, (12)(34), (13)(24), (14)(23), (12)(56), (34)(56),$$
$$(1234)(56), (1423)(56)\}.$$

Die Gruppentafel zeigt, dass es sich tatsächlich um eine Untergruppe handelt:

∘	id	(12)(34)	(13)(24)	(14)(23)
id	id	(12)(34)	(13)(24)	(14)(23)
(12)(34)	(12)(34)	id	(14)(23)	(13)(24)
(13)(24)	(13)(24)	(14)(23)	id	(12)(34)
(14)(23)	(14)(23)	(13)(24)	(12)(34)	id
(12)(56)	(12)(56)	(34)(56)	(1324)(56)	(1423)(56)
(34)(56)	(34)(56)	(12)(56)	(1423)(56)	(1324)(56)
(1324)(56)	(1324)(56)	(1423)(56)	(12)(56)	(34)(56)
(1423)(56)	(1423)(56)	(1324)(56)	(34)(56)	(12)(56)

∘	(12)(56)	(34)(56)	(1324)(56)	(1423)(56)
id	(12)(56)	(34)(56)	(1324)(56)	(1423)(56)
(12)(34)	(34)(56)	(12)(56)	(1423)(56)	(1324)(56)
(13)(24)	(1423)(56)	(1324)(56)	(34)(56)	(12)(56)
(14)(23)	(1324)(56)	(1423)(56)	(12)(56)	(34)(56)
(12)(56)	id	(12)(34)	(13)(24)	(14)(23)
(34)(56)	(12)(34)	id	(14)(23)	(13)(24)
(1324)(56)	(14)(23)	(13)(24)	(12)(34)	id
(1423)(56)	(13)(24)	(14)(23)	id	(12)(34)

H04-I-2

Aufgabe

Bestimmen Sie alle natürlichen Zahlen n im Intervall $0 \leq n \leq 999$ mit

$$n^2 \equiv 500 \mod 1000.$$

Lösung

Sei $0 \leq n \leq 999$ eine natürliche Zahl mit $n^2 \equiv 500 \mod 1000$. Dann gilt

$$n^2 \equiv 0 \mod 5 \text{ und}$$
$$n^2 \equiv 0 \mod 2.$$

In den Körpern $\mathbb{Z}/5\mathbb{Z}$ und $\mathbb{Z}/2\mathbb{Z}$ ist jeweils 0 das einzige Element x mit $x^2 = 0$. Somit folgt $n \in 5\mathbb{Z} \cap 2\mathbb{Z} \cap \{0,\ldots,999\} = 10\mathbb{Z} \cap \{0,\ldots,999\}$. Nun gilt für $m, k \in \{0,\ldots,9\}$

$$((10m) + k \cdot 100)^2 \equiv (10m)^2 + 2k(10m) \cdot 100 + k^2 \cdot 10000$$
$$\equiv (10m)^2 \mod 1000$$

und dies zeigt, dass die Tabelle der quadratischen Reste modulo 1000 (4.8) eingeschränkt auf die Zahlen in $10\mathbb{Z} \cap \{0,\ldots,999\}$ periodisch ist:

n	0	10	20	30	40	50	60	70	80	90
$n^2 \mod 1000$	0	100	400	900	600	500	600	900	400	100
n	100	110	120	130	140	150	160	...		
$n^2 \mod 1000$	0	100	400	900	600	500	600	...		

Insgesamt ergibt sich $n \in \{50, 150, 250, 350, \ldots, 950\}$.

H04-I-3

Aufgabe

Bestimmen Sie im Polynomring $\mathbb{Q}[X]$ den größten gemeinsamen Teiler der beiden Polynome

$$f(X) = X^5 - X^3 - X^2 + 1 \text{ und } g(X) = X^4 - 2X^3 + 2X - 1.$$

Lösung

Der Polynomring $\mathbb{Q}[X]$ über dem Körper $\mathbb{Q}$ ist ein euklidischer Ring (2.39) mit Normfunktion deg (2.39). Der euklidische Algorithmus (2.40) liefert

$$\to f = (X + 2)g + (3X^3 - 3X^2 - 3X + 3)$$
$$\to g = \left(\frac{1}{3}X - \frac{1}{3}\right)(3X^3 - 3X^2 - 3X + 3).$$

Somit ist $\text{ggT}(f, g) = 3X^3 - 3X^2 - 3X + 3$.

Bemerkung: In der Aufgabenstellung wird von „dem" größten gemeinsamen Teiler gesprochen. Nach Definition 2.7 ist ein größter gemeinsamer Teiler nicht eindeutig bestimmt. Fordert man als zusätzliche Eigenschaft, dass $\text{ggT}(f, g)$ normiert ist, so kann man diese Eindeutigkeit erreichen. Die Lösung wäre dann $\text{ggT}(f, g) = X^3 - X^2 - X + 1$.

H04-I-4

Aufgabe

Bestimmen Sie die Ordnung der Galoisgruppe des Polynoms

$$X^4 - 4X^3 + 4X^2 - 2$$

über $\mathbb{Q}$.
Hinweis: Beseitigen Sie durch geeignete Substitution den Term dritter Ordnung.

Lösung

Die Primzahl 2 teilt alle Koeffizienten von f außer den Leitkoeffizienten und $2^2 = 4$ ist kein Teiler von -2. Nach Eisenstein (2.57) ist f irreduzibel über $\mathbb{Z}$ und nach Gauß (2.60) über $\mathbb{Q}$. Mit der Transformation $X \to X + 1$ (2.53) erhält man das Polynom $\tilde{f} = X^4 - 2X^2 - 1$. Mit Hilfe der Substitution $Y = X^2$ kann man die vier Nullstellen von $\tilde{f}$ berechnen:

$$\pm\sqrt{1 + \sqrt{2}} \text{ und } \pm\sqrt{1 - \sqrt{2}}.$$

Die Nullstellen von f sind demnach

$$\pm\sqrt{1 + \sqrt{2}} + 1 \text{ und } \pm\sqrt{1 - \sqrt{2}} + 1.$$

Die Galoisgruppe des separablen Polynoms $f \in \mathbb{Q}[x]$ ist definiert als die Galoisgruppe des Zerfällungskörpers von f über $\mathbb{Q}$ (3.46). Der Zerfällungskörper (3.35) von f ist

$$\mathbb{Q}\left(\pm\sqrt{1 + \sqrt{2}} + 1, \pm\sqrt{1 - \sqrt{2}} + 1\right) = \mathbb{Q}\left(\sqrt{1 + \sqrt{2}} + 1, \sqrt{1 - \sqrt{2}} + 1\right).$$

Seien $\alpha = \sqrt{1 + \sqrt{2}} + 1$ und $\beta = \sqrt{1 - \sqrt{2}} + 1$. Mit der Gradformel gilt

$$[\mathbb{Q}(\alpha, \beta) : \mathbb{Q}] = [\mathbb{Q}(\alpha, \beta) : \mathbb{Q}(\alpha)] \cdot [\mathbb{Q}(\alpha) : \mathbb{Q}].$$

Da f normiert und über $\mathbb{Q}$ irreduzibel ist und α Nullstelle von f ist, ist f das Minimalpolynom von α über $\mathbb{Q}$ (3.18) und es gilt $[\mathbb{Q}(\alpha) : \mathbb{Q}] = \deg(f) = 4$. Da $\sqrt{2} > 1$ ist $\beta \in \mathbb{C} \setminus \mathbb{R}$. Der Körper $\mathbb{Q}(\alpha)$ ist aber ein Teilkörper von $\mathbb{R}$, also ist β kein Element von $\mathbb{Q}(\alpha)$ und es gilt $[\mathbb{Q}(\alpha, \beta) : \mathbb{Q}(\alpha)] \geq 2$. Nun findet man durch

$$(\beta - 1)^2 = 1 - \sqrt{2} = 1 - ((\alpha - 1)^2 - 1)$$
$$\Rightarrow \beta^2 - 2\beta + \alpha^2 - 2\alpha = 0$$

ein Polynom zweiten Grades $x^2 - 2x + \alpha^2 - 2\alpha \in \mathbb{Q}(\alpha)[x]$ mit Nullstelle β. Dies ist also das Minimalpolynom von β über $\mathbb{Q}(\alpha)$ (3.16). Daraus folgt, dass $[\mathbb{Q}(\alpha, \beta) : \mathbb{Q}(\alpha)] = 2$ gilt, und insgesamt ergibt sich $2 \cdot 4 = 8$ als Grad der Körpererweiterung $\mathbb{Q} \leq \mathbb{Q}(\alpha, \beta)$ und damit als Ordnung der Galoisgruppe von f über $\mathbb{Q}$.

H04-I-5

Aufgabe

Sei $K = \mathbb{F}_{3^3}$ der Körper mit 27 Elementen.

a) Was ist die Ordnung der Galoisgruppe $G = \mathrm{Gal}(K|\mathbb{F}_3)$? In wie viele und wie lange Bahnen zerfällt K unter der Operation von G?

b) Wieviele normierte Polynome vom Grad 3 in $\mathbb{F}_3[X]$ sind irreduzibel?

c) Zeigen Sie: Das Polynom $X^3 + aX^2 + bX + c$ ist genau dann irreduzibel, wenn das Polynom $X^3 - aX^2 + bX - c$ irreduzibel ist.

d) Zerlegen Sie das Polynom
$$p(X) = X^{26} - 1 \in \mathbb{F}_3[X]$$
in irreduzible Faktoren im Ring $\mathbb{F}_3[X]$.

Lösung

a) Die Ordnung der Galoisgruppe G ist 3 (3.69). Sie wird erzeugt vom Frobenius-Homomorphismus
$$\sigma : K \to K$$
$$x \mapsto x^3$$
und operiert auf K mittels
$$G \times K \to K$$
$$(\sigma, x) \mapsto \sigma(x).$$

Ist $x \in \mathbb{F}_3$, so hat wegen $x^3 = x$ die Bahn von x,
$$B_x = \{x, x^3, (x^3)^3\} = \{x\},$$
die Länge 1 (3.68). Wegen $|\mathbb{F}_3| = 3$ gibt es 3 solche Bahnen.

(Anderes Argument: Der Körper $\mathbb{F}_3$ ist Primkörper von $\mathbb{F}_{3^3}$. Da alle Automorphismen von $\mathbb{F}_{3^3}$ den Primkörper elementweise festlassen (3.10), haben die Bahnen von Elementen des Primkörpers Länge 1.)

Ist $x \in \mathbb{F}_{3^3} \setminus \mathbb{F}_3$, so gilt $B_x = \{x, x^3, x^9\}$, wobei x, x^3 und x^9 paarweise verschieden sind (3.68). Da je zwei Bahnen entweder disjunkt oder gleich sind (1.67, 1.32), gibt es also $\frac{27-3}{3} = 8$ Bahnen der Länge 3.

b) Als endlicher Körper ist $\mathbb{F}_3$ vollkommen (3.31). Jedes über $\mathbb{F}_3$ irreduzible Polynom ist also separabel.

Als Nullstellen von über $\mathbb{F}_3$ irreduziblen Polynomen vom Grad 3 kommen nur die Elemente von $\mathbb{F}_{3^3} \setminus \mathbb{F}_3$ in Frage. Wäre ein Element aus $\mathbb{F}_3$ Nullstelle des Polynoms, so könnte ein Linearfaktor abgespalten werden und das Polynom wäre nicht irreduzibel (2.55). Wäre ein Element aus $\mathbb{F}_{3^k} \setminus \mathbb{F}_{3^3}$ für eine echte Körpererweiterung $\mathbb{F}_{3^3} \leq \mathbb{F}_{3^k}$ Nullstelle des Polynoms, so wäre der Grad des Polynoms echt größer als 3 (3.69, 3.19).

Außerdem ist jedes Element von $\mathbb{F}_{3^3} \setminus \mathbb{F}_3$ nur Nullstelle eines einzigen irreduziblen Polynoms vom Grad 3, seines Minimalpolynoms (3.17).

Somit gibt es $\frac{|\mathbb{F}_{3^3}| - |\mathbb{F}_3|}{3} = 8$ irreduzible Polynome vom Grad 3 in $\mathbb{F}_3[x]$.

c) Ein Polynom vom Grad 3 ist genau dann irreduzibel über $\mathbb{F}_3$, wenn es keine Nullstelle in $\mathbb{F}_3$ hat.

„$\Rightarrow$"
Sei $f = X^3 + aX^2 + bX + c$ irreduzibel. Dann gilt

$$f(0) \neq 0 \Rightarrow c \neq 0,$$
$$f(1) \neq 0 \Rightarrow 1 + a + b + c \neq 0 \text{ und}$$
$$f(2) \neq 0 \Rightarrow 2 + a + 2b + c \neq 0.$$

Angenommen, das Polynom $X^3 - aX^2 + bX - c$ hätte eine Nullstelle in $\mathbb{F}_3$. Dann wäre entweder $-c = 0$, was wegen $c \neq 0$ unmöglich ist, oder $1 - a + b - c = 0$ oder $2 - a + 2b - c = 0$. Der Fall $1 - a + b - c = 0$ ist ausgeschlossen, da sonst $2 + a + 2b + c = 3 + 3b = 0$ folgen würde. Der Fall $2 - a + 2b - c = 0$ ist ausgeschlossen, da sonst $1 + a + b + c = 3 + 3b = 0$ folgen würde. Somit hat $X^3 - aX^2 + bX - c$ keine Nullstelle in $\mathbb{F}_3$, ist also irreduzibel.

„$\Leftarrow$"
analog

d) Die acht normierten irreduziblen Polynome vom Grad 3 aus Teilaufgabe b) sind:

$$\begin{aligned} f_1 &= X^3 + 2X + 1 & f_5 &= X^3 + X^2 + 2X + 1 \\ f_2 &= X^3 + 2X^2 + 1 & f_6 &= X^3 + 2X^2 + X + 1 \\ f_3 &= X^3 + X + 2 & f_7 &= X^3 + X^2 + X + 2 \\ f_4 &= X^3 + X^2 + 2 & f_8 &= X^3 + 2X^2 + 2X + 2 \end{aligned}$$

Es gilt
$$X^{27} - X = X(X-1)(X-2)f_1 \cdots f_8 \quad (3.68)$$

und somit
$$X^{26} - 1 = (X-1)(X-2)f_1 \cdots f_8.$$

H04-II-1

Aufgabe

Seien p, q Primzahlen mit $p < q$. Zeigen Sie:

a) Im Fall $p \nmid (q-1)$ ist jede Gruppe der Ordnung pq abelsch.

b) Jede abelsche Gruppe der Ordnung pq ist zyklisch.

c) Im Fall $p \mid (q-1)$ gibt es eine nichtabelsche Gruppe der Ordnung pq.

Lösung

Sei G eine Gruppe der Ordnung pq.

a) Nach den Sylow-Sätzen (1.79) gilt für die Anzahl s_j der j-Sylow-Untergruppen mit $j \in \{p, q\}$

$$(s_p \equiv 1 \mod p \ \wedge \ s_p \mid q) \ \Rightarrow s_p \in \{1, q\} \ \stackrel{p \nmid q-1}{\Rightarrow} \ s_p = 1$$
$$(s_q \equiv 1 \mod q \ \wedge \ s_q \mid p) \ \stackrel{p<q}{\Rightarrow} \ s_q = 1.$$

Die beiden Sylow-Untergruppen S_p und S_q sind also Normalteiler von G (1.43). Da beide Normalteiler Primzahlordnung haben, sind sie zyklisch (1.19). Es gilt $S_p \cong \mathbb{Z}/p\mathbb{Z}$ und $S_q \cong \mathbb{Z}/q\mathbb{Z}$ (1.21).

Der Schnitt der beiden Normalteiler ist wegen $\mathrm{ggT}(p, q) = 1$ nach Lagrange (1.34) der triviale Normalteiler $\{e\}$. Nach Satz 1.70 gilt also

$$|\langle \mathbb{Z}/p\mathbb{Z} \cup \mathbb{Z}/q\mathbb{Z} \rangle| = |\mathbb{Z}/p\mathbb{Z}| \cdot |\mathbb{Z}/q\mathbb{Z}| = |G|$$

und damit $\langle \mathbb{Z}/p\mathbb{Z} \cup \mathbb{Z}/q\mathbb{Z} \rangle = G$. Aus Satz 1.72 folgt somit $ab = ba$ für alle $a \in \mathbb{Z}/p\mathbb{Z}$ und $b \in \mathbb{Z}/q\mathbb{Z}$. Da auch $\mathbb{Z}/p\mathbb{Z}$ und $\mathbb{Z}/q\mathbb{Z}$ abelsch sind (1.22), gilt $ab = ba$ für alle $a, b \in G$. Somit ist G abelsch.

b) Aus dem Hauptsatz über endliche abelsche Gruppen (1.30) folgt, dass es bis auf Isomorphie nur eine abelsche Gruppe der Ordnung pq gibt, nämlich $\mathbb{Z}/p\mathbb{Z} \times \mathbb{Z}/q\mathbb{Z}$. Diese ist zyklisch, denn das Element $(1, 1)$ hat Ordnung $\mathrm{kgV}(p, q) = pq = |G|$ (1.29).

c) Die Automorphismengruppe $\mathrm{Aut}(\mathbb{Z}/q\mathbb{Z})$ ist isomorph zur zyklischen Gruppe $\mathbb{Z}/(q-1)\mathbb{Z}$ (1.28, 3.66). Ist p ein Teiler von $q - 1 = |\mathrm{Aut}(\mathbb{Z}/q\mathbb{Z})|$, so gibt es ein Element der Ordnung p in $\mathrm{Aut}(\mathbb{Z}/q\mathbb{Z})$ (1.26, 1.19) und damit einen nichtkonstanten Homomorphismus

$$\varphi : \mathbb{Z}/p\mathbb{Z} \to \mathrm{Aut}(\mathbb{Z}/q\mathbb{Z}).$$

H04-II-2

Das semidirekte Produkt von $\mathbb{Z}/p\mathbb{Z}$ und $\mathbb{Z}/q\mathbb{Z}$ mittels φ ist dann eine nichtabelsche Gruppe der Ordnung pq. (Ausführlichere Besprechung von semidirekten Produkten siehe H07-III-1).

H04-II-2

Aufgabe

Gegeben ist der Ring $R = \mathbb{Z} + \mathbb{Z}\sqrt{-3}$. Zeigen Sie:

a) ± 1 sind die einzigen Einheiten in R.

b) 2 ist ein irreduzibles Element in R aber kein Primelement.

c) R ist kein faktorieller Ring.

Lösung

a) Wir betrachten die Abbildung

$$N : R \to \mathbb{N}$$
$$a + b\sqrt{-3} \mapsto a^2 + 3b^2.$$

Sie ist multiplikativ, denn es gilt

$$N\left((a + b\sqrt{-3})(c + d\sqrt{-3})\right)$$
$$= N\left(ac - 3bd + (ad + bc)\sqrt{-3}\right)$$
$$= a^2c^2 - 6abcd + 9b^2d^2 + 3a^2d^2 + 6abcd + 3b^2c^2$$
$$= a^2c^2 + 3a^2d^2 + 3b^2c^2 + b^2d^2$$
$$= (a^2 + 3b^2)(c^2 + 3d^2)$$
$$= N(a + b\sqrt{-3})N(c + d\sqrt{-3}).$$

Die Elemente ± 1 sind Einheiten in R (2.5), denn es gilt

$$1 \cdot 1 = (-1) \cdot (-1) = 1.$$

Ist x eine Einheit in R, dann gibt es ein $y \in R$ mit $xy = 1$ (2.5). Es folgt

$$N(xy) = 1 \Rightarrow N(x)N(y) = 1 \stackrel{N(x) \in \mathbb{N}}{\Rightarrow} N(x) = 1 \Rightarrow x = \pm 1.$$

Also sind ± 1 die einzigen Einheiten in R.

b) Wäre 2 Produkt zweier Nichteinheiten $a+b\sqrt{-3}$ und $c+d\sqrt{-3}$, so würde
$$N(a+b\sqrt{-3}) \cdot N(c+d\sqrt{-3}) = 4 \Rightarrow N(a+b\sqrt{-3}) = 2$$
gelten. Die Summe $a^2 + 3b^2$ ist offensichtlich aber ungleich 2 für alle $(a,b) \in \mathbb{Z}^2$. Also ist 2 irreduzibel in R (2.7).

Nun ist 2 ein Teiler von $4 = (1+\sqrt{-3})(1-\sqrt{-3})$, aber weder Teiler von $1+\sqrt{-3}$ noch von $1-\sqrt{-3}$. Somit ist 2 kein Primelement (2.7) in R.

c) Da die irreduziblen Elemente in faktoriellen Ringen prim sind (2.45), folgt aus Teilaufgabe b), dass R nicht faktoriell ist.

H04-II-3

Aufgabe

Zeigen Sie, dass die folgenden Polynome irreduzibel sind:

a) $5X^3 + 63X^2 + 168$ in $\mathbb{Z}[X]$.

b) $X^4 + X + 1$ in $\mathbb{F}_2[X]$.

c) $X^9 + XY^7 + Y$ in $\mathbb{Z}[X,Y]$.

Lösung

a) Das Polynom $5X^3 + 63X^2 + 168 = 5X^3 + 3^2 \cdot 7 X^2 + 2^3 \cdot 3 \cdot 7$ hat teilerfremde Koeffizienten. Die Primzahl 3 teilt nicht den Leitkoeffizienten, teilt aber 63 und 168, und 3^2 teilt nicht 168. Nach Eisenstein (2.57) ist es also irreduzibel über $\mathbb{Z}$.

b) Sei $f = X^4 + X + 1 \in \mathbb{F}_2[X]$. Dann ist $f(0) = f(1) = 1$. Das Polynom f hat also keine Nullstelle in $\mathbb{F}_2$.

Es gibt $1 \cdot 2 \cdot 2$ Polynome zweiten Grades in $\mathbb{F}_2[X]$,
$$X^2, X^2+1, X^2+X \text{ und } X^2+X+1.$$
Von diesen ist offensichtlich nur X^2+X+1 nullstellenfrei in und damit irreduzibel über $\mathbb{F}_2$ (2.55). Wegen
$$(X^2+X+1)^2 \stackrel{3.67}{=} (X^4+X^2+1) \neq f$$
ist f irreduzibel (2.49) in $\mathbb{F}_2[X]$.

c) Der Polynomring $\mathbb{Z}[Y]$ ist ein faktorieller Ring (2.33, 2.43, 2.44), somit sind die irreduziblen Elemente in $\mathbb{Z}[Y]$ prim (2.45). Aus $fg = Y$ mit $f, g \in \mathbb{Z}[Y]$ folgt $f = 1$ oder $g = 1$ (2.54). Also ist entweder f eine Einheit oder g. Somit ist Y irreduzibel (2.7) und damit prim. Das Polynom

$$X^9 + XY^7 + Y \in \mathbb{Z}[Y][X]$$

hat teilerfremde Koeffizienten und es gilt

$$Y \mid Y, \ Y \mid Y^7, \ Y \nmid 1 \quad \text{und} \quad Y^2 \nmid Y.$$

Nach Eisenstein (2.57) ist es also irreduzibel in $\mathbb{Z}[Y][X] = \mathbb{Z}[X, Y]$.

H04-II-4

Aufgabe

Seien p, q verschiedene Primzahlen.

a) Zeigen Sie, dass die Körper $\mathbb{Q}(\sqrt{p})$ und $\mathbb{Q}(\sqrt{q})$ nicht isomorph sind.

b) Zeigen Sie, dass der Körper $\mathbb{Q}(\sqrt{p}, \sqrt{q})$ vom Grad 4 über $\mathbb{Q}$ ist.

c) Bestimmen Sie das Minimalpolynom von $\alpha = \sqrt{p} + \sqrt{q}$ über $\mathbb{Q}$.

Lösung

a) Da p und q Primzahlen sind, gilt $\sqrt{p}, \sqrt{q} \notin \mathbb{Q}$. Wäre nämlich beispielsweise $\sqrt{p} \in \mathbb{Q}$, so gäbe es teilerfremde ganze Zahlen m und n mit $\sqrt{p} = \frac{m}{n}$. Es würde

$$pn^2 = m^2 \stackrel{\text{ggT}(n,m)=1}{\Rightarrow} m^2 \mid p \stackrel{p \text{ prim}}{\Rightarrow} m = \pm 1 \stackrel{p,n \in \mathbb{Z}}{\Rightarrow} p = 1$$

folgen im Widerspruch zur Wahl von p.

Angenommen, es existiert ein Körperisomorphismus

$$\varphi : \mathbb{Q}(\sqrt{q}) \to \mathbb{Q}(\sqrt{p}).$$

Sei $\varphi(\sqrt{q}) = a + b\sqrt{p}$ mit $a, b \in \mathbb{Q}$. Dann gilt

$$\varphi(q) = \varphi(\sqrt{q}\sqrt{q}) \stackrel{3.5}{=} (a + b\sqrt{p})^2 = a^2 + 2ab\sqrt{p} + b^2 p.$$

Da Körperisomorphismen die Elemente des Primkörpers, also hier die Elemente von $\mathbb{Q}$, festlassen (3.10), gilt
$$q = \varphi(q) = a^2 + 2ab\sqrt{p} + b^2 p.$$
Falls $a, b \neq 0$ gilt, folgt
$$\sqrt{p} = \frac{q - a^2 - b^2 p}{2ab} \in \mathbb{Q}.$$
Widerspruch zu $p \notin \mathbb{Q}$. Falls $a = 0$ gilt, ist $q = b^2 p$ im Widerspruch zur Wahl von q als Primzahl und $p \neq q$. Falls $b = 0$ gilt, ist $q = a^2$ im Widerspruch zur Wahl von q als Primzahl.

b) Das irreduzible Eisenstein-Polynom $x^2 - p$ (2.57) ist das Minimalpolynom von $\sqrt{p}$ über $\mathbb{Q}$ (3.18), also ist $[\mathbb{Q}(\sqrt{p}) : \mathbb{Q}] = 2$ (3.19).

Angenommen, es gilt $\sqrt{q} \in \mathbb{Q}(\sqrt{p})$, also $\sqrt{q} = a + b\sqrt{p}$ mit $a, b \in \mathbb{Q}$. Wegen $\sqrt{q} \notin \mathbb{Q}$ gilt $b \neq 0$. Ist $a = 0$, so folgt $q = b^2 p$, also $q = p$, da p und q Primzahlen sind, im Widerspruch zur Voraussetzung $p \neq q$. Ist $a \neq 0$, so folgt
$$(\sqrt{q} - a)^2 = b^2 p, \text{ also } \sqrt{q} = \frac{q + a^2 - b^2 p}{2a} \in \mathbb{Q}$$
im Widerspruch zu $\sqrt{q} \notin \mathbb{Q}$. Somit ist $[\mathbb{Q}(\sqrt{p})(\sqrt{q}) : \mathbb{Q}(\sqrt{p})] \geq 2$. Das Polynom $x^2 - q$ ist in $\mathbb{Q}(\sqrt{p})[x]$ und hat die Nullstelle $\sqrt{q}$. Folglich gilt $[\mathbb{Q}(\sqrt{p})(\sqrt{q}) : \mathbb{Q}(\sqrt{p})] = 2$ (3.19, 3.16).

Mit der Gradformel (3.14) ergibt sich
$$[\mathbb{Q}(\sqrt{p}, \sqrt{q}) : \mathbb{Q}] = [\mathbb{Q}(\sqrt{p})(\sqrt{q}) : \mathbb{Q}(\sqrt{p})][\mathbb{Q}(\sqrt{p}) : \mathbb{Q}] = 4.$$

c) Offensichtlich ist $\mathbb{Q}(\sqrt{p}, \sqrt{q}) \supseteq \mathbb{Q}(\alpha)$. Außerdem gilt
$$\alpha = \sqrt{p} + \sqrt{q}$$
$$\Rightarrow \alpha^2 - 2\alpha\sqrt{q} + q = p$$
$$\Rightarrow \sqrt{q} = \frac{\alpha^2 + q - p}{2\alpha} \in \mathbb{Q}(\alpha)$$
und damit $\sqrt{p} = \alpha - \sqrt{q} \in \mathbb{Q}(\alpha)$, insgesamt also $\mathbb{Q}(\sqrt{p}, \sqrt{q}) = \mathbb{Q}(\alpha)$. Folglich ist α ein primitives Element (3.33) der Körpererweiterung $\mathbb{Q}(\sqrt{p}, \sqrt{q})|\mathbb{Q}$ und das Minimalpolynom von α über $\mathbb{Q}$ hat Grad 4 (3.19). Nun ist weiter
$$\alpha^2 - 2\alpha\sqrt{q} + q = p$$
$$\Rightarrow (\alpha^2 + (q-p))^2 = 4\alpha^2 q$$
$$\Rightarrow \alpha^4 + (2q + 2p)\alpha^2 + (q-p)^2 = 0.$$

Wir haben also ein Polynom vierten Grades in $\mathbb{Q}[x]$ gefunden, das α als Nullstelle hat,
$$x^4 + x^2(2q + 2p) + (p - q)^2.$$
Dies ist folglich das Minimalpolyom von α über $\mathbb{Q}$ (3.18).

H04-II-5

Aufgabe

Sei p eine Primzahl und ζ_p eine primitive p-te Einheitswurzel. Zeigen Sie:

a) Zu jedem natürlichen Teiler von $p-1$ gibt es genau einen Teilkörper K_n von $\mathbb{Q}(\zeta_p)$ mit
$$[K_n : \mathbb{Q}] = n.$$

b) Der einzige über $\mathbb{Q}$ quadratische Teilkörper von $\mathbb{Q}(\zeta_5)$ ist $\mathbb{Q}(\sqrt{5})$.

Lösung

a) Da p eine Primzahl ist, ist $x^{p-1} + x^{p-2} + \ldots + x + 1$ das Minimalpolynom von ζ_p über $\mathbb{Q}$ (3.56, 3.58, 3.62, 3.18). Die Galoisgruppe $\mathrm{Gal}(\mathbb{Q}(\zeta_p)|\mathbb{Q})$ ist zyklisch der Ordnung $p-1$ (3.63, 3.3, 3.66), die Elemente der Galoisgruppe sind gegeben durch

$$\zeta_p \mapsto \zeta_p, \ \zeta_p \mapsto \zeta_p^2, \ \zeta_p \mapsto \zeta_p^3, \ \ldots, \ \zeta_p \mapsto \zeta_p^{p-1}.$$

Sei n ein Teiler von $p-1$ mit $p-1 = n \cdot m$. Da die Galoisgruppe zyklisch der Ordnung $p-1$ ist, gibt es genau eine Untergruppe der Galoisgruppe mit Ordnung m (1.26). Nach dem Hauptsatz der Galoistheorie (3.44) gibt es also genau einen Teilkörper K_n von $\mathbb{Q}(\zeta_p)$ mit Grad

$$[K_n : \mathbb{Q}] \stackrel{3.14}{=} \frac{[\mathbb{Q}(\zeta) : \mathbb{Q}]}{[\mathbb{Q}(\zeta) : K_n]} \stackrel{3.39, 3.43}{=} \frac{p-1}{m} = n$$

über $\mathbb{Q}$.

b) Die 5-te Einheitswurzel ζ_5 ist Nullstelle des 5-ten Kreisteilungspolynoms $X^4 + X^3 + X^2 + X + 1 \in \mathbb{Q}[X]$, also gilt

$$\zeta_5^4 + \zeta_5^3 + \zeta_5^2 + \zeta_5 + 1 = 0$$
$$\Rightarrow \zeta_5^2 + \zeta_5 + 1 + \zeta_5^{-1} + \zeta_5^{-2} = 0$$
$$\Rightarrow (\zeta_5 + \zeta_5^{-1})^2 + (\zeta_5 + \zeta_5^{-1}) - 1 = 0$$
$$\Rightarrow \zeta_5 + \zeta_5^{-1} = \frac{-1 \pm \sqrt{5}}{2}$$
$$\Rightarrow \pm\sqrt{5} = 2(\zeta_5 + \zeta_5^{-1}) + 1 \in \mathbb{Q}(\zeta_5),$$

und $\mathbb{Q}(\sqrt{5})$ ist ein Teilkörper von $\mathbb{Q}(\zeta_5)$. Das Polynom $x^2 - 5$ ist ein irreduzibles Eisenstein-Polynom in $\mathbb{Z}[x]$ (2.57). Nach Gauß (2.60) ist es irreduzibel in $\mathbb{Q}[x]$. Es hat $\sqrt{5}$ als Nullstelle und ist folglich das Minimalpolynom von $\sqrt{5}$ über $\mathbb{Q}$ (3.18). Somit hat $\mathbb{Q}(\sqrt{5})$ Grad 2 über $\mathbb{Q}$, ist also ein quadratischer Teilkörper von $\mathbb{Q}(\zeta_5)$.

In Teilaufgabe a) wurde bereits argumentiert, dass es genau einen Teilkörper von $\mathbb{Q}(\zeta_5)$ vom Grad 2 über $\mathbb{Q}$ gibt. Also ist $\mathbb{Q}(\sqrt{5})$ der einzige über $\mathbb{Q}$ quadratische Teilkörper von $\mathbb{Q}(\zeta_5)$.

H04-III-1

Aufgabe

Sei G eine Gruppe der Ordnung $p^2 q$, wobei p und q Primzahlen bezeichnen. Zeigen Sie, dass G einen nichttrivialen Normalteiler hat.

Lösung

1. Fall: $p = q$
Ist G abelsch, so hat G zu jedem Teiler der Gruppenordnung eine Untergruppe dieser Ordnung (1.26). Die Untergruppe der Ordnung p^2 ist dann ein nichttrivialer Normalteiler von G (1.36), denn in abelschen Gruppen ist jede Untergruppe Normalteiler (1.37).
Ist G nicht abelsch, so hat G als p-Gruppe ein nichttriviales Zentrum $\neq G$ (1.77) und dieses ist bekanntlich ein Normalteiler von G (1.48).

2. Fall: $p < q$
Ist $p < q$, so gilt $p \not\equiv 1 \mod q$. Mit den Sylow-Sätzen (1.79) folgt für die Anzahl s_q der q-Sylow-Untergruppen $s_q = 1$ oder $s_q = p^2$.

Falls $s_q = 1$ gilt, ist die einzige q-Sylow-Untergruppe ein nichttrivialer Normalteiler von G (1.43).
Sei $s_q = p^2$. Für je zwei verschiedene q-Sylow-Untergruppen U und V der Primzahlordung q gilt nach Lagrange (1.34) $U \cap V = \{e\}$. Die p^2 q-Sylow-Untergruppen enthalten also $p^2(q-1) + 1$ Elemente. Jede dieser q-Sylow-Untergruppen hat ebenfalls wegen Lagrange mit jeder p-Sylow-Untergruppe trivialen Schnitt. Somit können höchstens $p^2 q - (p^2(q-1) + 1) + 1 = p^2$ Elemente in einer p-Sylow-Untergruppe liegen und es folgt $s_p = 1$. Die einzige p-Sylow-Untergruppe ist dann ein nichttrivialer Normalteiler von G.

3. Fall: $p > q$
Nach Sylow gilt $s_p \equiv 1 \mod p$ und $s_p \mid q$. Wegen $p > q$ ist $q \not\equiv 1 \mod p$ und somit $s_p = 1$. Die einzige p-Sylow-Untergruppe ist dann ein nichttrivialer Normalteiler von G.

H04-III-2

Aufgabe

a) Sei p eine Primzahl und $a, b \in \mathbb{Z}$ mit $p \nmid a$. Zeigen Sie, dass die Kongruenz
$$x^2 - ay^2 \equiv b \mod p$$
eine Lösung in ganzen Zahlen $x, y \in \mathbb{Z}$ hat.
Hinweis: Zählen Sie die Elemente der Form $ay^2 + b$ in $\mathbb{F}_p$

b) Beweisen Sie, dass die Gleichung
$$x^2 - 43y^2 = 29$$
keine Lösung in ganzen Zahlen $x, y \in \mathbb{Z}$ hat.

Lösung

a) Im Fall $p = 2$ lautet die Kongruenz
$$x^2 + y^2 \equiv 0 \mod 2 \quad \text{oder} \quad x^2 + y^2 \equiv 1 \mod 2.$$
Beide Kongruenzen haben eine Lösung in ganzen Zahlen $x, y \in \mathbb{Z}$, nämlich beispielsweise $(x, y) = (0, 2)$ für die erste und $(x, y) = (0, 1)$ für die zweite Kongruenz.

Sei nun p eine ungerade Primzahl. Seien $a, b \in \mathbb{Z}$ mit $a \nmid p$. Die Restklassen von a und b modulo p seien ebenfalls mit a, b bezeichnet. Die Abbildung
$$\tau_{a,b} : \mathbb{F}_p \to \mathbb{F}_p$$
$$y \mapsto ay + b$$
ist für $a \not\equiv 0 \mod p$ injektiv, denn es gilt
$$ay + b = ay' + b \Rightarrow y = y'.$$
Bekanntlich gibt es $\frac{p+1}{2}$ verschiedene quadratische Reste (den Rest 0 eingeschlossen) in $\mathbb{F}_p$ (4.8, 4.13). Folglich gilt
$$\frac{p+1}{2} = |\{y^2 \mid y \in \mathbb{F}_p\}| = |\{ay^2 + b \mid y \in \mathbb{F}_p\}|,$$
es gibt also $\frac{p+1}{2}$ verschiedene Elemente der Form $ay^2 + b$ in $\mathbb{F}_p$.

Da es nur $\frac{p-1}{2}$ quadratische Nichtreste in $\mathbb{F}_p$ gibt, muss mindestens ein Element der Form $ay^2 + b$ ein quadratischer Rest in $\mathbb{F}_p$ sein. Es gibt also zwei ganze Zahlen x und y mit $ay^2 + b \equiv x^2 \mod p$ und damit eine Lösung von
$$x^2 - ay^2 \equiv b \mod p.$$

b) Angenommen, die Gleichung hat eine Lösung $x, y \in \mathbb{Z}$. Dann gilt
$$x^2 \equiv 29 \mod 43,$$
die Zahl 29 ist also ein quadratischer Rest modulo 43. Mit dem Eulerschen Kriterium (4.10) folgt
$$29^{21} \equiv 1 \mod 43.$$

Nun ist aber
$$29^{21} = 29^{3 \cdot 7} = 24389^7 \equiv 8^7 \equiv (2^3)^7 \equiv (2^7)^3 \equiv (-1)^3 \equiv -1 \mod 43,$$

also ist 29 ein quadratischer Nichtrest modulo 43. Widerspruch.

H04-III-3

Aufgabe

Bestimmen Sie den Isomorphietyp der Galoisgruppe des Polynoms
$$f(X) = X^5 - 4X + 2$$
über $\mathbb{Q}$.

Lösung

Das Polynom f ist nach Eisenstein (2.57) mit $p = 2$ und Gauß (2.60) irreduzibel über $\mathbb{Q}$ und somit separabel (3.31, 3.29, 3.27). Als separables Polynom vom Grad 5 hat f genau fünf Nullstellen. Die Galoisgruppe von f (3.46) ist also eine Untergruppe von S_5 (3.47). Wegen $f''(x) = 20x^3$ hat f nur einen Wendepunkt und daher höchstens drei reelle Nullstellen. Mit dem Zwischenwertsatz ergibt sich eine Nullstelle im Intervall $]-\infty, -1[$, eine in $]-1, 1[$ und eine in $]1, \infty[$. Also hat f genau zwei nichtreelle Nullstellen.

Wir betrachten nun den $\mathbb{Q}$-Automorphismus $\sigma : Z_f \to Z_f$, der definiert ist durch $\sigma(z) = \overline{z}$ (3.7), wobei Z_f den Zerfällungskörper von f (3.35) bezeichne.

Die Abbildung σ ist Element der Galoisgruppe. Sie lässt offenbar die drei reellen Nullstellen fest und vertauscht die beiden nichtreellen, ist also eine Transposition (3.24, 1.81).

Ist α eine Nullstelle von f, so ist $\mathbb{Q}(\alpha)$ ein Zwischenkörper der Körpererweiterung $Z_f|\mathbb{Q}$. Es gilt $[\mathbb{Q}(\alpha) : \mathbb{Q}] = \deg(f) = 5$ (3.18, 3.19). Wegen

$$|\text{Gal}(f, \mathbb{Q})| \stackrel{3.46, 3.43}{=} [Z_f : \mathbb{Q}] \stackrel{3.14}{=} [Z_f : \mathbb{Q}(\alpha)] \cdot [\mathbb{Q}(\alpha) : \mathbb{Q}]$$

ist 5 ein Teiler der Ordnung der Galoisgruppe. Nach den Sylow-Sätzen (1.79a) hat die Galoisgruppe von f also eine Untergruppe und damit (1.19) ein Element der Ordnung 5. Die einzigen Elemente der Ordnung 5 in S_5 sind die 5-Zyklen (1.82). Die Galoisgruppe von f enthält also einen 5-Zyklus.

Eine Untergruppe von S_5, die eine Transposition und einen 5-Zyklus enthält, ist bereits S_5 (1.83). Die Galoisgruppe von f ist also isomorph zu S_5.

H04-III-4

Aufgabe

Sei K eine Galoiserweiterung von k und $a \in K$ ein Element, für das $\sigma(a) \neq a$ für alle Automorphismen $\sigma \neq 1$ der Galoisgruppe von K über k gilt. Zeigen Sie, dass $K = k(a)$ gilt.

Lösung

Wegen $a \in K$ ist $k(a)$ ein Teilkörper von K (3.12). Nach dem Hauptsatz der Galoistheorie (3.44) lässt sich jedem Teilkörper von K eineindeutig eine Untergruppe der Galoisgruppe der Körpererweiterung $K|k$ zuordnen. Der Körper $k(a)$ ist dann Fixkörper (3.41) dieser Untergruppe, d.h. alle Automorphismen in der Untergruppe lassen $k(a)$ elementweise fest.

Angenommen, $k(a)$ ist ein echter Teilkörper von K. Dann hat die zu $k(a)$ gehörige Untergruppe der Galoisgruppe $\text{Gal}(K|k)$ Ordnung echt größer 1, besteht also nicht nur aus der Identität. Es gibt dann einen Automorphismus $\sigma \neq 1$, der alle Elemente in $k(a)$, insbesondere a, fest lässt. Widerspruch zur Voraussetzung. Es folgt $k(a) = K$.

H04-III-5

Aufgabe

Bestimmen Sie alle Zwischenkörper der Erweiterung $\mathbb{Q}(\sqrt[4]{5})$ von $\mathbb{Q}$.

Lösung

Das Polynom $f = x^4 - 5 \in \mathbb{Q}[x]$ hat eine Nullstelle in $\mathbb{Q}(\sqrt[4]{5})$, zerfällt über $\mathbb{Q}(\sqrt[4]{5})$ aber nicht. Somit ist die Körpererweiterung $\mathbb{Q}(\sqrt[4]{5})|\mathbb{Q}$ nicht normal und damit nicht galoissch (3.37). Der Körper $\mathbb{Q}(\sqrt[4]{5})$ ist aber Zwischenkörper von $Z_f|\mathbb{Q}$, wobei Z_f den Zerfällungskörper von f bezeichne (3.35). Zwischenkörper von $\mathbb{Q}(\sqrt[4]{5})|\mathbb{Q}$ sind also auch Zwischenkörper von $Z_f|\mathbb{Q}$, die wir mit dem Hauptsatz der Galoistheorie (3.44) bestimmen können.

Es ist
$$Z_f = \mathbb{Q}(\pm\sqrt[4]{5}, \pm\sqrt[4]{5}i) \stackrel{(\sqrt[4]{5})^{-1}\sqrt[4]{5}i=i}{=} \mathbb{Q}(\sqrt[4]{5}, i)$$
und nach der Gradformel (3.14)
$$[Z_f : \mathbb{Q}] = [Z_f : \mathbb{Q}(\sqrt[4]{5})] \cdot [\mathbb{Q}(\sqrt[4]{5}) : \mathbb{Q}].$$

Da das normierte Polynom f als Eisenstein-Polynom mit Gauß irreduzibel ist über $\mathbb{Q}$ (2.57, 2.60) und $\sqrt[4]{5}$ als Nullstelle hat, ist es das Minimalpolynom von $\sqrt[4]{5}$ über $\mathbb{Q}$ (3.18). Es gilt also $[\mathbb{Q}(\sqrt[4]{5}) : \mathbb{Q}] = 4$ (3.19). Wegen $\mathbb{Q}(\sqrt[4]{5}) \subseteq \mathbb{R}$ und $i \in \mathbb{C} \setminus \mathbb{R}$ gilt $[Z_f : \mathbb{Q}(\sqrt[4]{5})] \geq 2$. Da i Nullstelle des Polynoms $x^2 + 1 \in \mathbb{Q}(\sqrt[4]{5})[x]$ ist, folgt $[Z_f : \mathbb{Q}(\sqrt[4]{5})] = 2$. Damit ergibt sich

$$2 \cdot 4 = 8 = [Z_f : \mathbb{Q}] \stackrel{3.43}{=} |\text{Gal}(f, \mathbb{Q})|.$$

Die Elemente der Galoisgruppe sind gegeben durch (3.24):

ϕ_j	ϕ_1	ϕ_2	ϕ_3	ϕ_4	ϕ_5	ϕ_6	ϕ_7	ϕ_8
$\phi_j(\sqrt[4]{5})$	$\sqrt[4]{5}$	$-\sqrt[4]{5}$	$\sqrt[4]{5}i$	$-\sqrt[4]{5}i$	$\sqrt[4]{5}$	$-\sqrt[4]{5}$	$\sqrt[4]{5}i$	$-\sqrt[4]{5}i$
$\phi_j(i)$	i	i	i	i	$-i$	$-i$	$-i$	$-i$
$\text{ord}(\phi_j)$	1	2	4	4	2	2	2	2

Nach dem Hauptsatz der Galoistheorie (3.44) entsprechen die Untergruppen der Ordnung n der Galoisgruppe genau den Körpererweiterungen K vom Grad $\frac{|\text{Gal}(f,\mathbb{Q})|}{n}$ über $\mathbb{Q}$, denn es gilt

$$n = |\text{Gal}(Z_f|K)| \stackrel{3.39, 3.43}{=} [Z_f : K] \stackrel{3.14}{=} \frac{[Z_f : \mathbb{Q}]}{[K : \mathbb{Q}]} \stackrel{3.43}{=} \frac{|\text{Gal}(f, \mathbb{Q})|}{[K : \mathbb{Q}]}.$$

Ist Z ein echter Zwischenkörper von $\mathbb{Q}(\sqrt[4]{5})|\mathbb{Q}$, so folgt aus der Gradformel $[Z:\mathbb{Q}] = 2$. Wir suchen folglich die Untergruppen von $\text{Gal}(f, \mathbb{Q})$ mit Ordnung $\frac{8}{2} = 4$.

Der Automorphismus ϕ_3 hat Ordnung 4 und es gilt

$$\langle \phi_3 \rangle = \{\phi_1, \phi_3, \phi_2, \phi_4\}.$$

Desweiteren ist

$$\phi_3 \phi_7 = \phi_7 \phi_4 = \phi_7 \phi_3^{-1}$$

und $\phi_7 \notin \langle \phi_3 \rangle$. Nach Satz 1.94 ist die Galoisgruppe isomorph zu D_4.

Die Diedergruppe D_4 hat bekanntlich drei Untergruppen der Ordnung 4. Genauer sind das hier

$$U_1 = \langle \phi_3 \rangle,$$
$$U_2 = \{\phi_1, \phi_3^2, \phi_7 \phi_3, \phi_7 \phi_3^3\} = \{\phi_1, \phi_2, \phi_5, \phi_6\} \text{ und}$$
$$U_3 = \{\phi_1, \phi_3^2, \phi_7, \phi_7 \phi_3^2\} = \{\phi_1, \phi_2, \phi_7, \phi_8\}.$$

Da alle Automorphismen aus U_1 das Element i fest lassen, ist i Element des Fixkörpers $\text{Fix}(U_1)$. Da i aber nicht in $\mathbb{Q}(\sqrt[4]{5}) \subseteq \mathbb{R}$ liegt, ist der Fixkörper von U_1 kein Zwischenkörper von $\mathbb{Q}(\sqrt[4]{5})|\mathbb{Q}$.

Die Automorphismen aus U_2 lassen das Element $(\sqrt[4]{5})^2 \in \mathbb{Q}(\sqrt[4]{5})$ fest. Außerdem ist $\mathbb{Q}((\sqrt[4]{5})^2)$ ein Teilkörper von $\mathbb{Q}(\sqrt[4]{5})$, der wegen $(\sqrt[4]{5})^2)^2 - 5 = 0$ Grad 2 über $\mathbb{Q}$ hat. Folglich ist $\text{Fix}(U_2) = \mathbb{Q}((\sqrt[4]{5})^2)$.

Die Automorphismen aus U_3 lassen $(\sqrt[4]{5})^2 i$ fest. Der Fixkörper von U_3 ist also ebenfalls kein Teilkörper von $\mathbb{R}$ und damit auch keiner von $\mathbb{Q}(\sqrt[4]{5})$.

Insgesamt ergibt sich, dass die Körpererweiterung $\mathbb{Q}(\sqrt[4]{5})$ von $\mathbb{Q}$ neben den trivialen Zwischenkörpern nur einen echten Zwischenkörper hat, nämlich

$$\mathbb{Q}((\sqrt[4]{5})^2) = \mathbb{Q}(\sqrt{5}).$$

10. Prüfungstermin Frühjahr 2005

FJ05-I-1

Aufgabe
Beweisen oder widerlegen Sie: Eine natürliche Zahl der Gestalt $4n+3$ mit $n \in \mathbb{N}$ besitzt keine Darstellung als Summe von zwei Quadraten ganzer Zahlen.

Lösung
Schreibe $4n+3 = x^2 + y^2$ mit $x, y \in \mathbb{Z}$. Dann ist $x^2 + y^2 \equiv 3 \mod 4$. In $\mathbb{Z}/4\mathbb{Z}$ gilt aber
$$0^2 = 0, \ 1^2 = 1, \ 2^2 = 0 \text{ und } 3^2 = 1.$$
Somit kann 3 nicht Summe zweier Quadrate in $\mathbb{Z}/4\mathbb{Z}$ sein und die Aussage ist richtig.

FJ05-I-2

Aufgabe
Sei R ein Integritätsring. Für Ideale a, b in R definiert man
$$a \sim b :\Leftrightarrow \text{ Es gibt } \alpha, \beta \in R \setminus \{0\} \text{ mit } \alpha \cdot a = \beta \cdot b.$$
Zeigen Sie:

a) Die Relation $\sim$ ist eine Äquivalenzrelation, und es gilt
$$a_1 \sim b_1, a_2 \sim b_2 \Rightarrow a_1 a_2 \sim b_1 b_2$$

b) Genau dann gilt $a \sim b$, wenn a und b als R-Moduln isomorph sind.

Lösung

Seien $a, b, c \subseteq R$ Ideale in R.

a) i) Da R ein Ring mit Eins ist, gilt $a \sim a$.

ii) Mit $a \sim b$ gilt offensichtlich $b \sim a$.

iii) Seien $a \sim b$ und $b \sim c$ mit $\alpha a = \beta b$ und $\gamma b = \delta c$ mit Elementen $\alpha, \beta, \gamma, \delta \in R \setminus \{0\}$. Dann gilt $\gamma \alpha a = \gamma \beta b$ und $\beta \gamma b = \beta \delta c$. Da R kommutativ ist, folgt $\gamma \beta b = \beta \gamma b$ und damit $\gamma \alpha a = \beta \delta c$. Da R ein nullteilerfreier Ring ist, sind $\gamma \alpha$ und $\beta \delta$ Elemente von $R \setminus \{0\}$ und es gilt $a \sim c$.

Somit ist $\sim$ eine Äquivalenzrelation auf der Menge der Ideale von R.

Seien $a_1 \sim b_1$ und $a_2 \sim b_2$ mit $\alpha_1 a_1 = \beta_1 b_1$ und $\alpha_2 a_2 = \beta_2 b_2$. Dann gilt $\alpha_1 a_1 \alpha_2 a_2 = \beta_1 b_1 \beta_2 b_2$. Da R kommutativ ist, gilt $\alpha_1 \alpha_2 a_1 a_2 = \beta_1 \beta_2 b_1 b_2$. Da R nullteilerfrei ist, folgt mit $\alpha = \alpha_1 \alpha_2$ und $\beta = \beta_1 \beta_2$, dass $a_1 a_2 \sim b_1 b_2$.

b) Das Tripel $(a, +, \cdot)$ ist ein R-Modul (6.6), wenn $(a, +)$ eine abelsche Gruppe ist und für $\cdot : R \times a \to a$ gilt:

$$r_1 \cdot (r_2 \cdot x) = (r_1 r_2) \cdot x$$
$$(r_1 + r_2) \cdot x = r_1 \cdot x + r_2 \cdot x$$
$$r \cdot (x_1 + x_2) = r \cdot x_1 + r \cdot x_2$$

Für ein Ideal a im Ring R ist dies erfüllt, es kann also als R-Modul aufgefasst werden.

Zwei R-Moduln a und b heißen isomorph, wenn es eine R-lineare Abbildung $\phi : a \to b$ gibt, also eine Abbildung $\phi : a \to b$, so dass für alle $x, y \in a$ und $r \in R$ sowohl $\phi(x+y) = \phi(x) + \phi(y)$ als auch $\phi(rx) = r\phi(x)$ gilt.

Sei $a \sim b$. Dann existieren $\alpha, \beta \in R \setminus \{0\}$ mit $\alpha a = \beta b$. Zu jedem Element $x \in a$ gibt es also ein eindeutig bestimmtes Element $y_x \in b$, so dass $\alpha x = \beta y_x$ gilt. Sei $\phi : a \to b$ definiert durch $\phi(x) = y_x$. Da a und b R-Moduln sind, gilt für $x_1, x_2 \in a$ und $r \in R$

$$\beta y_{x_1 + x_2} = \alpha(x_1 + x_2) = \alpha x_1 + \alpha x_2 = \beta y_{x_1} + \beta y_{x_2} = \beta(y_{x_1} + y_{x_2}),$$
$$\beta y_{rx_1} = \alpha r x_1 = r \alpha x_1 = r \beta y_{x_1}$$

und somit

$$\phi(x_1 + x_2) = y_{x_1 + x_2} = y_{x_1} + y_{x_2} = \phi(x_1) + \phi(x_2),$$
$$\phi(rx_1) = y_{rx_1} = r y_{x_1} = r \phi(x_1).$$

Also sind a und b als R-Moduln isomorph.

Sei umgekehrt $\phi : a \to b$ ein R-linearer Isomorphismus. Ist $a = \{0\}$, so ist auch $b = \{0\}$ und für alle $\alpha, \beta \in R \setminus \{0\}$ gilt $\alpha a = \beta b$.
Ist $a \neq \{0\}$, dann gibt es ein $\beta \in a \setminus \{0\}$. Setze $\phi(\beta) = \alpha$. Dann gilt für alle $x \in a \subseteq R$

$$\phi(\beta x) = x\phi(\beta) = x\alpha = \alpha x \text{ und } \phi(\beta x) = \beta \phi(x).$$

Es folgt also $\alpha x = \beta \phi(x)$ für alle $x \in a$, somit $\alpha a = \beta \phi(a)$ und, da ϕ ein Isomorphismus ist, $\alpha a = \beta b$.

FJ05-I-3

Aufgabe

Bestimmen Sie einen größten gemeinsamen Teiler von $26 + 13i$ und $14 - 5i$ im Ring $\mathbb{Z}[i]$ der Gaußschen ganzen Zahlen.

Lösung

Der Ring $\mathbb{Z}[i]$ ist ein euklidischer Ring (2.38) mit euklidischer Normfunktion

$$N: \quad \mathbb{Z}[i] \to \mathbb{N}$$
$$a + bi \mapsto a^2 + b^2.$$

Mit dem euklidischen Algorithmus (2.40) lässt sich also ein größter gemeinsamer Teiler von $26 + 13i$ und $14 - 5i$ berechnen:

Es gilt
$$26 + 13i = (1 + 2i)(14 - 5i) + 2 - 10i,$$
wobei $N(14 - 5i) > N(2 - 10i)$ ist. Weiter gilt

$$(14 - 5i) = (1 + i)(2 - 10i) + 2 + 3i$$

mit $N(2 - 10i) > N(2 + 3i)$ und schließlich

$$(2 - 10i) = (-2 - 2i)(2 + 3i).$$

Folglich ist $(2 + 3i)$ ein größter gemeinsamer Teiler von $26 + 13i$ und $14 - 5i$.

FJ05-I-4

Aufgabe

Untersuchen Sie (mit Beweis) auf Irreduzibilität:

a) $f(X) = X^4 - X^3 - 9X^2 + 4X + 2$ und $g(X) = X^4 + 2X^3 + X^2 + 2X + 1$ in $\mathbb{Q}[X]$.

b) $f(X,Y) = Y^6 + XY^5 + 2XY^3 + 2X^2Y^2 - X^3Y + X^2 + X$ in $\mathbb{Q}[X,Y]$.

Lösung

a) Polynome vom Grad ≥ 1 sind keine Einheiten (2.5) in $\mathbb{Q}[X]$. Es gilt
$$f(X) = (X^2 - 3X - 1)(X^2 + 2X - 2),$$
also ist f reduzibel (2.7) in $\mathbb{Q}[X]$.

Das Polynom
$$\tilde{g}(X) = X^4 + 2X^3 + X^2 + 2X + 1 \in \mathbb{F}_3[X]$$
hat keine Nullstelle in $\mathbb{F}_3$, denn
$$\tilde{g}(0) = \tilde{g}(1) = 1 \text{ und } \tilde{g}(2) = 2.$$
Es könnte aber durch eines der irreduziblen Polynome vom Grad 2 in $\mathbb{F}_3[X]$ teilbar sein, also durch $X^2 + 2X + 2$, $X^2 + X + 2$ oder $X^2 + 1$. Dies ist nicht der Fall, denn es gilt
$$X^4 + 2X^3 + X^2 + 2X + 1 = (X^2 + 2)(X^2 + 2X + 2) + X,$$
$$X^4 + 2X^3 + X^2 + 2X + 1 = (X^2 + X)(X^2 + X + 2) + X^2 + 1,$$
$$X^4 + 2X^3 + X^2 + 2X + 1 = (X^2 + 2X)(X^2 + 1) + 1.$$
Somit ist $\tilde{g}$ irreduzibel in $\mathbb{F}_3[X]$. Da g teilerfremde Koeffizienten hat, folgt mit den Sätzen 2.56 und 2.60, dass auch g irreduzibel in $\mathbb{Q}[X]$ ist.

b) Das Element X ist irreduzibel in $\mathbb{Q}[X]$, denn für $X = ab$ mit $a, b \in \mathbb{Q}[X]$ folgt, dass $\deg(a) = 0$ oder $\deg(b) = 0$ ist, und damit, dass einer der Faktoren eine Einheit ist (2.50, 2.49). Da $\mathbb{Q}[X]$ ein Hauptidealbereich ist (2.39, 2.37), ist das irreduzible Element X ein Primelement in $\mathbb{Q}[X]$ (2.34).

Das Polynom f ist normiert, hat also teilerfremde Koeffizienten. Zudem teilt X alle Koeffizienten von $f \in \mathbb{Q}[X][Y]$ außer den Leitkoeffizienten, und X^2 teilt nicht X. Nach Eisenstein (2.57) ist f damit irreduzibel in $\mathbb{Q}[X][Y] = \mathbb{Q}[X,Y]$.

FJ05-I-5

Aufgabe

Sei k ein Körper mit $\operatorname{char}(k) \neq 2$, sei $f \in k[X]$ ein Polynom vom Grade $n \geq 2$, sei K ein Zerfällungskörper von f über k, und f habe n verschiedene Nullstellen $\alpha_1, \ldots, \alpha_n$ in K.
Das Element $\Delta \in K$ sei definiert durch

$$\Delta := \prod_{1 \leq i < j \leq n} (\alpha_j - \alpha_i).$$

Dann heißt $D := \Delta^2$ die Diskriminante von f.

a) Zeigen Sie: K ist galoissch über k und es ist $D \in k$.

b) Sei $G := \operatorname{Gal}(K|k)$ die Galoisgruppe von K über k. Zeigen Sie:

$$\Delta \in k$$
$$\Leftrightarrow \text{ Jedes } \sigma \in G \text{ definiert eine gerade Permutation der } \alpha_1, \ldots, \alpha_n.$$

c) Sei $f := X^4 + 2aX^2 + b \in \mathbb{Q}[X]$ irreduzibel. Bestimmen Sie die Diskriminante von f und zeigen Sie:

$$\sqrt{b} \in \mathbb{Q} \Leftrightarrow G \cong \mathbb{Z}/2\mathbb{Z} \times \mathbb{Z}/2\mathbb{Z}.$$

Lösung

a) Das Polynom $f \in k[x]$ hat Grad n und n verschiedene Nullstellen, ist also separabel (3.27). Die Körpererweiterung $K|k$ ist folglich galoissch (3.38). Für alle $\sigma \in \operatorname{Gal}(K|k)$ gilt

$$\sigma(D) = \prod_{1 \leq i < j \leq n} (\sigma(\alpha_j) - \sigma(\alpha_i))^2.$$

Wir zeigen

$$\prod_{1 \leq i < j \leq n} (\sigma(\alpha_j) - \sigma(\alpha_i))^2 = \prod_{1 \leq i < j \leq n} (\alpha_j - \alpha_i)^2.$$

Sei $(\sigma(\alpha_j) - \sigma(\alpha_i))^2$ ein Faktor des linken Produkts. Da σ bijektiv ist und die Nullstellen von f permutiert, ist $\alpha_k = \sigma(\alpha_j) \neq \sigma(\alpha_i) = \alpha_l$. Ist $k > l$, so ist $\alpha_k - \alpha_l$ ein Faktor von $\prod_{1 \leq i < j \leq n}(\alpha_j - \alpha_i)$ und somit

$(\sigma(\alpha_j) - \sigma(\alpha_i))^2$ ein Faktor des rechten Produkts.
Ist $k < l$, so ist

$$(\sigma(\alpha_j) - \sigma(\alpha_i))^2 = (\alpha_k - \alpha_l)^2 = (\alpha_l - \alpha_k)^2$$

ebenfalls ein Faktor des rechten Produkts.
Die umgekehrte Richtung ergibt sich aus der Surjektivität von σ. Die beiden Produkte sind also gleich.
Es folgt $\sigma(D) = D$ für alle $\sigma \in \text{Gal}(K|k)$, also

$$D \in \bigcap_{\sigma \in \text{Gal}(K|k)} \text{Fix}(\sigma) = k.$$

b) Sei $\sigma \in G$ und $\tilde{\sigma} \in S_n$ die zu σ gehörige Permutation der Indizes von $\alpha_1, \ldots, \alpha_n$. Dann gilt:

$$\sigma(\Delta) = \Delta \Leftrightarrow \prod_{1 \leq i < j \leq n} (\sigma(\alpha_j) - \sigma(\alpha_i)) = \prod_{1 \leq i < j \leq n} (\alpha_j - \alpha_i)$$

$$\Leftrightarrow \prod_{1 \leq i < j \leq n} \frac{\sigma(\alpha_j) - \sigma(\alpha_i)}{\alpha_j - \alpha_i} = 1$$

$$\Leftrightarrow \prod_{1 \leq i < j \leq n} \frac{\tilde{\sigma}(j) - \tilde{\sigma}(i)}{j - i} = 1$$

$$\overset{1.88}{\Leftrightarrow} \text{sign}(\tilde{\sigma}) = 1$$

$\Leftrightarrow \sigma$ definiert eine gerade Permutation der $\alpha_1, \ldots, \alpha_n$.

Somit ist $\Delta \in \bigcap_{\sigma \in G} \text{Fix}(\sigma) = k$ genau dann, wenn alle Elemente der Galoisgruppe gerade Permutationen der Nullstellen definieren.

c) Die Nullstellen von f sind

$$x_1 = \sqrt{-a + \sqrt{a^2 - b}}, \quad x_2 = -\sqrt{-a + \sqrt{a^2 - b}},$$
$$x_3 = \sqrt{-a - \sqrt{a^2 - b}}, \quad x_4 = -\sqrt{-a - \sqrt{a^2 - b}}.$$

Damit gilt wegen $x_1 = -x_2$ und $x_3 = -x_4$

$$\begin{aligned}
D &= \Delta^2 \\
&= (x_2 - x_1)^2 (x_3 - x_1)^2 (x_4 - x_1)^2 (x_3 - x_2)^2 (x_4 - x_2)^2 (x_4 - x_3)^2 \\
&= 4(-a + \sqrt{a^2 - b})(x_3^2 - x_1^2)^4 4(-a - \sqrt{a^2 - b}) \\
&= 16b(-a - \sqrt{a^2 - b} - (-a + \sqrt{a^2 - b}))^4 \\
&= 16b(-2\sqrt{a^2 - b})^4 \\
&= 16^2 b(a^2 - b)^2.
\end{aligned}$$

Sei nun $\sqrt{b} \in \mathbb{Q}$. Dann gilt

$$\Delta = \sqrt{16^2 b(a^2-b)^2} = 16\sqrt{b}|a^2-b| \in \mathbb{Q}.$$

Mit Teilaufgabe b) folgt, dass die Galoisgruppe eine Untergruppe von A_4 ist.

Der Zerfällungskörper von f ist $\mathbb{Q}(x_1,x_3)$. Der Körper $\mathbb{Q}(x_1)$ hat Grad 4 über $\mathbb{Q}$. Wegen $x_1 x_3 = \sqrt{b} \in \mathbb{Q}$ ist $x_3 \in \mathbb{Q}(x_1)$ und nach der Gradformel gilt $[\mathbb{Q}(x_1,x_3) : \mathbb{Q}] = 4$. Die Galoisgruppe von f hat also Ordnung 4. Einzige Untergruppe von A_4 der Ordnung 4 ist die Kleinsche Vierergruppe V_4. Folglich ist $G \cong \mathbb{Z}/2\mathbb{Z} \times \mathbb{Z}/2\mathbb{Z}$.

Ist umgekehrt $G \cong \mathbb{Z}/2\mathbb{Z} \times \mathbb{Z}/2\mathbb{Z}$, so ist G als Untergruppe von S_4 zu einer der Gruppen

$$\{\text{id}, (12), (34), (12)(34)\},$$
$$\{\text{id}, (13), (24), (13)(24)\},$$
$$\{\text{id}, (14), (23), (14)(23)\},$$
$$\{\text{id}, (12)(34), (13)(24), (14)(23)\},$$

isomorph. Wegen $x_2 = -x_1$ und $x_4 = -x_3$ kann G nur zu

$$\{\text{id}, (12)(34), (13)(24), (14)(23)\}$$

isomorph sein. Die Bahn von $\sqrt{b} = x_1 x_3$ unter G (1.65) ist

$$\{x_1 x_3, x_2 x_4, x_3 x_1, x_4 x_2\}$$
$$= \{x_1 x_3, (-x_1)(-x_3), x_1 x_3, (-x_3)(-x_1)\}$$
$$= \{\sqrt{b}\}.$$

Alle Automorphismen von $\mathbb{Q}(x_1,x_3)$ lassen also $\sqrt{b}$ fest, woraus $\sqrt{b} \in \mathbb{Q}$ folgt.

FJ05-II-1

Aufgabe

Beweisen Sie den Satz von Lagrange: Ist G eine endliche Gruppe und $H \leq G$ eine Untergruppe, so ist $|H|$ ein Teiler von $|G|$.

Lösung

Für $g \in G$ sei $Hg = \{hg \mid h \in H\}$ die Rechtsnebenklasse von g bezüglich H (1.31). Die Abbildung $\tau : H \to Hg$ definiert durch $h \mapsto hg$ ist injektiv, denn aus $hg = h'g$ folgt $h = h'$. Es folgt $|H| = |Hg|$.

Sei $g \in G$. Dann ist g Element von Hg, da die Untergruppe H das neutrale Element enthält. Somit ist $G = \bigcup_{g \in G} Hg$.

Ist $x \in Hg_1 \cap Hg_2$, so gibt es Elemente $h_1, h_2 \in H$ mit $x = h_1 g_1 = h_2 g_2$. Es folgt $g_1 = h_1^{-1} h_2 g_2$. Ist nun $y = hg_1$ ein beliebiges Element in Hg_1, dann gilt

$$y = hg_1 = hh_1^{-1} h_2 g_2 \in Hg_2$$

und damit $Hg_1 \subseteq Hg_2$. Analog folgt umgekehrt $Hg_1 \supseteq Hg_2$. Somit sind zwei Rechtsnebenklassen entweder disjunkt oder gleich.

Ist n die Anzahl der verschiedenen Rechtsnebenklassen von H, so ergibt sich also

$$|G| = n \cdot |Hg| = n \cdot |H|.$$

Die Ordnung der Untergruppe H ist folglich ein Teiler der Ordnung von G.

FJ05-II-2

Aufgabe

a) Zeigen Sie, dass eine nichtabelsche einfache Untergruppe der symmetrischen Gruppe S_6 bereits in der alternierenden Gruppe A_6 liegt.

b) Zeigen Sie, dass es keine einfache Gruppe der Ordnung 120 gibt.

Lösung

a) Sei U eine nichtabelsche einfache Untergruppe von S_6 (1.41). Bekanntlich ist A_6 Normalteiler vom Index 2 in S_6 (1.90).

Angenommen U ist nicht ganz in A_6 enthalten. Dann gilt

$$|UA_6| \geq 2 \cdot |A_6| = |S_6| \Rightarrow UA_6 \stackrel{1.70}{=} \langle U \cup A_6 \rangle = S_6.$$

Nach dem zweiten Isomorphiesatz (1.54) ist $U \cap A_6$ ein Normalteiler von U. Da U einfach ist, gilt $U \cap A_6 = \{\text{id}\}$ oder $U \cap A_6 = U$. Wegen der Voraussetzung $U \not\subseteq A_6$ folgt $U \cap A_6 = \{\text{id}\}$.

Da U nichtabelsch ist, enthält U neben id mindestens zwei weitere Elemente (1.19, 1.22). Seien $\sigma, \tau \in U \setminus \{\text{id}\}$. Wegen $\sigma, \tau \notin A_6$ gilt

$$\text{sign}(\sigma) = \text{sign}(\tau) = -1.$$

Da U eine Untergruppe ist, enthält U auch $\sigma \circ \tau$. Nun folgt aus

$$\text{sign}(\sigma \circ \tau) = \text{sign}(\sigma) \cdot \text{sign}(\tau) \stackrel{1.88}{=} 1,$$

dass $\sigma \circ \tau = \text{id}$ ist, und damit, dass $\sigma \circ \tau = \tau \circ \sigma$ gilt. Somit sind je zwei beliebige Elemente von U vertauschbar und U ist abelsch. Widerspruch.

Es folgt $U \subseteq A_6$.

b) Sei U eine einfache Gruppe der Ordnung $120 = 5 \cdot 3 \cdot 2^3$. Dann ist U nichtabelsch, denn sonst wäre jede Untergruppe Normalteiler und U also nicht einfach (1.41, 1.37). Nach den Sylow-Sätzen (1.79) ist die Anzahl der 5-Sylow-Untergruppen in U entweder 1 oder 6. Da U einfach ist und die einzige 5-Sylow-Untergruppe ein Normalteiler wäre (1.43), folgt, dass es 6 zueinander konjugierte 5-Sylow-Untergruppen $P_1, \ldots, P_6$ in U gibt. Wir betrachten die Abbildung

$$\begin{aligned} \gamma : U \times \{P_1, \ldots, P_6\} &\to \{P_1, \ldots, P_6\} \\ (g, P_i) &\mapsto g P_i g^{-1}. \end{aligned}$$

Wegen $\gamma(e, P_i) = P_i$ und

$$\gamma(gh, P_i) = gh P_i (gh)^{-1} = gh P_i h^{-1} g^{-1} = \gamma(g, \gamma(h, P_i))$$

ist γ eine Gruppenoperation (1.61).

Somit gibt es einen Homomorphismus $\varphi : U \to S_{\{P_1, \ldots, P_6\}} \cong S_6$ (1.62). Dieser ist mittels γ gegeben durch $\varphi(a)(P_i) = \gamma(a, P_i)$, also

$$\begin{aligned} \varphi : U &\to S_{\{P_1, \ldots, P_6\}} \\ a &\mapsto \gamma(a, \cdot). \end{aligned}$$

Es gilt

$$\begin{aligned} \ker(\varphi) &= \{a \in U : \gamma(a, \cdot) = \text{id}\} \\ &= \{a \in U : \forall P_i \in \{P_1, \ldots, P_6\} : a P_i a^{-1} = P_i\}. \end{aligned}$$

Da $\ker(\varphi)$ ein Normalteiler von U ist (1.50), folgt wegen der Einfachheit von U, dass $\ker(\varphi) = \{e\}$ oder $\ker(\varphi) = U$ gilt. Letzteres ist ausgeschlossen, da P_i wiederum wegen der Einfachheit von U kein Normalteiler ist. Somit ist φ injektiv (1.11) und es folgt, dass U eine nichtabelsche einfache Untergruppe von S_6 ist.

Nach Teilaufgabe a) liegt U also in A_6. Da $[A_6 : U] = 3$ und 360 kein Teiler von $3!$ ist, besitzt A_6 nach dem Existenzsatz für Normalteiler (1.45) einen echten Normalteiler. Widerspruch zur Einfachheit von A_6 (1.91).

FJ05-II-3

Aufgabe

Seien R und S Ringe (mit 1). Zeigen Sie, dass die (zweiseitigen) Ideale des direkten Produktes $R \times S$ die Form $I \times J$ haben mit Idealen I bzw. J von R bzw. S.

Lösung

Ist I ein Ideal in R und J ein Ideal in S (2.14), so ist offensichtlich $I \times J$ ein Ideal in $R \times S$ (2.4).
Ist umgekehrt A ein Ideal in $R \times S$, so seien

$$I := \{a \in R \,|\, (a,0) \in A\} \text{ und } J := \{b \in S \,|\, (0,b) \in A\}.$$

Es gilt

$$(a,b) \in A \Rightarrow (1,0) \cdot (a,b) = (a,0) \in A \Rightarrow a \in I,$$
$$(a,b) \in A \Rightarrow (0,1) \cdot (a,b) = (0,b) \in A \Rightarrow b \in J \text{ und}$$
$$(a \in I \wedge b \in J) \Rightarrow ((a,0) \in A \wedge (0,b) \in A) \Rightarrow (a,0)+(0,b) = (a,b) \in A,$$

also ist $A = I \times J$.
Sind $a, a' \in I$, so gilt $(a,0), (a',0) \in A$. Da A ein Ideal ist, ist

$$(a,0) - (a',0) = (a-a',0) \in A$$

und folglich $a - a' \in I$.
Sind $r \in R$ und $a \in I$, dann ist $(a,0) \in A$, und es ist $(r,0) \in R \times S$. Da A ein Ideal ist, ist

$$(r,0) \cdot (a,0) = (ra,0) \in A$$

und damit $ra \in I$.
I ist also ein Ideal in R. Analog folgt, dass J ein Ideal in S ist.

FJ05-II-4

Aufgabe

Es seien p und q Primzahlen. Bestimmen Sie die Anzahl der irreduziblen normierten Polynome vom Grad q über dem Körper $\mathbb{F}_p$.

Lösung

Ist f ein normiertes irreduzibles Polynom vom Grad q über $\mathbb{F}_p$ und α eine Nullstelle von f, so ist f das Minimalpolynom von α über $\mathbb{F}_p$ (3.18). Der Erweiterungskörper $\mathbb{F}_p(\alpha)$ hat dann Grad q über $\mathbb{F}_p$ (3.19). Da q eine Primzahl ist, hat $\mathbb{F}_{p^q}|\mathbb{F}_p$ keine Zwischenkörper (3.69). Das Element α erzeugt also den Körper $\mathbb{F}_{p^q}$ über $\mathbb{F}_p$.
Ist umgekehrt α ein primitives Element der Körpererweiterung $\mathbb{F}_{p^q}|\mathbb{F}_p$ (3.33), so hat sein Minimalpolynom Grad q und ist normiert und irreduzibel.

Da die Körpererweiterung $\mathbb{F}_{p^q}|\mathbb{F}_p$ keine Zwischenkörper besitzt, ist jedes Element von $\mathbb{F}_{p^q} \setminus \mathbb{F}_p$ ein primitives Element dieser Körpererweiterung. Weiter sind die Minimalpolynome separabel (3.27, 3.29, 3.31), jedes Minimalpolynom ist also Minimalpolynom von q verschiedenen primitiven Elementen. Somit gibt es nach obigen Überlegungen genau

$$\frac{p^q - p}{q}$$

normierte irreduzible Polynome vom Grad q über $\mathbb{F}_p$.

FJ05-II-5

Aufgabe

Beweisen Sie mit Mitteln der Algebra, dass das regelmäßige Fünfeck mit Zirkel und Lineal konstruierbar ist, das regelmäßige Siebeneck aber nicht.

Lösung

Um das regelmäßige Fünfeck konstruieren zu können, müssen die Punkte 1, $\zeta := e^{\frac{2\pi i}{5}}, \zeta^2, \zeta^3$ und ζ^4 konstruierbar sein (5.2). Der Punkt 1 ist konstruierbar, und falls ζ konstruierbar ist, sind auch die Potenzen von ζ konstruierbar (5.3). Nach Satz 5.5 ist ζ genau dann konstruierbar, wenn der Zerfällungskörper L des Minimalpolynoms f von ζ über $\mathbb{Q}$ Grad 2^m hat für ein $m \in \mathbb{N}$. Nach den Sätzen 3.62 und 3.58 ist

$$f = X^4 + X^3 + X^2 + X + 1$$

und nach 3.55 und 3.63 hat $L = \mathbb{Q}(\zeta)$ über $\mathbb{Q}$ Grad $4 = 2^2$.

Um das regelmäßige Siebeneck konstruieren zu können, muss $\xi := e^{\frac{2\pi i}{7}}$ konstruierbar sein. Angenommen, ξ ist konstruierbar. Dann gilt nach Satz 5.4

$$[\mathbb{Q}(\xi) : \mathbb{Q}] = 2^m$$

für ein $m \in \mathbb{N}$. Nach Satz 3.63 ist aber $[\mathbb{Q}(\xi) : \mathbb{Q}] = 6$. Widerspruch.

FJ05-III-1

Aufgabe

Zeigen Sie: Jede endliche Körpererweiterung L über K ist algebraisch.

Lösung

Ist $L|K$ endlich, so ist L ein K-Vektorraum endlicher Dimension $n = [L : K]$ (3.13). Sei $a \in L$. Dann sind die $n+1$ Elemente $1, a, a^2, \ldots, a^n$ linear abhängig (6.3). Es gibt also eine Darstellung

$$\sum_{i=0}^{n} k_i a^i = 0 \text{ mit } k_i \in K \text{ und } k_i \text{ nicht alle Null (6.2).}$$

Das Polynom $f = k_0 + k_1 x + \ldots + k_n x^n \in K[x]$ hat also a als Nullstelle und a ist somit algebraisch über K (3.15).

FJ05-III-2

Aufgabe

a) Geben Sie eine Gruppe mit genau 16 Untergruppen an.

b) Geben Sie einen Körper mit genau 16 Teilkörpern an.

Lösung

a) Nach Lagrange sind die Ordnungen von Untergruppen Teiler der Gruppenordnung (1.34). Zyklische Gruppen besitzen zudem zu jedem Teiler der Gruppenordnung genau eine Untergruppe dieser Ordnung (1.26). Die Zahl 2^{15} hat offensichtlich genau 16 Teiler. Somit hat die zyklische Gruppe $(\mathbb{Z}/2^{15}\mathbb{Z}, +)$ genau 16 Untergruppen.

b) Ist $(\mathbb{Z}/2^{15}\mathbb{Z}, +)$ die Galoisgruppe einer Körpererweiterung $L|K$, so definiert nach dem Hauptsatz der Galoistheorie (3.44) jede Untergruppe genau einen Zwischenkörper von $L|K$. Hat K keine Teilkörper, so haben wir einen Körper L mit genau 16 Teilkörpern gefunden.

Die Galoisgruppe von $L|K$ mit $K = \mathbb{F}_2$ und $L = \mathbb{F}_{2^{2^{15}}}$ ist zyklisch der Ordnung 2^{15} (3.69) und K hat keine echten Teilkörper. Der Körper $\mathbb{F}_{2^{2^{15}}}$ hat also genau 16 Teilkörper.

FJ05-III-3

Aufgabe

Geben Sie explizit einen Ring-Isomorphismus

$$\phi : \mathbb{Z}/1000\mathbb{Z} \to \mathbb{Z}/8\mathbb{Z} \times \mathbb{Z}/125\mathbb{Z}$$

und seine Umkehrung ϕ^{-1} an.

Lösung

Wegen $\operatorname{ggT}(8, 125) = 1$ ist der kanonische Homomorphismus

$$\varphi : \quad \mathbb{Z}/1000\mathbb{Z} \to \mathbb{Z}/8\mathbb{Z} \times \mathbb{Z}/125\mathbb{Z}$$
$$n + 1000\mathbb{Z} \mapsto (n + 8\mathbb{Z}, n + 125\mathbb{Z})$$

nach dem Chinesischen Restsatz (2.48) ein Isomorphismus.

Um die Umkehrung angeben zu können, lösen wir die Kongruenzen:

$$x \equiv 1 \mod 8 \text{ und } x \equiv 0 \mod 125,$$
$$y \equiv 0 \mod 8 \text{ und } y \equiv 1 \mod 125.$$

Dafür berechnen wir mit dem euklidischen Algorithmus (2.40) eine Darstellung

$$1 = 47 \cdot 8 - 3 \cdot 125.$$

Es folgt

$$(a + 8\mathbb{Z}, b + 125\mathbb{Z}) = (47 \cdot 8b - 3 \cdot 125a + 8\mathbb{Z}, 47 \cdot 8b - 3 \cdot 125a + 125\mathbb{Z})$$
$$= (376b - 375a + 8\mathbb{Z}, 376b - 375a + 125\mathbb{Z}).$$

Sei nun

$$\tau : \mathbb{Z}/8\mathbb{Z} \times \mathbb{Z}/125\mathbb{Z} \to \mathbb{Z}/1000\mathbb{Z}$$
$$(a + 8\mathbb{Z}, b + 125\mathbb{Z}) \mapsto 376b - 375a + 1000\mathbb{Z},$$

dann gilt

$$(\varphi \circ \tau)(a + 8\mathbb{Z}, b + 125\mathbb{Z}) = \varphi(376b - 375a + 1000\mathbb{Z})$$
$$= (376b - 375a + 8\mathbb{Z}, 376b - 375a + 125\mathbb{Z})$$
$$= (a + 8\mathbb{Z}, b + 125\mathbb{Z})$$

und

$$(\tau \circ \varphi)(n + 2008\mathbb{Z}) = \tau(n + 8\mathbb{Z}, n + 125\mathbb{Z})$$
$$= (376n - 375n + 1000\mathbb{Z}) = (n + 1000\mathbb{Z}),$$

also $\varphi \circ \tau = \tau \circ \varphi = \mathrm{id}$. Damit ist φ die gesuchte Abbildung ϕ und τ die Umkehrabbildung ϕ^{-1}.

FJ05-III-4

Aufgabe

Hat die Gleichung
$$x^2 + 91y = 5$$
eine ganzzahlige Lösung? Begründen Sie Ihre Antwort.

Lösung

Angenommen, es gibt $x, y \in \mathbb{Z}$ mit $x^2 + 91y = 5$. Dann ist

$$x^2 \equiv 5 \mod 7.$$

In $\mathbb{Z}/7\mathbb{Z}$ gilt aber

$$0^2 = 0, \quad 1^2 = 1, \quad 2^2 = 4, \quad 3^2 = 2, \quad 4^2 = 2, \quad 5^2 = 4, \quad 6^2 = 1.$$

Widerspruch. Die Gleichung hat also keine ganzzahlige Lösung.

Alternative Lösung: Ist $x^2 \equiv 5 \mod 7$, also 5 ein quadratischer Rest modulo 7 (4.8), so gilt
$$\left(\frac{5}{7}\right) = 1 \quad (4.9).$$

Das Eulersche Kriterium (4.10) liefert aber
$$\left(\frac{5}{7}\right) \equiv 5^3 \equiv 125 \equiv 6 \equiv -1 \mod 7.$$

Widerspruch.

FJ05-III-5

Aufgabe

Sei $f = X^n - a$ ein über $\mathbb{Q}$ irreduzibles Polynom mit abelscher Galoisgruppe $\text{Gal}(f|\mathbb{Q})$. Zeigen Sie, dass n eine Potenz von 2 ist.
(Hinweis: Zeigen Sie zunächst, dass $\text{Gal}(f|\mathbb{Q})$ nichtabelsch ist, wenn n eine ungerade Primzahl ist.)

Lösung

Sei n eine ungerade Primzahl, also $n > 2$. Sei ζ_n eine primitive n-te Einheitswurzel (3.51). Dann sind
$$\sqrt[n]{a}, \sqrt[n]{a}\zeta_n, \sqrt[n]{a}\zeta_n^2, \ldots, \sqrt[n]{a}\zeta_n^{n-1}$$
die Nullstellen von f in $\overline{\mathbb{Q}}$. Der Zerfällungskörper Z_f von f (3.35) ist also
$$\mathbb{Q}(\sqrt[n]{a}, \sqrt[n]{a}\zeta_n, \sqrt[n]{a}\zeta_n^2, \ldots, \sqrt[n]{a}\zeta_n^{n-1}) = \mathbb{Q}(\sqrt[n]{a}, \zeta_n).$$

Die Galoisgruppe $\text{Gal}(f, \mathbb{Q}) = \text{Gal}(Z_f|\mathbb{Q})$ (3.46) enthält die beiden Automorphismen

$$\begin{aligned}\sigma : Z_f &\to Z_f \\ \sqrt[n]{a} &\mapsto \sqrt[n]{a}\zeta_n \\ \zeta_n &\mapsto \zeta_n\end{aligned} \quad \text{und} \quad \begin{aligned}\tau : Z_f &\to Z_f \\ \sqrt[n]{a} &\mapsto \sqrt[n]{a} \\ \zeta_n &\mapsto \zeta_n^2.\end{aligned}$$

Es gilt aber
$$\sigma \circ \tau(\sqrt[n]{a}) = \sqrt[n]{a}\zeta_n \neq \sqrt[n]{a}\zeta_n^2 = \tau \circ \sigma(\sqrt[n]{a}).$$

Die Galoisgruppe ist also nicht abelsch im Widerspruch zur Voraussetzung.

Nun sei n eine natürliche Zahl, die eine ungerade Primzahl als Teiler hat, also $n = m \cdot p$ für eine Primzahl $p > 2$.
Sei ζ_p eine primitive p-te Einheitswurzel. Dann gilt

$$(\sqrt[n]{a}\zeta_p)^n - a = a\zeta_p^{m \cdot p} - a = a \cdot 1^m - a = 0.$$

Also ist $\sqrt[n]{a}\zeta_p$ eine Nullstelle von $X^n - a$ und damit Element des Zerfällungskörpers Z_f von f. Da auch $\sqrt[n]{a} \in Z_f$ ist, gilt

$$\sqrt[n]{a}^{-1} \sqrt[n]{a}\zeta_p = \zeta_p \in Z_f \text{ und } \sqrt[n]{a}^m = \sqrt[p]{a} \in Z_f.$$

Der Körper $\mathbb{Q}(\sqrt[p]{a}, \zeta_p)$ ist also ein Teilkörper von Z_f. Da $\mathbb{Q}(\sqrt[p]{a}, \zeta_p)$ eine Galois-Erweiterung von $\mathbb{Q}$ ist, ist $\mathrm{Gal}(Z_f|\mathbb{Q}(\sqrt[p]{a}, \zeta_p))$ ein Normalteiler von $\mathrm{Gal}(f|\mathbb{Q})$ (3.44) und es gilt

$$\mathrm{Gal}(\mathbb{Q}(\sqrt[p]{a}, \zeta_p)|\mathbb{Q}) = \mathrm{Gal}(f|\mathbb{Q})/\mathrm{Gal}(Z_f|\mathbb{Q}(\sqrt[p]{a}, \zeta_p)).$$

Von $\mathrm{Gal}(\mathbb{Q}(\sqrt[p]{a}, \zeta_p)|\mathbb{Q})$ haben wir bereits gezeigt, dass sie nicht abelsch ist. Somit ist auch $\mathrm{Gal}(f|\mathbb{Q})$ nicht abelsch im Widerspruch zur Voraussetzung.

Hat n einen ungeraden Primteiler, so ist die Galoisgruppe von $f = X^n - a$ also nicht abelsch. Folglich ist n eine Potenz von 2.

11. Prüfungstermin Herbst 2005

H05-I-1

Aufgabe

Beweisen Sie oder widerlegen Sie:

a) $\sqrt{35}$ ist rational.

b) Es gibt unendlich viele Primzahlen.

c) Für unendlich viele ganze Zahlen n sind die beiden Zahlen $77n+1$ und $143n+2$ nicht teilerfremd.

Lösung

a) Angenommen, es gilt $\sqrt{35} = \frac{a}{b}$ für teilerfremde ganze Zahlen a, b mit $b \neq 0$. Dann folgt:

$$\sqrt{35}b = a \Rightarrow 35b^2 = a^2 \stackrel{\text{ggT}(a,b)=1}{\Rightarrow} a^2 \mid 5 \cdot 7 \Rightarrow a^2 = 1$$
$$\Rightarrow 35b^2 = 1 \Rightarrow 35 \mid 1.$$

Widerspruch. Die Zahl $\sqrt{35}$ ist also nicht rational.

b) Angenommen, es gibt nur endliche viele Primzahlen $p_1, \ldots, p_n$ und p_n ist die größte unter ihnen. Wegen $p_1 \cdot \ldots \cdot p_n + 1 > p_n$ ist $p_1 \cdot \ldots \cdot p_n + 1$ keine Primzahl. Mindestens eine Primzahl p_i ist demnach Teiler von $p_1 \cdots p_n + 1$ und damit von 1. Widerspruch.

c) Der euklidische Algorithmus (2.40)

$$143n + 2 = 77n + 1 + 66n + 1$$
$$77n + 1 = 66n + 1 + 11n$$
$$66n + 1 = 6 \cdot 11n + 1$$

liefert

$$\text{ggT}(77n+1, 143n+2) = 1$$

für alle $n \in \mathbb{Z}$. Aussage c) ist demnach falsch.

H05-I-2

Aufgabe

Sei $n \geq 2$ eine natürliche Zahl und sei S_n die Gruppe der Permutationen von $\{1, 2, \ldots, n\}$. Es bezeichne α den n-Zyklus $(1, 2, \ldots, n)$ und H die von α erzeugte Untergruppe in S_n, ferner sei

$$G = \{\sigma \in S_n ; \sigma(n) = n\}.$$

Zeigen Sie:

a) Die Multiplikationsabbildung

$$H \times G \to S_n, \ (\alpha^l, \sigma) \mapsto \alpha^l \sigma$$

ist bijektiv.

b) Für $n \geq 4$ ist H kein Normalteiler von S_n.

c) Zu jedem $\sigma \in G$ und jedem l mit $1 \leq l \leq n$ existiert ein $\rho \in G$ mit $\sigma \alpha^l = \alpha^{\sigma(l)} \rho$.

Lösung

a) Injektivität:
Sei $\alpha^l \sigma = \alpha^m \tau$. Dann gilt $\sigma = \alpha^{m-l} \tau$ und damit

$$n = \sigma(n) = (\alpha^{m-l} \tau)(n) = \alpha^{m-l}(n).$$

Einziges Element aus $\langle \alpha \rangle$, das n festlässt, ist die identische Abbildung und folglich gilt $(\alpha^l, \sigma) = (\alpha^m, \tau)$.

Surjektivität:
Sei $\tau \in S_n$. Ist $\tau(n) = n$, so ist τ das Bild von (id, τ). Sei andernfalls $\tau(n) = k$ für ein $k \in \{1, \ldots, n-1\}$. Es gilt

$$\begin{aligned} \alpha(k) &= k+1, \\ \alpha^2(k) &= k+2, \\ &\vdots \\ \alpha^{n-k}(k) &= k + n - k = n. \end{aligned}$$

Somit ist $\alpha^{n-k} \tau \in G$ und τ ist das Bild von $(\alpha^{k-n}, \alpha^{n-k} \tau)$.

b) Sei $\sigma = (1,2)$. Dann ist

$$\sigma \alpha \sigma^{-1} = (\sigma(1), \sigma(2), \ldots, \sigma(n)) = (2, 1, 3, 4, \ldots, n).$$

Nun gilt:
$$\begin{aligned}
\alpha(3) &= 4 \\
\alpha^k(3) &= 3+k \text{ für } k = 2, \ldots, n-3 \\
\alpha^{n-2}(3) &= 1 \\
\alpha^{n-1}(3) &= 2 \\
\alpha^n(3) &= 3.
\end{aligned}$$

Die einzige Permutation in $\langle \alpha \rangle$, die 3 auf 4 abbildet, ist α. Offensichtlich ist $\sigma \alpha \sigma^{-1}$ aber ungleich α und demnach kein Element von H. Also ist H kein Normalteiler von S_n, denn sonst müsste für alle $\sigma \in S_n$ gelten $\sigma \alpha \sigma^{-1} \in H$.

c) Seien $\sigma \in G$ und $1 \leq l \leq n$. Dann gilt:

$$\begin{aligned}
((\alpha^{\sigma(l)})^{-1} \sigma \alpha^l)(n) &= (\alpha^{\sigma(l)})^{-1}(\sigma(l)) = \alpha^{n-\sigma(l)}(\sigma(l)) \\
&= \sigma(l) + n - \sigma(l) = n.
\end{aligned}$$

Somit ist $(\alpha^{\sigma(l)})^{-1} \sigma \alpha^l \in G$ und mit $\rho = (\alpha^{\sigma(l)})^{-1} \sigma \alpha^l$ gilt $\sigma \alpha^l = \alpha^{\sigma(l)} \rho$.

H05-I-3

Aufgabe

Sei p eine Primzahl, sei $\zeta = \exp \frac{2\pi i}{p}$ und sei R der kleinste Unterring von $\mathbb{C}$, der $\mathbb{Z}$ und ζ enthält. Zeigen Sie:

a) $1, \zeta, \zeta^2, \ldots, \zeta^{p-2}$ ist eine $\mathbb{Z}$-Basis von R.

b) Sei $a \in \mathbb{Z}$. Dann gibt es einen Ringisomorphismus

$$\mathbb{Z}/\left(\sum_{l=0}^{p-1} a^l\right) \xrightarrow{\cong} R/(a - \zeta).$$

c) $2 - \zeta$ ist genau dann Primelement in R, wenn $2^p - 1$ Primzahl ist.

Lösung

Sei R der kleinste Unterring von $\mathbb{C}$, der $\mathbb{Z}$ und ζ enthält. Dann ist

$$R = \mathbb{Z}[\zeta] := \{g(\zeta) : g \in \mathbb{Z}[x]\} \quad (2.3)$$

und kann als $\mathbb{Z}$-Modul (6.6) aufgefasst werden.

a) Um zu beweisen, dass $1, \zeta, \zeta^2, \ldots, \zeta^{p-2}$ eine $\mathbb{Z}$-Basis von R ist, muss man zeigen, dass diese Menge ein Erzeugendensystem von R ist und jedes Element in R eine eindeutige Darstellung bzgl. dieser Menge hat (6.7).

Es gilt

$$\mathbb{Z}[\zeta] = \{g(\zeta) : g \in \mathbb{Z}[x]\} \stackrel{\zeta^p = 1}{=} \left\{\sum_{k=0}^{p-1} a_k \zeta^k : a_k \in \mathbb{Z}\right\}$$

und $\zeta^p - 1 = (\zeta - 1)(\zeta^{p-1} + \zeta^{p-2} + \ldots + 1) = 0$, wegen $(\zeta - 1) \neq 0$ also

$$\zeta^{p-1} = -(\zeta^{p-2} + \ldots + 1).$$

Folglich ist $\mathbb{Z}[\zeta] = \{\sum_{k=0}^{p-2} a_k \zeta^k : a_k \in \mathbb{Z}\}$ und

$$\{1, \zeta, \zeta^2, \ldots, \zeta^{p-2}\}$$

ist ein Erzeugendensystem für $\mathbb{Z}[\zeta]$.

Das Minimalpolynom von ζ über $\mathbb{Q}$ ist $X^{p-1} + X^{p-2} + \ldots + X + 1$ (3.58, 3.62). Angenommen, für $g(\zeta) \in \mathbb{Z}[\zeta] \setminus \{0\}$ gibt es zwei verschiedene Darstellungen

$$g(\zeta) = a_0 + a_1 \zeta + \ldots + a_{p-2} \zeta^{p-2} = b_0 + b_1 \zeta + \ldots + b_{p-2} \zeta^{p-2}.$$

Dann gilt

$$(a_0 - b_0) + (a_1 - b_1)\zeta + \ldots + (a_{p-2} - b_{p-2})\zeta^{p-2} = 0,$$

es gibt also ein nichtkonstantes Polynom in $\mathbb{Z}[x] \subseteq \mathbb{Q}[x]$ vom Grad kleiner gleich $p - 2$, das ζ als Nullstelle hat. Widerspruch (3.17).

Somit ist $1, \zeta, \zeta^2, \ldots, \zeta^{p-2}$ eine $\mathbb{Z}$-Basis von $\mathbb{Z}[\zeta]$.

b) Sei φ_ζ der zu ζ gehörige Einsetzhomomorphismus (2.23). Sei $r \in R$. Nach Teilaufgabe a) gibt es eine eindeutige Darstellung

$$r = c_{p-2}\zeta^{p-2} + \cdots + c_1 \zeta + c_0$$

mit $c_0, \ldots, c_{p-2} \in \mathbb{Z}$. Somit gilt

$$\varphi_\zeta(c_{p-2}X^{p-2} + \cdots + c_1 X + c_0) = c_{p-2}\zeta^{p-2} + \cdots + c_1 \zeta + c_0 = r$$

und φ_ζ ist surjektiv.

Das Polynom $X^{p-1}+X^{p-2}+\cdots+X+1 \in \mathbb{Z}[X]$ ist das Minimalpolynom von ζ über $\mathbb{Q}$. Es teilt alle Polynome in $\mathbb{Z}[X]$, die ζ als Nullstelle haben (3.17). Somit gilt für den Kern von φ_ζ:

$$\begin{aligned}\ker(\varphi_\zeta) &= \{f(X) \in \mathbb{Z}[X] \mid f(\zeta) = 0\} \\ &= \{g(X) \cdot (X^{p-1}+X^{p-2}+\cdots+X+1) \mid g(X) \in \mathbb{Z}[X]\} \\ &= (X^{p-1}+X^{p-2}+\cdots+X+1) \subseteq \mathbb{Z}[X]\end{aligned}$$

Mit dem Homomorphiesatz (2.25) folgt, dass

$$\begin{aligned}\overline{\varphi_\zeta} : \mathbb{Z}[X]/\ker(\varphi_\zeta) &\to R \\ f + \ker(\varphi_\zeta) &\mapsto f(\zeta)\end{aligned}$$

ein Isomorphismus ist.

Nach dem Korrespondenzsatz (2.28) ist

$$(a - X, X^{p-1}+\cdots+X+1)$$

ein Ideal in $\mathbb{Z}[X]/(X^{p-1}+\cdots+X+1)$ und

$$\begin{aligned}&\overline{\varphi_\zeta}((a - X, X^{p-1}+\cdots+X+1)) \\ &= (\overline{\varphi_\zeta}(a - X), \overline{\varphi_\zeta}(X^{p-1}+\cdots+X+1)) \\ &= (a - \zeta, \zeta^{p-1}+\cdots+\zeta+1) \\ &= (a - \zeta)\end{aligned}$$

ist ein Ideal in R (2.22). Weiter gilt

$$(a - X, X^{p-1}+\cdots+X+1) = (a - X, a^{p-1}+\cdots+a+1)$$

und mit dem zweiten Isomorphiesatz (2.27) folgt somit

$$\begin{aligned}&R/(a - \zeta) \\ &\cong (\mathbb{Z}[X]/\ker(\varphi_\zeta))/((a - X, X^{p-1}+\cdots+X+1)/\ker(\varphi_\zeta)) \\ &\cong \mathbb{Z}[X]/(a - X, X^{p-1}+\cdots+X+1) \\ &= \mathbb{Z}[X]/(a - X, a^{p-1}+\cdots+a+1) \\ &\cong \mathbb{Z}[a]/(a^{p-1}+\cdots+a+1) \\ &= \mathbb{Z}/(a^{p-1}+\cdots+a+1).\end{aligned}$$

c) Das Element $2-\zeta$ ist genau dann ein Primelement in R, wenn das Ideal $(2-\zeta)$ ein Primideal in R ist (2.7, 2.14). Dies ist wegen Teilaufgabe b) genau dann der Fall, wenn das Ideal $(\sum_{l=0}^{p-1} 2^l)$ ein Primideal in $\mathbb{Z}$, also wenn $\sum_{l=0}^{p-1} 2^l = 2^p - 1$ prim in $\mathbb{Z}$ ist (2.33, 2.34).

H05-I-4

Aufgabe

Sei $L \subseteq \mathbb{C}$ der Zerfällungskörper des Polynoms $X^7 + 1 - i$ über $\mathbb{Q}(i)$. Für natürliche Zahlen n sei $\zeta_n = \exp \frac{2\pi i}{n}$. Zeigen Sie:

a) $\mathbb{Q}(\zeta_7, i) = \mathbb{Q}(\zeta_{28})$ und $[\mathbb{Q}(\zeta_7, i) : \mathbb{Q}(i)] = 6$.

b) $[L : \mathbb{Q}(i)] = 42$.

c) L ist abgeschlossen unter der komplexen Konjugation.

d) L ist Galoiserweiterung von $\mathbb{Q}$.

Lösung

a) Wegen $\zeta_7 = \zeta_{28}^4$ und $i = \zeta_4 = \zeta_{28}^7$ gilt $\mathbb{Q}(\zeta_7, i) \subseteq \mathbb{Q}(\zeta_{28})$. Aus

$$\zeta_{28} = e^{\frac{2\pi i}{28}} = e^{\frac{2\pi i}{28}} \cdot e^{\frac{28}{28} 2\pi i} = e^{\frac{58}{28} \pi i} = e^{\frac{3 \cdot 7 + 2 \cdot 4}{28} \pi i} = \zeta_4^3 \cdot \zeta_7^2$$

folgt $\mathbb{Q}(\zeta_7, i) \supseteq \mathbb{Q}(\zeta_{28})$, insgesamt also $\mathbb{Q}(\zeta_7, i) = \mathbb{Q}(\zeta_{28})$.

Das Polynom $g = x^6 + x^5 + x^4 + x^3 + x^2 + x + 1$ ist bekanntlich das Minimalpolynom von ζ_7 über $\mathbb{Q}$ (3.58, 3.62), also ist $[\mathbb{Q}(\zeta_7) : \mathbb{Q}] = 6$. Wäre $i \in \mathbb{Q}(\zeta_7)$, so würde

$$\mathbb{Q}(\zeta_7) = \mathbb{Q}(\zeta_7, i) = \mathbb{Q}(\zeta_{28})$$

folgen. Es gilt aber $\zeta_{28} \in \mathbb{Q}(\zeta_{28}) \setminus \mathbb{Q}(\zeta_7)$ und somit $[\mathbb{Q}(\zeta_7, i) : \mathbb{Q}(\zeta_7)] \geq 2$. Das Polynom $x^2 + 1$ ist Element von $\mathbb{Q}(\zeta_7)[x]$ und hat i als Nullstelle. Folglich ist $[\mathbb{Q}(\zeta_7, i) : \mathbb{Q}(\zeta_7)] = 2$. Nach der Gradformel (3.14) gilt

$$[\mathbb{Q}(\zeta_7, i) : \mathbb{Q}(i)][\mathbb{Q}(i) : \mathbb{Q}] = [\mathbb{Q}(\zeta_7, i) : \mathbb{Q}(\zeta_7)][\mathbb{Q}(\zeta_7) : \mathbb{Q}]$$
$$\Rightarrow [\mathbb{Q}(\zeta_7, i) : \mathbb{Q}(i)] \cdot 2 = 2 \cdot 6$$
$$\Rightarrow [\mathbb{Q}(\zeta_7, i) : \mathbb{Q}(i)] = 6.$$

b) Sei $f(X) = X^7 + 1 - i$. Es gilt

$$f(X) = 0$$
$$\Leftrightarrow X^7 = i - 1$$
$$\Leftrightarrow X \in \{\sqrt[7]{i-1}, \sqrt[7]{i-1}\zeta_7, \sqrt[7]{i-1}\zeta_7^2, \ldots, \sqrt[7]{i-1}\zeta_7^6\}$$
$$\stackrel{3.35}{\Rightarrow} L = \mathbb{Q}(\sqrt[7]{i-1}, \zeta_7, i).$$

Nach Teilaufgabe a) gilt $[\mathbb{Q}(\zeta_7, i) : \mathbb{Q}(i)] = 6$ und nach der Gradformel

$$[L : \mathbb{Q}(i)] = [L : \mathbb{Q}(\zeta_7, i)] \cdot [\mathbb{Q}(\zeta_7, i) : \mathbb{Q}(i)] = 6 \cdot [L : \mathbb{Q}(\zeta_7, i)]$$

und

$$[L : \mathbb{Q}(i)] = [L : \mathbb{Q}(\sqrt[7]{i-1}, i)] \cdot [\mathbb{Q}(\sqrt[7]{i-1}, i) : \mathbb{Q}(i)].$$

Im faktoriellen Ring $\mathbb{Z}[i]$ (2.38, 2.37, 2.43) sind alle Elemente mit Betrag 1 Einheiten. Angenommen, es gilt $1-i = x \cdot y$ mit Nichteinheiten $x, y \in \mathbb{Z}[i]$. Dann folgt

$$2 = |1 - i| = |x \cdot y| = |x| \cdot |y|$$

mit $|x|, |y| \in \mathbb{N} \setminus \{0, 1\}$. Widerspruch. Somit ist die Zahl $1-i$ irreduzibel und damit prim in $\mathbb{Z}[i]$ (2.34). Zudem teilt sie die Zahl $1 - i$, aber nicht den Leitkoeffizienten von f, und $(1-i)^2 = -2i$ teilt nicht $1-i$. Nach Eisenstein (2.57) ist f also irreduzibel in $\mathbb{Z}[i][x]$. Da $\mathbb{Q}(i)$ der Quotientenkörper von $\mathbb{Z}[i]$ ist, folgt mit Gauß (2.60), dass f irreduzibel in $\mathbb{Q}(i)[x]$ ist.

Das normierte Polynom f ist also das Minimalpolynom von $\sqrt[7]{i-1}$ über $\mathbb{Q}(i)$ (3.18) und folglich ist

$$[\mathbb{Q}(\sqrt[7]{i-1}, i) : \mathbb{Q}(i)] \stackrel{3.19}{=} \deg(f) = 7.$$

Insgesamt ergibt sich

$$6 \cdot [L : \mathbb{Q}(\zeta_7, i)] = 7 \cdot [L : \mathbb{Q}(\sqrt[7]{i-1}, i)] \Rightarrow 7 \mid [L : \mathbb{Q}(\zeta_7, i)]$$

und wegen $[L : \mathbb{Q}(\zeta_7, i)] \stackrel{3.19}{\leq} \deg(f) = 7$ folgt

$$[L : \mathbb{Q}(i)] = 42.$$

c) Wegen $\overline{\zeta_7} = \overline{e^{\frac{2\pi i}{7}}} = e^{-\frac{2\pi i}{7}} = \zeta_7^{-1} \in L$ und $\overline{i} = -i \in L$ bleibt nur noch $\sqrt[7]{i-1} \in L$ zu zeigen (3.7):

$$i - 1 = 2 e^{\frac{3 \cdot 2\pi i}{8}} \in L$$
$$\Rightarrow \sqrt[7]{i-1} = \sqrt[14]{2} e^{\frac{3\pi i}{28}} \in L$$
$$\Rightarrow \sqrt[14]{2} e^{\frac{3\pi i}{28}} \cdot \zeta_{28}^9 \cdot \zeta_7^4 \in L$$
$$\Rightarrow \sqrt[14]{2} e^{\frac{3}{28}\pi i + \frac{18}{28}\pi i + \frac{8}{7}\pi i} = \sqrt[14]{2} e^{\frac{53}{28}\pi i} = \sqrt[14]{2} e^{\frac{-3}{28}\pi i} \in L$$
$$\Rightarrow = \overline{\sqrt[7]{i-1}} = \overline{\sqrt[14]{2} e^{\frac{3}{28}\pi i}} = \sqrt[14]{2} e^{\frac{-3}{28}\pi i} \in L$$

d) Das Polynom $X^7 + 1 - i \in \mathbb{Q}(i)[X]$ hat Zerfällungskörper L. Betrachte nun das Polynom

$$g = (X^7 + 1 - i)(X^7 + \overline{(1-i)}) = X^{14} + 2X^7 + 2 \in \mathbb{Q}[X].$$

Der Körper L ist Zerfällungskörper von g, denn wegen Teilaufgabe c) liegen auch die Nullstellen von $(X^7 + \overline{(1-i)})$ in L. Außerdem ist g als Eisensteinpolynom für $p = 2$ irreduzibel (2.57) über dem vollkommenen Körper $\mathbb{Q}$, also separabel (3.29, 3.27). Somit ist L Zerfällungskörper eines über $\mathbb{Q}$ separablen Polynoms und damit Galoiserweiterung von $\mathbb{Q}$ (3.38).

H05-II-1

Aufgabe

Zeigen Sie, dass es zwei nichtisomorphe nichtabelsche Gruppen der Ordnung 20 gibt!

Lösung

Die Diedergruppe D_{10} ist bekanntlich eine nichtabelsche Gruppe der Ordnung 20 (1.94).

Die Untergruppe G von S_5, die von den beiden Elementen $a = (1, 2, 3, 4, 5)$ und $b = (2, 3, 5, 4)$ erzeugt wird, ist ebenfalls eine nichtabelsche Gruppe der Ordnung 20:

Wegen
$$bab^{-1} = (2, 3, 5, 4)(1, 2, 3, 4, 5)(2, 4, 5, 3) = (1, 3, 5, 2, 4) \in \langle a \rangle$$

ist $\langle a \rangle$ Normalteiler von G. Also ist $G = \langle a \rangle \langle b \rangle$ (1.70). Nach Lagrange (1.34) folgt aus $\mathrm{ggT}(\mathrm{ord}(a), \mathrm{ord}(b)) = 1$, dass $\langle a \rangle \cap \langle b \rangle = \{\mathrm{id}\}$ gilt. Folglich hat G die Ordnung $4 \cdot 5 = 20$ (1.70). Außerdem ist G nichtabelsch, denn es gilt zum Beispiel
$$(2, 3, 5, 4)(1, 2, 3, 4, 5) = (1, 3, 2, 5) \neq (2, 4, 3, 1) = (1, 2, 3, 4, 5)(2, 3, 5, 4).$$

Die Gruppe G hat mit b ein Element der Ordnung 4. Außerdem gilt
$$D_{10} = \langle \sigma, \tau \rangle = \{\mathrm{id}, \sigma, \sigma^2, \sigma^3, \ldots, \sigma^9, \tau, \tau\sigma, \tau\sigma^2, \tau\sigma^3, \ldots, \tau\sigma^9\}$$

mit $\mathrm{ord}(\sigma) = 10$, $\mathrm{ord}(\tau) = 2$ und $\sigma\tau\sigma = \tau$. Die Elemente $\tau\sigma^k$ haben für $k \in \{0, \ldots, 9\}$ wegen
$$\tau\sigma^k\tau\sigma^k = \tau\sigma^{k-1}\sigma\tau\sigma\sigma^{k-1} = \tau\sigma^{k-1}\tau\sigma^{k-1} = \ldots = \tau\tau = \mathrm{id}$$

die Ordnung 2. Da 4 kein Teiler von $10 = \mathrm{ord}(\sigma)$ ist, gibt es nach Lagrange auch kein Element σ^k mit $\mathrm{ord}(\sigma^k) = 4$. Also hat D_{10} kein Element der Ordnung 4 die Gruppen G und D_{10} sind nicht isomorph.

H05-II-2

Aufgabe

Sei G eine endliche Gruppe. Zeigen Sie:

a) Ist $\mathrm{Aut}(G)$ zyklisch, so ist G abelsch.

b) Ist $|\mathrm{Aut}(G)| = 2$, so ist G zyklisch der Ordnung $3, 4$ oder 6.

Lösung

a) Sei $\mathrm{Aut}(G)$ zyklisch und für $h \in G$ sei $\alpha_h : G \to G$ definiert durch $\alpha_h(g) = hgh^{-1}$. Die Menge H aller Abbildungen α_h ist bekanntlich eine Untergruppe von $\mathrm{Aut}(G)$. Da $\mathrm{Aut}(G)$ zyklisch ist, ist auch H zyklisch (1.20).

Sei $\varphi : G \to H$ definiert durch $h \mapsto \alpha_h$. Dann ist φ surjektiv, also gilt nach dem Homomorphiesatz (1.52) $G/\ker(\varphi) \cong H$. Es ist genau dann $\alpha_h = \mathrm{id}$, wenn h im Zentrum $Z(G)$ von G liegt (1.48). Also folgt $\ker(\varphi) = Z(G)$ und $G/Z(G)$ ist zyklisch. Damit gibt es ein $g \in G$, so dass $G/Z(G) = \langle gZ(G) \rangle$ gilt. Nun seien $a, b \in G$. Dann gibt es $u, v \in Z(G)$ und $k, l \in \mathbb{N}$, so dass

$$ab = g^k u g^l v = g^l g^{k-l} u g^{l-k} g^k v \stackrel{u,v \in Z(G)}{=} g^l v g^{k-l} g^{l-k} g^k u = g^l v g^k u = ba$$

gilt. Also ist G abelsch.

b) Im Folgenden sei mit C_m die zyklische Gruppe der Ordnung m bezeichnet.

Sei $|\mathrm{Aut}(G)| = 2$. Dann ist $\mathrm{Aut}(G)$ zyklisch (1.19). Nach Teilaufgabe a) ist G abelsch, also nach dem Hauptsatz über endliche abelsche Gruppen (1.30) isomorph zu einem bis auf die Reihenfolge der Faktoren eindeutigen direkten Produkt von zyklischen Gruppen. Bestünde dieses Produkt aus mehr als einem Faktor und wären mindestens zwei Faktoren dieses Produkts ungleich C_2, so gäbe es mehr als zwei Automorphismen von G:

Bezeichnet φ die Eulersche Phi-Funktion, so hat eine zyklische Gruppe der Ordnung m bekanntlich genau $\varphi(m)$ erzeugende Elemente (1.25). Ist $m > 2$, so gilt $\varphi(m) \geq 2$, und damit gibt es einen nichttrivialen Automorphismus auf der Gruppe.

Angenommen, es ist
$$G \cong C_a \times C_b$$

mit $a, b > 2$. Wegen $a, b > 2$ gilt $\varphi(a), \varphi(b) \geq 2$. Die Faktoren C_a und C_b haben also jeweils mehr als ein erzeugendes Element. Sei $C_a = \langle \tilde{a} \rangle$ mit $\tilde{a} \neq 1$ und $C_b = \langle \tilde{b} \rangle$ mit $\tilde{b} \neq 1$. Sei $\varphi_a : C_a \to C_a, 1 \mapsto \tilde{a}$ und $\varphi_b : C_b \to C_b, 1 \mapsto \tilde{b}$. Dann gilt

$$\mathrm{id}_G, \ \mathrm{id}_{C_a} \times \varphi_b, \ \varphi_a \times \mathrm{id}_{C_b} \in \mathrm{Aut}(G),$$

also $|\mathrm{Aut}(G)| > 2$. Widerspruch.

Offensichtlich wird die Anzahl der Automorphismen höchstens größer, falls G direktes Produkt aus C_a, C_b und weiteren zyklischen Gruppen ist. Das zu G isomorphe direkte Produkt kann also höchstens einen Faktor C_a enthalten mit $a > 2$.

Da bekanntlich $|\mathrm{Aut}(C_2 \times C_2)| = (2^2 - 1)(2^2 - 2) = 3 \cdot 2$ gilt, kann das zu G isomorphe direkte Produkt den Faktor C_2 höchstens einmal enthalten.

Es folgt, dass G isomorph ist zu einer Gruppe C_m mit $\varphi(m) = 2$ oder einem direkten Produkt $C_2 \times C_m$ mit $m > 2$ und $\varphi(m) = 2$.

Nun gilt für $m = p_1^{k_1} \cdots p_l^{k_l}$ mit paarweise verschiedenen Primzahlen $p_i \neq 2$

$$\varphi(m) = 2$$
$$\Leftrightarrow \varphi(p_1^{k_1}) \cdots \varphi(p_l)^{k_l} = 2$$
$$\Leftrightarrow (p_1^{k_1} - p_1^{k_1-1}) \cdots (p_l^{k_l} - p_l^{k_l-1}) = 2$$
$$\overset{\text{O.B.d.A}}{\Leftrightarrow} (p_1^{k_1} - p_1^{k_1-1}) = 2 \wedge (p_j^{k_j} - p_j^{k_j-1}) = 1 \text{ für } j \neq 1.$$

Nur für $p_j = 2$ und $k_j = 1$ ist $p_j^{k_j} - p_j^{k_j-1} = p_j^{k_j-1}(p_j - 1) = 1$. Somit gilt weiter

$$(p_1^{k_1} - p_1^{k_1-1}) = 2 \wedge (p_j^{k_j} - p_j^{k_j-1}) = 1 \text{ für } j \neq 1$$
$$\Leftrightarrow (p_1^{k_1} - p_1^{k_1-1}) = 2$$
$$\Leftrightarrow (p_1^{k_1-1} = 2 \wedge p_1 - 1 = 1) \vee (p_1^{k_1-1} = 1 \wedge p_1 - 1 = 2)$$
$$\overset{p_1 > 2}{\Leftrightarrow} p_1 = 3 \wedge k_1 = 1$$
$$\Leftrightarrow m = 3.$$

Für $m = 2^k$ gilt

$$\varphi(m) = 2 \Leftrightarrow \varphi(2^k) = 2 \Leftrightarrow 2^k - 2^{k-1} = 2 \Leftrightarrow k = 2.$$

Insgesamt folgt, dass G zu einer der Gruppen

$$C_3, C_4, C_2 \times C_3 \cong C_6,$$

isomorph, also zyklisch der Ordnung 3, 4 oder 6 ist.

H05-II-3

Aufgabe

Sei R ein (nullteilerfreier, kommutativer) Hauptidealring und $I = Ra$ ein von $\{0\}$ verschiedenes Ideal von R. Zeigen Sie, dass I nur in endlich vielen Idealen von R enthalten ist!

Lösung

Ist R ein Hauptidealring, so ist R faktoriell (2.43). Das Ideal $J = Rb$ enthält genau dann das Ideal I, wenn b ein Teiler von a ist (2.32). Es ist genau dann ein echtes Ideal von R, wenn b keine Einheit ist (2.15). Zwei Ideale $J = Rb$ und $J' = Rb'$ sind genau dann verschieden, wenn b und b' keine assoziierten Elemente sind (2.32).

Da R faktoriell ist, hat a eine bis auf Assoziiertheit und Reihenfolge eindeutige Darstellung $a = ep_1 \cdots p_k$ mit $k \in \mathbb{N}$ (2.42). Somit gibt es höchstens $\sum_{i=1}^{k} \binom{k}{i}$ viele nicht zueinander assoziierte Teiler, die keine Einheiten sind. Also ist I in nur endlich vielen Idealen enthalten.

H05-II-4

Aufgabe

Zeigen Sie, dass das Polynom

$$f(X) = X^3 + X^2 - 2X - 1$$

in $\mathbb{Q}[X]$ irreduzibel ist!

Lösung

Hätte f eine Nullstelle in $\mathbb{Z}$, so wäre diese ein Teiler von -1 (2.51). Da aber die einzigen beiden Teiler von -1 in $\mathbb{Z}$ wegen $f(1) = -1 \neq 0$ und $f(-1) = 1 \neq 0$ keine Nullstellen von f sind, hat f keine Nullstelle in $\mathbb{Z}$. Als Polynom vom Grad 3 ist f also irreduzibel in $\mathbb{Z}[X]$ (2.55). Nach Gauß (2.60) ist f folglich irreduzibel in $\mathbb{Q}[X]$.

H05-III-1

Aufgabe

a) Bestimmen Sie alle Isomorphietypen abelscher Gruppen mit 56 Elementen!

b) Zeigen Sie: Jede Gruppe mit 56 Elementen enthält eine normale Sylow-Untergruppe $\neq 1$.

c) Zeigen Sie: Enthält eine solche Gruppe G mit 56 Elementen eine nichtnormale 7-Sylow-Untergruppe H und bezeichnet K die 2-Sylow-Untergruppe in G, so ist $K \cong \mathbb{Z}/2\mathbb{Z} \times \mathbb{Z}/2\mathbb{Z} \times \mathbb{Z}/2\mathbb{Z}$.
Hinweis: Zeigen Sie zunächst, dass der Zentralisator von K in H trivial ist und folgern Sie daraus, dass H auf den Elementen $\neq 1$ von K transitiv operiert.

Lösung

a) Eine abelsche Gruppe mit $56 = 2^3 \cdot 7$ Elementen ist nach dem Hauptsatz über endliche abelsche Gruppen (1.30) isomorph zu einer der Gruppen

$$\mathbb{Z}/2\mathbb{Z} \times \mathbb{Z}/2\mathbb{Z} \times \mathbb{Z}/2\mathbb{Z} \times \mathbb{Z}/7\mathbb{Z},$$
$$\mathbb{Z}/2\mathbb{Z} \times \mathbb{Z}/4\mathbb{Z} \times \mathbb{Z}/7\mathbb{Z},$$
$$\mathbb{Z}/8 \times \mathbb{Z}/7\mathbb{Z} \stackrel{1.29}{\cong} \mathbb{Z}/56\mathbb{Z}.$$

b) Sei G eine Gruppe der Ordnung 56. Nach den Sylow-Sätzen (1.79) gilt für die Anzahl s_7 der 7-Sylow-Untergruppen von G entweder $s_7 = 1$ oder $s_7 = 8$. Da die 7-Sylow-Untergruppen (1.78) Primzahlordnung haben, haben je zwei von ihnen nur das neutrale Element gemeinsam (1.34). Ist $s_7 = 8$, so liegen also $6 \cdot 8 + 1 = 49$ der 56 Elemente in 7-Sylow-Untergruppen. Diese haben mit jeder 2-Sylow-Untergruppe trivialen Schnitt. Es bleiben also noch sieben Elemente übrig, die zusammen mit dem neutralen Element die einzige 2-Sylow-Untergruppe bilden. Diese ist als einzige Untergruppe der Ordnung 8 ein Normalteiler von G(1.43). Im Fall $s_7 = 1$ ist die 7-Sylow-Untergruppe ein Normalteiler von G(1.43).

c) Wie in Teilaufgabe b) erläutert, enthält G eine normale 2-Sylow-Untergruppe K, falls G eine nichtnormale 7-Sylow-Untergruppe H enthält.

Behauptung 1: Der Zentralisator (1.48) von K in H ist trivial, d.h. es gilt
$$Z_H(K) = \{h \in H \mid hk = kh \text{ für alle } k \in K\} = \{1\}.$$

Beweis: Der Zentralisator $Z_H(K)$ ist eine Untergruppe von H (1.49) und hat nach Lagrange Ordnung 1 oder 7 (1.34).
Angenommen, es ist $|Z_H(K)| = 7$. Dann gilt $hk = kh$ für alle $h \in H$ und alle $k \in K$. Außerdem ist $H \cap K = \{1\}$ und $|H| \cdot |K| = 56 = |G|$, also $\langle H \cup K \rangle = G$ (1.70). Nach Satz 1.72 ist dann $H \times K \to G : (h,k) \mapsto hk$ ein Isomorphismus. Hieraus folgt, dass H ein Normalteiler von G ist im Widerspruch zur Voraussetzung. Also hat $Z_H(K)$ die Ordnung 1. □

Behauptung 2: H operiert transitiv auf den Elementen $\neq 1$ von K.
Beweis 2: Durch $\gamma : H \times K \setminus \{1\} \to K \setminus \{1\}, (h,k) \mapsto hkh^{-1}$ ist eine Abbildung gegeben, denn K ist Normalteiler und es gilt $hkh^{-1} = 1$ genau dann, wenn $k = 1$ ist. Da $\gamma(1,k) = k$ und
$$\gamma(h, \gamma(h',k)) = \gamma(h, h'kh'^{-1}) = hh'kh'^{-1}h^{-1} = hh'k(hh')^{-1} = \gamma(hh', k)$$
gilt, operiert H mittels γ auf den Elementen $\neq 1$ von K (1.61). Es bezeichne B_k die Bahn von $k \in K \setminus \{1\}$ unter γ (1.65) und G_k den Stabilisator. Dann gilt
$$|H| = |B_k| \cdot |G_k| \quad (1.66)$$
mit $B_k = \{\gamma(h,k) : h \in H\}$ und $G_k = \{h \in H : \gamma(h,k) = k\}$. Es ist $|B_k|$ ein Teiler von $|H| = 7$ für jedes $k \in K \setminus \{1\}$, also $|B_k| \in \{1,7\}$. Kardinalität 1 würde bedeuten, dass im Widerspruch zu Behauptung 1 für jedes $k \in K \setminus \{1\}$
$$H = \{h \in H : hkh^{-1} = k\}, \text{ also } hk = kh \text{ für alle } h \in H$$
gelten würde. Es folgt $|B_k| = 7$ und damit ist γ transitiv (1.65). □

Behauptung 3: Alle Elemente von $K \setminus \{1\}$ haben Ordnung 2.
Beweis 3: Die Untergruppe K hat Ordnung 8. Nach den Sylow-Sätzen (1.79) besitzt $K \setminus \{1\}$ also ein Element a der Ordnung 2. Sei nun a' ein weiteres Element aus $K \setminus \{1\}$. Da H auf $K \setminus \{1\}$ transitiv operiert (Behauptung 2), gibt es ein $h \in H$ mit $ha'h^{-1} = a$ (1.65). Es folgt
$$1 = a^2 = (ha'h^{-1})^2 = ha'^2h^{-1} \Rightarrow a'^2 = 1$$
und damit Behauptung 3. □

Insgesamt folgt, dass K isomorph zu $\mathbb{Z}/2\mathbb{Z} \times \mathbb{Z}/2\mathbb{Z} \times \mathbb{Z}/2\mathbb{Z}$ ist.

H05-III-2

Aufgabe

Es sei $R = \mathbb{Z}[\sqrt{2}] = \{a + b\sqrt{2}; a, b \in \mathbb{Z}\}$. Zeigen Sie:

a) Die Abbildung
$$N : R \to \mathbb{R}_{\geq 0}, a + b\sqrt{2} \mapsto |a^2 - 2b^2|$$
ist multiplikativ.

b) R ist ein euklidischer Ring bezüglich N.

c) Ein Element $r \in R$ ist genau dann eine Einheit, wenn $N(r) = 1$ ist.

d) R besitzt unendlich viele Einheiten.

e) Zerlegen Sie das Element 21 in R in Primfaktoren.

Lösung

a) Seien $a + b\sqrt{2}, c + d\sqrt{2} \in \mathbb{Z}[\sqrt{2}]$. Dann gilt

$$\begin{aligned}
&N((a + b\sqrt{2})(c + d\sqrt{2})) \\
&= N(ac + 2bd + (ad + bc)\sqrt{2}) \\
&= |a^2c^2 + 4abcd + 4b^2d^2 - 2(a^2d^2 + 2abcd + b^2c^2)| \\
&= |a^2c^2 + 4b^2d^2 - 2a^2d^2 - 2b^2c^2| \\
&= |a^2 - 2b^2| \cdot |c^2 - 2d^2| \\
&= N(a + b\sqrt{2}) \cdot N(c + d\sqrt{2}).
\end{aligned}$$

Die Abbildung N ist also multiplikativ.

b) Als Unterring von $\mathbb{R}$ ist R ein Integritätsring. Das Bild von R unter N ist eine wohlgeordnete Teilmenge von $\mathbb{Z} \cup \{-\infty\}$. Das kleinste Element 0 des Bildes von N wird wegen $\sqrt{2} \notin \mathbb{N}$ nur für $a + b\sqrt{2} = 0$ angenommen.

Betrachte nun
$$\begin{aligned}
\tilde{N} : \mathbb{Q}[\sqrt{2}] &\to \mathbb{R}_{\geq 0} \\
a + b\sqrt{2} &\mapsto |a^2 - 2b^2|.
\end{aligned}$$

Die Abbildung $\tilde{N}$ ist ebenfalls multiplikativ und stimmt auf R mit N überein.

Seien $x, y \in R$ mit $y \neq 0$. Dann ist $\frac{x}{y}$ von der Form $\frac{x}{y} = a + b\sqrt{2}$ mit $a, b \in \mathbb{Q}$. Wähle $c, d \in \mathbb{Z}$ so, dass $|a - c| \leq \frac{1}{2}$ und $|b - d| \leq \frac{1}{2}$ gilt, setze $q = c + d\sqrt{2}$ und $r = x - qy$. Dann sind $q, r \in R$ und es gilt $x = qy + r$. Weiter gilt

$$\frac{N(r)}{N(y)} \stackrel{r,y \in R}{=} \frac{\tilde{N}(r)}{\tilde{N}(y)} = \tilde{N}\left(\frac{r}{y}\right) = \tilde{N}\left(\frac{x}{y} - q\right)$$
$$= \tilde{N}\left((a-c) + (b-d)\sqrt{2}\right)$$
$$\leq (a-c)^2 + 2(b-c)^2$$
$$\leq \frac{3}{4}$$
$$< 1$$

und damit $N(r) < N(y)$. Also ist R ein euklidischer Ring mit Normfunktion N (2.36).

c) Ist $r = r_1 + r_2\sqrt{2} \in R$ eine Einheit (2.5), so gibt es ein $a \in R$ mit $ra = 1$. Es gilt dann

$$N(ra) = N(1) \Rightarrow N(r)N(a) = 1 \stackrel{N(r) \in \mathbb{N}}{\Rightarrow} N(r) = 1.$$

Ist umgekehrt

$$1 = N(r) = |r_1^2 - 2r_2^2| = |(r_1 + r_2\sqrt{2})(r_1 - r_2\sqrt{2})|$$
$$= \pm(r_1 + r_2\sqrt{2})(r_1 - r_2\sqrt{2}),$$

so ist r wegen $\pm r_1 \mp r_2\sqrt{2} \in R$ eine Einheit.

d) Nach Teilaufgabe c) ist wegen $|3^2 - 2 \cdot 2^2| = 1$ das Element $3 + 2\sqrt{2}$ eine Einheit. Nun gilt für alle $n \in \mathbb{N}$

$$N((3 + 2\sqrt{2})^n) = (N(3 + 2\sqrt{2}))^n = 1,$$

also ist $(3 + 2\sqrt{2})^n$ für jedes $n \in \mathbb{N}$ eine Einheit. Wegen $3 > 0$ und $2 > 0$ folgt, dass die unendlich vielen Potenzen von $3 + 2\sqrt{2}$ alle verschieden sind.

e) Es gilt
$$21 = 3(5 + 3\sqrt{2})(5 - 3\sqrt{2}).$$

Angenommen, die Zahl $5 + 3\sqrt{2}$ ist nicht prim in R. Dann ist $5 + 3\sqrt{2}$ reduzibel (2.37, 2.34), d.h. es gibt Nichteinheiten $x, y \in R$ mit

$$5 + 3\sqrt{2} = xy.$$

Da x, y Nichteinheiten sind, gilt wegen Teilaufgabe c) $N(x), N(y) \neq 1$. Aufgrund der Multiplikativität der Norm folgt aus

$$N(5 + 3\sqrt{2}) = N(xy) \Rightarrow 7 = N(x) \cdot N(y)$$

aber, dass x oder y Norm 1 hat. Widerspruch. Die Zahlen $5 + 3\sqrt{2}$ und mit analoger Argumentation $5 - 3\sqrt{2}$ sind also prim in R.

Angenommen, die Zahl 3 ist nicht prim in R. Dann gibt es Nichteinheiten $x, y \in R$ mit $3 = xy$, also

$$N(3) = N(x)N(y) \Rightarrow 9 = N(x)N(y) \Rightarrow N(x) = 3.$$

Sei $a^2 - 2b^2 = \pm 3$. Dann ist $a^2 - 2b^2 \equiv_3 0$. Quadrate sind kongruent 0 oder 1 modulo 3. Einzige Möglichkeit für $a^2 - 2b^2 \equiv_3 0$ ist also $a^2 \equiv_3 0$ und $b^2 \equiv_3 0$. Somit sind a und b durch 3 teilbar, also $a = 3m$ und $b = 3n$. Nun folgt aber aus

$$a^2 - 2b^3 = 9m^2 - 18n^2 = 3 \Leftrightarrow 3(m^2 - 2n^2) = 1,$$

dass 3 ein Teiler von 1 ist. Widerspruch. Die Zahl 3 ist also prim in R.

H05-III-3

Aufgabe

Geben Sie alle Lösungen X der Gleichung

$$X^7 = \mathbb{1}_5$$

in der Gruppe $\mathrm{GL}_5(\mathbb{Q})$ an (mit Begründung).

Lösung

Sei $\mathbb{1}_5 \in \mathrm{Mat}_5(\mathbb{Q})$ die Einheitsmatrix und $\mathbb{0}_5 \in \mathrm{Mat}_5(\mathbb{Q})$ die Nullmatrix. Sei $A \in \mathrm{GL}_5(\mathbb{Q})$ eine Lösung der Gleichung $X^7 = \mathbb{1}_5$, also $A^7 - \mathbb{1}_5 = \mathbb{0}_5$. Dann ist das Minimalpolynom μ_A von A ein Teiler von $X^7 - 1$ in $\mathbb{Q}[X]$ (6.14). Eine Zerlegung von $X^7 - 1$ in irreduzible Faktoren über $\mathbb{Q}$ ist bekanntlich

$$X^7 - 1 = (X - 1)(X^6 + X^5 + \ldots + X + 1) \quad (3.62, 3.58),$$

es gilt also

$$\mu_A \in \{X^7 - 1, \ X - 1, \ X^6 + X^5 + \ldots + X + 1\}.$$

Die Polynome $X^7 - 1$ und $X^6 + X^5 + \ldots + X + 1$ kommen für μ_A nicht in Frage, denn μ_A teilt das charakteristische Polynom χ_A von A (6.16), welches

Grad 5 hat (6.14, 2.54). Somit ist $\mu_A = X - 1$. Nach der Definition des Minimalpolynoms (6.14) gilt somit

$$\mu_A(A) = 0_5 \Leftrightarrow A - 1_5 = 0_5 \Leftrightarrow A = 1_5$$

und 1_5 ist die einzige Lösung der Gleichung $X^7 = 1_5$ in $\mathrm{GL}_5(\mathbb{Q})$.

H05-III-4

Aufgabe

a) Geben Sie ein Verfahren an, um mit Zirkel und Lineal zu einem gegebenen Dreieck ein Quadrat mit gleichem Flächeninhalt zu konstruieren!

b) Sei α eine algebraische Zahl vom Grad 4 über $\mathbb{Q}$ und N der normale Abschluss von $\mathbb{Q}(\alpha)$. Zeigen Sie: Wenn $\mathrm{Gal}(N|\mathbb{Q})$ isomorph zur alternierenden Gruppe A_4 ist, kann α nicht mit Zirkel und Lineal konstruiert werden.

Lösung

a) Sei g die Länge einer Seite des Dreiecks und h die Länge der zugehörigen Höhe. Dann hat das Dreieck den Flächeninhalt $\frac{1}{2}gh$.

Betrachte das rechtwinklige Dreieck mit Hypotenuse $[(0,0),(\frac{1}{2}g+h,0)]$ und Höhe $[(\frac{1}{2}g,0),(\frac{1}{2}g,a)]$.

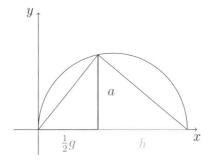

Da die Höhe die Hypotenuse in Abschnitte der Länge $\frac{1}{2}g$ und h teilt, ergibt der Höhensatz, dass

$$a^2 = \frac{1}{2}gh$$

gilt.

Konstruktion: Nach Voraussetzung ist der Punkt $(g,0)$ konstruierbar. Die Kreise um $(0,0)$ und um $(g,0)$ mit Radius g schneiden sich in zwei Punkten. Die Gerade durch diese Punkte schneidet die x-Achse im Punkt $(\frac{1}{2}g, 0)$.

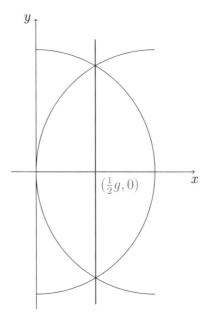

Da h konstruierbar ist, ist $\frac{1}{2}g + h$ konstruierbar. Desweiteren ist der Thaleskreis über die Strecke $[(0,0), (\frac{1}{2}g + h, 0)]$ konstruierbar. Dieser schneidet die bereits konstruierte Mittelsenkrechte im 1. Quadranten im Punkt $(\frac{1}{2}g, a)$.

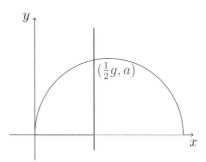

Wir haben also a konstruiert und können damit ein Quadrat mit gleichem Flächeninhalt $a^2 = \frac{1}{2}gh$ konstruieren.

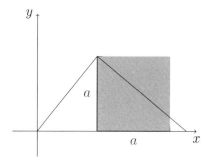

b) Sei $\mathrm{Gal}(N|\mathbb{Q}) \cong A_4$.

Angenommen, α ist mit Zirkel und Lineal konstruierbar. Ist f das Minimalpolynom von α über $\mathbb{Q}$, so gilt nach Satz 5.5, dass der Grad des Zerfällungskörpers L von f über $\mathbb{Q}$ eine Potenz von 2 ist. Daneben ist er nach der Gradformel (3.14) ein Teiler von $|A_4| = 12$ und, da L den Körper $\mathbb{Q}(\alpha)$ enthält, ist er ≥ 4. Einzige Potenz von 2, die größer gleich 4 ist und 12 teilt, ist 4. Somit gilt $L = \mathbb{Q}(\alpha)$.

Als Zerfällungskörper eines separablen Polynoms ist L galoissch über $\mathbb{Q}$ (3.38, 3.29). Nach dem Hauptsatz der Galoistheorie (3.44) ist L also Fixkörper eines Normalteilers U der Ordnung

$$|U| \stackrel{3.43}{=} [N:L] \stackrel{3.14}{=} \frac{[N:\mathbb{Q}]}{[L:\mathbb{Q}]} \stackrel{3.43}{=} \frac{|A_4|}{4} = 3$$

von A_4. Dieser ist von der Form

$$U = \{\mathrm{id}, (a,b,c), (a,c,b)\} \quad (1.19, 1.82)$$

mit paarweise verschiedenen $a, b, c \in \{1, 2, 3, 4\}$. Für $(a, b, d) \in A_4$ mit $d \notin \{a, b, c\}$ gilt

$$(a,b,d)(a,b,c)(a,b,d)^{-1} = (d,c,b) \notin U$$

Widerspruch.

12. Prüfungstermin Frühjahr 2006

FJ06-I-1

Aufgabe

Sei $f(X) \in \mathbb{Q}[X]$ ein irreduzibles Polynom. Die Galoisgruppe von f über $\mathbb{Q}$ habe ungerade Ordnung. Man zeige, dass f nur reelle Nullstellen hat.

Lösung

Da $\mathbb{Q}$ vollkommen ist (3.31), ist das irreduzible Polynom f separabel (3.29). Der Zerfällungskörper Z_f von f ist also eine Galoiserweiterung von $\mathbb{Q}$ (3.37, 3.38) und die Galoisgruppe $\mathrm{Gal}(Z_f|\mathbb{Q})$ ist die Galoisgruppe von f über $\mathbb{Q}$ (3.46). Ist $z \in \mathbb{C}$ eine Nullstelle von f, so gilt

$$f(\overline{z}) \stackrel{3.7}{=} \overline{f(z)} = \overline{0} = 0.$$

Für jede Nullstelle z von f ist die komplex konjugierte Zahl $\overline{z}$ also ebenfalls eine Nullstelle von f und damit Element von Z_f. Betrachte den $\mathbb{Q}$-Automorphismus

$$\sigma : Z_f \to Z_f$$
$$z \mapsto \overline{z}.$$

Er ist Element der Galoisgruppe von f. Angenommen, f hat eine Nullstelle z_0 in $\mathbb{C} \setminus \mathbb{R}$. Dann gilt

$$\sigma(z_0) = \overline{z_0} \neq z_0.$$

Die Ordnung des Automorphismus σ ist folglich ≥ 2. Wegen

$$\sigma^2(z) = \sigma(\overline{z}) = \overline{\overline{z}} = z \text{ für alle } z \in \mathbb{C}$$

hat der Automorphismus σ dann Ordnung 2. Widerspruch zu Lagrange (1.34), denn 2 ist kein Teiler der Ordnung der Galoisgruppe. Also hat f nur reelle Nullstellen.

FJ06-I-2

Aufgabe

Sei $f(X,Y) = X^{17} + Y^{41}(X^3 + X + 1) - Y \in \mathbb{C}[X,Y]$.

a) Man zeige, dass f als Polynom in X über dem Koeffizientenring $\mathbb{C}[Y]$ irreduzibel ist. (Hinweis: Eisenstein-Kriterium).

b) Man zeige, dass f ein irreduzibles Element im Ring $\mathbb{C}[X,Y]$ ist.

Lösung

a) Ist $Y = fg$ mit $f, g \in \mathbb{C}[X] \setminus \{0\}$, so folgt aus $\deg(Y) = \deg(f) + \deg(g)$ (2.54), dass entweder f oder g Grad 0 hat, also ein Element von $\mathbb{C}$ und damit eine Einheit ist (2.50). Somit ist Y irreduzibel (2.49) und folglich prim im Hauptidealring $\mathbb{C}[Y]$ (2.39, 2.37, 2.34).

Weiter gilt $f(X,Y) = X^{17} + Y^{41}X^3 + Y^{41}X + Y^{41} - Y$. Das Primelement Y teilt alle Koeffizienten des normierten Polynoms f außer den Leitkoeffizienten, und Y^2 teilt nicht $Y^{41} - Y$. Somit ist f ein Eisenstein-Polynom (2.57) im faktoriellen Ring $\mathbb{C}[Y][X]$ (2.43, 2.44) und damit irreduzibel über $\mathbb{C}[Y]$.

b) Folgt aus Teilaufgabe a), da $\mathbb{C}[Y][X] = \mathbb{C}[X,Y]$.

FJ06-I-3

Aufgabe

Sei G eine endliche Gruppe der Ordnung $p^m > 1$, mit $m \in \mathbb{N}$ und p eine Primzahl.

a) Man zeige, dass jede maximale Untergruppe von G ein Normalteiler vom Index p ist.

b) Sei N der Schnitt der maximalen Untergruppen von G. Man zeige, dass G/N abelsch ist und Exponent p hat. (Der Exponent einer endlichen Gruppe ist das kleinste gemeinsame Vielfache der Elementordnungen.)

Lösung

a) Wir zeigen zunächst per Induktion nach dem Exponenten m der Gruppenordnung $|G| = p^m$, dass für den Normalisator $N_G(U)$ einer echten Untergruppe $U \subsetneq G$ in G (1.46) auch $U \subsetneq N_G(U)$ gilt.

Ist $|G| = p$, so ist $U = \{e\}$ und damit $U \subsetneq N_G(U) = G$. Nun sei $|G| = p^m$ mit $m > 1$.

1. Fall: Ist $Z(G) \subseteq U$ (1.48), dann ist $U/Z(G)$ eine echte Untergruppe von $G/Z(G)$ (1.54). Das Zentrum der p-Gruppe G ist bekanntlich nicht trivial (1.77), also ist $G/Z(G)$ eine p-Gruppe mit $|G/Z(G)| \leq p^{m-1} < p^m = |G|$. Nach Induktionsvoraussetzung ist

$$U/Z(G) \subsetneq N_{G/Z(G)}(U/Z(G)) \subseteq G/Z(G)$$

und mit dem zweiten Isomorphiesatz (1.54) folgt $U \subsetneq G$.

2. Fall: Sei $Z(G) \not\subseteq U$. Das Zentrum $Z(G)$ von G ist Normalteiler von G (1.49). Also ist

$$Z(G)U = \{zu \mid z \in Z(G), u \in U\}$$

eine Untergruppe in G (1.70), die U echt enthält. Offensichtlich ist U auch Normalteiler von $Z(G)U$. Es folgt $Z(G)U \subseteq N_G(U)$ und damit $U \subsetneq N_G(U)$ (1.47).

Nun zeigen wir, dass eine maximale Untergruppe U Normalteiler von G ist und Index p in G hat.

Ist U maximal (1.4), so ist U insbesondere eine echte Untergruppe von G. Mit dem eben Gezeigten folgt $N_G(U) = G$ und damit ist U ein Normalteiler von G.
Die Faktorgruppe G/U ist eine p-Gruppe. Nach den Sylow-Sätzen (1.79) gibt es eine zyklische Untergruppe der Ordnung p von G (1.19), also auch ein erzeugendes Element gU der Ordnung p in G/U (1.17). Die von diesem Element erzeugte Untergruppe von G/U liefert eine Untergruppe V der Ordnung $p \cdot |U|$ in G (1.56). Da U maximal ist, folgt $V = G$, also

$$p \cdot |U| = |G| \Rightarrow [G : U] = p.$$

b) Seien $N_1, \ldots, N_r$ die maximalen Untergruppen von G. Seien $g, h \in G$. Nach den Sylow-Sätzen (1.79) ist jede Untergruppe der Ordnung p^k mit $k < m$ in einer p-Sylow-Untergruppe enthalten, bzw. kann zu einer p-Gruppe der Ordnung p^{k+1} erweitert werden. Da N_i für $i = 1, \ldots, m$

maximal ist, hat N_i die Ordnung p^{m-1}. Für alle $i \in \{1, \ldots, r\}$ hat G/N_i also Ordnung p und ist folglich abelsch (1.19, 1.22). Somit gilt

$$gN_i \cdot hN_i = hN_i \cdot gN_i$$
$$\Leftrightarrow ghN_i = hgN_i$$
$$\Leftrightarrow ghg^{-1}h^{-1}N_i = N_i$$
$$\Leftrightarrow ghg^{-1}h^{-1} \in N_i$$

und nach der Definition von N folgt $ghg^{-1}h^{-1} \in N$. Also ist G/N abelsch.

Für $i = 1, \ldots, r$ hat G/N_i die Ordnung p und es gilt

$$(gN_i)^p = N_i \Leftrightarrow g^p N_i = N_i \Leftrightarrow g^p \in N_i$$

und damit $g^p \in N$. Die Ordnungen aller gN sind also Teiler von p (1.18). Da $|G/N| \neq 1$ gilt, gibt es ein Element der Ordnung p (1.19). Es folgt, dass der Exponent von G/N gleich p ist.

FJ06-I-4

Aufgabe

Sei R der Restklassenring $\mathbb{Z}/2006\mathbb{Z}$.

a) Wie viele Nullstellen hat das Polynom $X^2 - 1$ in R?

b) Wie viele Nullstellen hat das Polynom $X^3 - 1$ in R?

Lösung

Wir gehen hier über die Fragestellung hinaus und bestimmen die Nullstellen explizit.

Nach dem Chinesischen Restsatz (2.48) ist

$$\begin{aligned} \phi: \quad \mathbb{Z}/2006\mathbb{Z} &\to \mathbb{Z}/2\mathbb{Z} \times \mathbb{Z}/17\mathbb{Z} \times \mathbb{Z}/59\mathbb{Z} \\ a + 2006\mathbb{Z} &\mapsto (a + 2\mathbb{Z}, a + 17\mathbb{Z}, a + 59\mathbb{Z}) \end{aligned}$$

ein Isomorphismus. Um die Umkehrabbildung angeben zu können, brauchen wir für jedes $(a, b, c) \in \mathbb{Z}^3$ ein $x \in \mathbb{Z}$ mit

$$x \equiv a \mod 2, \quad x \equiv b \mod 17 \text{ und } x \equiv c \mod 59.$$

Mit $N_1 = \frac{2006}{2} = 1003$, $N_2 = \frac{2006}{17} = 118$ und $N_3 = \frac{2006}{59} = 34$ erhalten wir

$$
\begin{aligned}
1003x_1 &\equiv 1 \quad \mod 2 \quad \Rightarrow \quad x_1 = 1 \\
118x_2 &\equiv 1 \quad \mod 17 \quad \Rightarrow \quad x_2 = 16 \\
34x_3 &\equiv 1 \quad \mod 59 \quad \Rightarrow \quad x_3 = -26 \text{ (denn } 1 = 15 \cdot 59 - 26 \cdot 34\text{).}
\end{aligned}
$$

Folglich (4.7) ist

$$
\begin{aligned}
\overline{x} &= a \cdot N_1 \cdot x_1 + b \cdot N_2 \cdot x_2 + c \cdot N_3 \cdot x_3 = 1003a + 1888b - 884c \\
&= 1003a + 1888b + 1122c
\end{aligned}
$$

und als Umkehrabbildung ergibt sich

$$
\begin{aligned}
\phi^{-1}: \mathbb{Z}/2\mathbb{Z} \times \mathbb{Z}/17\mathbb{Z} \times \mathbb{Z}/59\mathbb{Z} &\to \mathbb{Z}/2006\mathbb{Z} \\
(a + 2\mathbb{Z}, b + 17\mathbb{Z}, c + 59\mathbb{Z}) &\mapsto 1003a + 1888b + 1122c + 2006\mathbb{Z}.
\end{aligned}
$$

a) Die Ringe $\mathbb{Z}/2\mathbb{Z}$, $\mathbb{Z}/17\mathbb{Z}$ und $\mathbb{Z}/59\mathbb{Z}$ sind Körper (3.3). Ist n der Grad eines Polynoms f über einem Körper, so hat f höchstens n Nullstellen. Ein Polynom f über einem nicht nullteilerfreien Ring kann mehr als $\deg(f)$ Nullstellen haben.

Als Element von $\mathbb{Z}/2\mathbb{Z}[X]$ hat das Polynom $X^2 - 1$ nur die Nullstelle 1. Als Element von $\mathbb{Z}/17\mathbb{Z}[X]$ hat es die Nullstellen 1 und $-1 = 16$ und von $\mathbb{Z}/59\mathbb{Z}[X]$ die Nullstellen 1 und $-1 = 58$.

Somit hat $X^2 - 1$ als Element von $R[X]$ die folgenden vier Nullstellen:

$$
\begin{aligned}
\phi^{-1}(1,1,1) &= 1003 + 1888 + 1122 + 2006\mathbb{Z} = 4013 + 2006\mathbb{Z} \\
&= 1 + 2006\mathbb{Z} \\
\phi^{-1}(1,16,1) &= 1003 + 16 \cdot 1888 + 1122 + 2006\mathbb{Z} \\
&= 32333 + 2006\mathbb{Z} = 237 + 2006\mathbb{Z} \\
\phi^{-1}(1,16,58) &= 1003 + 30208 + 65076 + 2006\mathbb{Z} \\
&= 96287 + 2006\mathbb{Z} = 2005 + 2006\mathbb{Z} \\
\phi^{-1}(1,1,58) &= 1003 + 1888 + 65076 + 2006\mathbb{Z} \\
&= 67967 + 2006\mathbb{Z} = 1769 + 2006\mathbb{Z}.
\end{aligned}
$$

b) Ist x eine Nullstelle von $X^3 - 1$, so hat x in der Einheitengruppe (2.5)

$$
R^\times \cong (\mathbb{Z}/2\mathbb{Z} \times \mathbb{Z}/17\mathbb{Z} \times \mathbb{Z}/59\mathbb{Z})^\times
$$

die Ordnung 1 oder die Ordnung 3. Es gilt aber

$$
|(\mathbb{Z}/2\mathbb{Z} \times \mathbb{Z}/17\mathbb{Z} \times \mathbb{Z}/59\mathbb{Z})^\times| = 16 \cdot 58,
$$

somit ist 3 kein Teiler der Ordnung der Einheitengruppe (2.11). Die Nullstelle x hat folglich Ordnung 1, ist also gleich 1. Damit hat $X^3 - 1$ genau eine Nullstelle in R, nämlich $1 + 2006\mathbb{Z}$.

FJ06-II-1

Aufgabe

Beweisen Sie:
Es sei $(G, +)$ eine abelsche Gruppe und U, V seien Untergruppen von G. Dann gilt $G = U \oplus V$ genau dann, wenn je zwei Nebenklassen $U + a$ und $V + b$ mit $a, b \in G$ genau ein Element gemeinsam haben.

Lösung

„$\Rightarrow$"
Sei $G = U \oplus V$ und seien $a, b \in G$. Die Elemente a und b haben eindeutige Darstellungen $a = u_a + v_a$ und $b = u_b + v_b$ mit $u_a, u_b \in U$ und $v_a, v_b \in V$. Für $x \in (U + a) \cap (V + b)$ (1.31) gilt also

$$x = u_x + a = v_x + b$$
$$\Rightarrow u_x + u_a + v_a = v_x + u_b + v_b$$
$$\Rightarrow u_x + u_a - u_b = v_x + v_b - v_a$$
$$\overset{U \cap V = \{e\}}{\Rightarrow} u_x + u_a - u_b = e = v_x + v_b - v_a.$$

Da u_a, u_b, v_a und v_b eindeutig bestimmt sind, sind auch u_x und v_x und damit x eindeutig bestimmt. Also gibt es nur ein Element $x \in (U + a) \cap (V + b)$.

„$\Leftarrow$" (Zu zeigen ist: $U \cap V = \{e\}$ und $U + V = G$.)
Angenommen, es gilt $U \cap V \neq \{e\}$. Dann gibt es ein $x \in U \cap V$ mit $x \neq e$ und es folgt

$$\{e, x\} \subseteq U \cap V = (U + x) \cap (V + x).$$

Widerspruch.
Offensichtlich ist $U + V$ eine Teilmenge von G. Sei $x \in G$. Die beiden Nebenklassen $U + x$ und V haben genau ein Element $v \in V$ gemeinsam. Also gibt es ein $u \in U$ mit $u + x = v$ und damit ist $x = (-u) + v \in U + V$.

FJ06-II-2

Aufgabe

Sei $n \geq 0$ und $k \in \{1, 3, 7, 9\}$. Für welche Primzahlen $p = 10n + k$ ist 5 ein quadratischer Rest und für welche ein quadratischer Nichtrest?

Lösung

Für $n \geq 0$ und $k \in \{1, 3, 7, 9\}$ ist 5 kein Teiler von $p = 10n + k$. Das Legendre-Symbol (4.9) ist also entweder 1 oder -1. Die Zahl 5 ist genau dann ein quadratischer Rest modulo p (4.8), wenn das Legendre-Symbol 1 ist. Nach Satz 4.12 gilt

$$\left(\frac{5}{p}\right)\left(\frac{p}{5}\right) = (-1)^{\frac{5-1}{2}\frac{p-1}{2}}$$
$$\Leftrightarrow \left(\frac{5}{p}\right)\left(\frac{10n+k}{5}\right) = 1$$
$$\Leftrightarrow \left(\frac{5}{p}\right)\left(\frac{k}{5}\right) = 1.$$

Also ist 5 genau dann ein quadratischer Rest modulo p, wenn k ein quadratischer Rest modulo 5 ist. Nach dem Eulerschen Kriterium (4.10) ist dies genau dann der Fall, wenn

$$k^{\frac{5-1}{2}} \equiv 1 \mod 5$$

gilt.

Nun ist
$$1^2 \equiv 1 \mod 5,$$
$$3^2 \equiv -1 \mod 5,$$
$$7^2 \equiv -1 \mod 5 \text{ und}$$
$$9^2 \equiv 1 \mod 5.$$

Also ist 5 ein quadratischer Rest modulo der Primzahlen $10n+1$ und $10n+9$ und ein quadratischer Nichtrest modulo der Primzahlen $10n+3$ und $10n+7$.

FJ06-II-3

Aufgabe

Zeigen Sie:

a) Die additive Gruppe der reellen Zahlen ist isomorph zur multiplikativen Gruppe der positiven reellen Zahlen.

b) Die additive Gruppe eines Körpers ist nie isomorph zur multiplikativen Gruppe dieses Körpers.

Lösung

a) Betrachte die Abbildung

$$\varphi : (\mathbb{R}, +) \to (\mathbb{R}_>, \cdot)$$
$$x \mapsto e^x.$$

Es gilt $\varphi(x+y) = e^{x+y} = e^x \cdot e^y = \varphi(x) \cdot \varphi(y)$, somit ist φ ein Gruppenhomomorphismus (1.6). Er ist surjektiv und es gilt $\ker(\varphi) = \{0\}$. Also ist φ ein Isomorphismus.

b) Für einen endlichen Körper K erhält man die Behauptung leicht, denn 0 ist kein Element der multiplikativen Gruppe K^* (2.5). Somit ist $\infty > |K| > |K^*|$ und es folgt, dass ein Homomorphismus $\varphi : K \to K^*$ nicht injektiv sein kann.

Sei K ein unendlicher Körper. Angenommen, es gibt einen Gruppenisomorphismus $\varphi : K \to K^*$ (1.9). Dann bildet φ das neutrale Element 0 der Addition auf das neutrale Element 1 der Multiplikation ab (1.13), d.h. $\varphi(0) = 1$.

Da -1 Element von K^* ist und φ surjektiv ist, gibt es ein $a \in K$ mit $\varphi(a) = -1$. Wegen $(-1) \cdot (-1) = 1$ folgt:

$$\varphi(a) \cdot \varphi(a) = 1$$
$$\Rightarrow \quad \varphi(a+a) = 1$$
$$\overset{\varphi \text{ injektiv}}{\Rightarrow} \quad a+a = 0$$
$$\Rightarrow \quad a(1+1) = 0$$
$$\overset{K \text{ nullteilerfrei}}{\Rightarrow} \quad a = 0 \text{ oder } 1+1 = 0$$

Ist $a = 0$ und damit $\varphi(0) = -1$, so folgt aus $\varphi(0) = 1$, dass $-1 = 1$ gilt, dass also auch im ersten Fall $1+1 = 0$ ist. Damit folgt weiter:

$$1+1 = 0$$
$$\Rightarrow \quad \varphi(1+1) = \varphi(0)$$
$$\Rightarrow \quad \varphi(1) \cdot \varphi(1) = 1$$
$$\Rightarrow \quad \varphi(1) \cdot \varphi(1) - 1 = 0$$
$$\Rightarrow \quad (\varphi(1) - 1) \cdot (\varphi(1) + 1) = 0$$
$$\overset{-1=1}{\Rightarrow} \quad (\varphi(1) + 1) \cdot (\varphi(1) + 1) = 0$$
$$\overset{K \text{ nullteilerfrei}}{\Rightarrow} \quad \varphi(1) + 1 = 0$$
$$\Rightarrow \quad \varphi(1) = 1$$
$$\overset{\varphi \text{ injektiv}}{\Rightarrow} \quad 1 = 0$$

Widerspruch.

FJ06-II-4

Aufgabe

Es sei L eine Galoiserweiterung eines Körpers K, so dass die Galoisgruppe von L über K die symmetrische Gruppe S_n mit $n \geq 5$ ist. Wie viele Zwischenkörper F mit $K < F < L$ existieren, so dass F eine Galoiserweiterung von K ist? Was ist die Galoisgruppe von F über K und die von L über F?

Lösung

Nach dem Hauptsatz der Galoistheorie (3.44) ist F genau dann eine Galoiserweiterung von K, wenn die Galoisgruppe $G(L|F)$ Normalteiler der Galoisgruppe $G(L|K) = S_n$ ist. Die Anzahl der nichttrivialen Normalteiler von S_n liefert also die Anzahl der über K galoisschen Zwischenkörper $K < F < L$.

Die symmetrische Gruppe S_n hat für $n \geq 5$ genau einen nichttrivialen Normalteiler, nämlich A_n:
Die alternierende Gruppe A_n ist ein Normalteiler von S_n (1.90). Sei $N \neq A_n$ ein weiterer Normalteiler von S_n. Ist $N \subset A_n$, so folgt $N = \{\text{id}\}$ aus der Einfachheit von A_n (1.91). Sei nun $N \not\subset A_n$. Der Schnitt der beiden Normalteiler ist ebenfalls ein Normalteiler von S_n (1.42), also auch von A_n. Wiederum folgt aus der Einfachheit von A_n, dass $N \cap A_n = \{\text{id}\}$ oder $N \cap A_n = A_n$ gilt.

Angenommen $N \cap A_n = \{\text{id}\}$. Dann ist S_n direktes Produkt aus A_n und N und N hat die Ordnung 2 (1.69, 1.72). Sei $N = \{\text{id}, \tau\}$ und sei $\sigma \in G$. Da N ein Normalteiler ist, ist $\sigma \tau \sigma^{-1} \in N$ (1.35), also $\sigma \tau = \tau \sigma$. Die Permutation τ ist somit im Zentrum von S_n (1.48, 1.72). Weiter gibt es wegen $\tau \neq \text{id}$ ein $k \in \{1, \ldots, n\}$ mit $\tau(k) \neq k$. Wähle $j \in \{1, \ldots, n\} \setminus \{k, \tau(k)\}$. Dann ist $\tau(j\ k)\tau^{-1} = (\tau^{-1}(j)\ \tau^{-1}(k)) = (\tau(j)\ \tau(k))$. Nach Wahl von j und k ist $\tau(k) \neq k$ und $\tau(k) \neq j$. Also ist $(\tau(j)\ \tau(k)) \neq (j\ k)$ und somit $\tau(j\ k) \neq (j\ k)\tau$ im Widerspruch dazu, dass τ im Zentrum von S_n ist.
Im Fall $N \cap A_n = A_n$ ist $A_n \subseteq N$. Nach Lagrange (1.34) ist $N = S_n$ also ein trivialer Normalteiler von G.

Somit gibt es nur einen echten Zwischenkörper F von $K < L$, nämlich den Fixkörper von A_n, der galoissch über K ist. Die Galoisgruppe von L über F ist $\text{Gal}(L|F) = A_n$. Die Galoisgruppe von F über K ist dann

$$\text{Gal}(F|K) \cong \text{Gal}(L|K)/\text{Gal}(L|F) \cong S_n/A_n \cong \mathbb{Z}/2\mathbb{Z}.$$

FJ06-II-5

Aufgabe

Beweisen Sie:

a) Eine Gruppe, in der jedes Element die Ordnung 2 hat, ist abelsch.

b) Hat eine nichtabelsche Gruppe G der Ordnung 8 zwei verschiedene Elemente der Ordnung zwei, so ist sie isomorph zur Symmetriegruppe eines Quadrates (ist also insbesondere eine Diedergruppe).

Lösung

a) Eine solche Gruppe gibt es nicht, denn das neutrale Element ist in jeder Gruppe enthalten und hat Ordnung 1. Es soll wohl gezeigt werden, dass jede Gruppe, in der jedes Element außer e Ordnung 2 hat, abelsch ist.

Seien $a, b \in G \setminus \{e\}$. Dann gilt

$$ab = (bb)ab(aa) = b(ba)(ba)a = ba,$$

also ist G abelsch.

b) Nach Teilaufgabe a) gibt es außer den beiden Elementen a, b der Ordnung 2 mindestens ein Element der Ordnung > 2. Für dieses Element kommen nach Lagrange (1.34) als Ordnungen 4 und 8 in Frage. Wäre die Ordnung 8, so wäre G zyklisch und damit abelsch (1.22). Es gibt also ein $x \in G$ mit $\operatorname{ord}(x) = 4$. Einziges Element der Ordnung 2 in $\langle x \rangle$ ist x^2. Es folgt, dass $a \notin \langle x \rangle$ oder $b \notin \langle x \rangle$. Sei O.B.d.A. $a \notin \langle x \rangle$. Bleibt noch zu zeigen, dass $xa = ax^3$ bzw. $axa = x^3$ ist.

Da $\langle x \rangle$ Index 2 in G hat, ist $\langle x \rangle$ Normalteiler von G. Es gilt also

$$axa \in a\langle x \rangle a^{-1} \subseteq \{x, x^2, x^3, e\}.$$

Da $x \neq e$ ist $axa = e$ nicht möglich. Auch $axa = x$ kann nicht gelten, denn dann würde folgen, dass G abelsch ist. Aus $axa = x^2$ würde

$$(axa)^2 = e \Rightarrow axaaxa = e \Rightarrow ax^2a = e \Rightarrow x^2 = e$$

folgen, was ausgeschlossen ist, da x Ordnung 4 hat.

Somit gilt $axa = x^3$, und mit einer bekannten Charakterisierung der Diedergruppen (1.94) folgt, dass $G \cong D_4$ ist.

FJ06-II-6

Aufgabe

Es sei R ein kommutativer Ring mit 1. Es sei M ein maximales Ideal von R.

a) Sei $1 + a$ invertierbar für jedes Element $a \in M$. Zeigen Sie, dass M das einzige maximale Ideal von R ist.

b) Zeigen Sie, dass für jede natürliche Zahl $n \geq 1$ der Faktorring R/M^n nur ein einziges maximales Ideal hat.

Lösung

a) Sei N ein weiteres maximales Ideal von R (2.14). Dann gibt es ein Element $x \in N \setminus M$. Für dieses gilt $x + M \neq 0 + M$. Da M ein maximales Ideal ist, ist R/M ein Körper (2.29) und somit gilt $x + M \in (R/M)^\times$. Es gibt also ein $x' + M \in R/M$ mit

$$1 + M = (x' + M) \cdot (x + M) = x'x + M$$

und damit ein $a \in M$ mit $1 + a = x'x$. Wegen $x \in N$ gilt $x'x \in N$ und folglich $1 + a \in N$. Nach Vorraussetzung ist $1 + a$ aber eine Einheit für $a \in M$, also gilt $N = R$ (2.15). Widerspruch.

b) Nach dem Korrespondenzsatz (2.28) entsprechen die Ideale des Faktorrings R/M^n genau den Idealen von R, die M^n enthalten. Das Ideal $I/M^n \subseteq R/M^n$ ist genau dann maximal, wenn für alle Ideale J/M^n mit $I/M^n \subseteq J/M^n$ gilt $J/M^n = I/M^n$ oder $J/M^n = R/M^n$. Dies ist genau dann der Fall, wenn I ein maximales Ideal von R ist, das M^n enthält. Nach Teilaufgabe a) gibt es genau ein maximales Ideal in R, nämlich M, und dieses enthält offensichtlich das Ideal M^n (2.17). Also hat R/M^n ein einziges maximales Ideal.

FJ06-III-1

Aufgabe

Gegeben sei eine natürliche Zahl m. Beweisen Sie:

a) Es gibt unendlich viele $n \in \mathbb{N}$ mit $m \mid \varphi(n)$.

b) Es gibt unendlich viele $n \in \mathbb{N}$, die in ihrer Dezimaldarstellung nur aus Nullen und Einsen bestehen und Vielfache von m sind.

Lösung

Ist m eine natürliche Zahl, so lässt sich m schreiben als

$$m = p_1^{k_1} \cdot \ldots \cdot p_l^{k_l}$$

mit paarweise verschiedenen Primzahlen p_i und natürlichen Zahlen $k_i \neq 0$ für $i = 1, \ldots, l$ (4.1).

a) Sei nun $t \in \mathbb{N} \setminus \{0\}$ und $n_t = p_1^{k_1+t} \cdot \ldots \cdot p_l^{k_l+t}$. Dann ist $n_t \in \mathbb{N}$ und es gilt (1.24)

$$\begin{aligned}
\varphi(n_t) &= \varphi(p_1^{k_1+t} \cdot \ldots \cdot p_l^{k_l+t}) = (p_1^{k_1+t} - p_1^{k_1+t-1}) \cdot \ldots \cdot (p_l^{k_l+t} - p_l^{k_l+t-1}) \\
&= p_1^{k_1} \underbrace{(p_1^t - p_1^{t-1})}_{\in \mathbb{N} \setminus \{0\}} \cdot \ldots \cdot p_l^{k_l} \underbrace{(p_l^t - p_l^{t-1})}_{\in \mathbb{N} \setminus \{0\}} \\
&= m \cdot (p_1^t - p_1^{t-1}) \cdot \ldots \cdot (p_l^t - p_l^{t-1}).
\end{aligned}$$

Somit ist m ein Teiler von $\varphi(n_t)$ für alle $t \in \mathbb{N} \setminus \{0\}$.

b) Sei $m \in \mathbb{N}$. Sobald wir ein Vielfaches gefunden haben, das in seiner Dezimaldarstellung nur aus Nullen und Einsen besteht, sind wir fertig. Denn ist m ein Teiler von $k_1 \ldots k_n$, wobei für die Ziffern k_i der Dezimaldarstellung $k_i \in \{0, 1\}$ gilt, so ist m auch Teiler der Zahlen $k_1 \ldots k_n \cdot 10^s$ für alle $s \in \mathbb{N}_>$, deren Dezimaldarstellungen ebenfalls nur aus Nullen und Einsen bestehen.

Sei $m = 2^k 5^l n$, wobei weder 2 noch 5 Teiler von n ist. Falls wir ein Vielfaches x von n finden, das in seiner Dezimaldarstellung nur aus Nullen und Einsen besteht, so ist auch die Dezimaldarstellung von

$$2^{k+l} 5^{k+l} x = (10)^{k+l} x$$

von der gewünschten Form. Zudem ist $2^{k+l} 5^{k+l} x$ offensichtlich Vielfaches von m.

Wir können also O.B.d.A. annehmen, dass ggT$(m, 10) = 1$ ist. Dann ist auch ggT$(9m, 10) = 1$ und nach einem Satz von Euler (4.5) gilt

$$10^{\varphi(9m)} - 1 \equiv 0 \mod 9m$$
$$\Rightarrow (1 + 10^1 + 10^2 + \ldots + 10^{\varphi(9m)-1})(10 - 1) \equiv 0 \mod 9m.$$

Die Zahl m ist also Teiler von $1 + 10^1 + 10^2 + \ldots + 10^{\varphi(9m)-1}$, einer Zahl, deren Dezimaldarstellung nur aus Nullen und Einsen besteht.

FJ06-III-2

Aufgabe

G und H bezeichnen endliche Gruppen, U sei eine Untergruppe von G und $f : G \to H$ ein Gruppenhomomorphismus. Beweisen Sie für die Gruppenindizes die Gleichung

$$[G : U] = [f(G) : f(U)] \cdot [\text{Kern} f : (\text{Kern} f \cap U)].$$

Lösung

Nach Lagrange (1.34) gilt $[G : U] = \frac{|G|}{|U|}$. Zu zeigen ist also

$$\frac{|G|}{|U|} = \frac{|f(G)|}{|f(U)|} \cdot \frac{|\text{Kern} f|}{|\text{Kern} f \cap U|}.$$

Nach dem Homomorphiesatz (1.52) ist $G/\text{Kern} f$ isomorph zu $f(G)$, also ist

$$\frac{|G|}{|\text{Kern} f|} \stackrel{1.50, 1.39}{=} |G/\text{Kern} f| = |f(G)|.$$

Ist f_U die Einschränkung von f auf U, also

$$f_U : U \to H$$
$$x \mapsto f(x),$$

so ist f_U ebenfalls ein Homomorphismus und es gilt

$$\begin{aligned}\text{Kern} f_U &= \{x \in U : f_U(x) = e\} = \{x \in U : f(x) = e\} \\ &= \{x \in U : x \in \text{Kern} f\} = \text{Kern} f \cap U.\end{aligned}$$

Wiederum liefert der Homomorphiesatz, dass $U/(\operatorname{Kern} f \cap U)$ isomorph ist zu $f(U)$. Damit gilt
$$\frac{|U|}{|\operatorname{Kern} f \cap U|} = |f(U)|$$
und insgesamt ergibt sich
$$\frac{|G|}{|\operatorname{Kern} f|} \cdot |f(U)| = |f(G)| \cdot \frac{|U|}{|\operatorname{Kern} f \cap U|},$$
also
$$\frac{|G|}{|U|} = \frac{|f(G)|}{|f(U)|} \cdot \frac{|\operatorname{Kern} f|}{|\operatorname{Kern} f \cap U|}.$$

FJ06-III-3

Aufgabe

G sei eine Gruppe und $G \times G$ bezeichne das direkte Produkt von G mit G. Beweisen oder widerlegen Sie:

a) Ist jede Untergruppe von $G \times G$ Normalteiler, so ist G abelsch.

b) Ist jede Untergruppe von G Normalteiler, so ist G abelsch.

Lösung

a) Seien $a, b \in G$ und seien alle Untergruppen von $G \times G$ (1.71) Normalteiler (1.35). Dann ist auch $\langle (b, b) \rangle$ Normalteiler von $G \times G$ und es gilt
$$(a, b) \cdot (b, b) \cdot (a, b)^{-1} = (b, b)^j \text{ für ein } j \in \mathbb{N}.$$
Es folgt $aba^{-1} = b^j$ und $bbb^{-1} = b^j$, also $aba^{-1} = b$ und damit $ab = ba$.

b) Wir betrachten die Menge
$$\mathcal{Q} = \{\pm E, \pm A, \pm B, \pm C\} \subseteq \operatorname{Mat}_2(\mathbb{C})$$
mit
$$E := \begin{pmatrix} 1 & 0 \\ 0 & 1 \end{pmatrix}, \quad A := \begin{pmatrix} 0 & 1 \\ -1 & 0 \end{pmatrix}, \quad B := \begin{pmatrix} 0 & i \\ i & 0 \end{pmatrix}, \quad C := \begin{pmatrix} i & 0 \\ 0 & -i \end{pmatrix}$$
und der üblichen Matrizenmultiplikation als Verknüpfung. Die Verknüpfungstafel zeigt, dass es sich hier um eine Gruppe handelt:

·	E	$-E$	A	$-A$	B	$-B$	C	$-C$
E	E	$-E$	A	$-A$	B	$-B$	C	$-C$
$-E$	$-E$	E	$-A$	A	$-B$	B	$-C$	C
A	A	$-A$	$-E$	E	C	$-C$	$-B$	B
$-A$	$-A$	A	E	$-E$	$-C$	C	B	$-B$
B	B	$-B$	$-C$	C	$-E$	E	$-A$	A
$-B$	$-B$	B	C	$-C$	E	$-E$	$-A$	A
C	C	$-C$	B	$-B$	$-A$	A	$-E$	E
$-C$	$-C$	C	$-B$	B	A	$-A$	E	$-E$

Sie ist nicht abelsch, denn beispielsweise gilt

$$BA = -C \neq C = AB.$$

Als Untergruppe der Ordnung 8 hat $\mathcal{Q}$ nach Lagrange nur Untergruppen der Ordnung 1, 2, 4 und 8. Die Untergruppen der Ordnung 1 und 8, also $\{E\}$ und $\mathcal{Q}$, sind trivialerweise Normalteiler (1.36). Die Untergruppen der Ordnung 4 sind als Untergruppen vom Index 2 Normalteiler (1.44). An der Gruppentafel sieht man, dass $\mathcal{Q}$ nur ein Element der Ordnung 2 hat, nämlich $-E$. Also hat $\mathcal{Q}$ nur eine Untergruppe der Ordnung 2, $\{E, -E\}$, und diese ist folglich Normalteiler von $\mathcal{Q}$ (1.43).

$\mathcal{Q}$ ist also eine nichtabelsche Gruppe, deren Untergruppen alle Normalteiler sind. Die Aussage ist damit widerlegt.

FJ06-III-4

Aufgabe

R sei ein faktorieller Ring mit Quotientenkörper K, und $x \in K$ sei Nullstelle eines normierten Polynoms aus $R[X]$. Zeigen Sie: $x \in R$.

Lösung

Sei $x \in K$ Nullstelle des normierten Polynoms

$$r_0 + r_1 X + \ldots + r_{n-1} X^{n-1} + X^n \in R[X].$$

Da K der Quotientenkörper von R (2.59) ist, gibt es teilerfremde Elemente $s \in R$, $t \in R \setminus \{0\}$ mit $x = \frac{s}{t}$. Es gilt:

$$r_0 + r_1 \frac{s}{t} + \ldots + r_{n-1} \frac{s^{n-1}}{t^{n-1}} + \frac{s^n}{t^n} = 0$$
$$\Rightarrow r_0 t^n + r_1 s t^{n-1} + \ldots + r_{n-1} s^{n-1} t + s^n = 0$$
$$\Rightarrow t(r_0 t^{n-1} + r_1 s t^{n-2} + \ldots + r_{n-1} s^{n-1}) = -s^n.$$

Demnach ist t ein Teiler von s^n, und wegen Wahl von s und t ist t eine Einheit im Ring R (2.5). Also gilt $\frac{1}{t} \in R$ und damit $\frac{s}{t} = x \in R$.

FJ06-III-5

Aufgabe

Ist $K|\mathbb{Q}$ Galoiserweiterung vom Grad 4 mit zyklischer Galoisgruppe, so hat das Polynom $X^2 + 1 \in \mathbb{Q}[X]$ keine Nullstelle in K.

Lösung

Sei $K|\mathbb{Q}$ eine Galoiserweiterung mit Galoisgruppe $G(K|\mathbb{Q}) \cong \mathbb{Z}/4\mathbb{Z}$, also

$$G(K|\mathbb{Q}) = \{\text{id}, \sigma, \sigma^2, \sigma^3\}$$

für ein $\sigma : K \to K$.

Angenommen, $x^2 + 1$ hat eine Nullstelle in K. Das Polynom $x^2 + 1 \in \mathbb{Q}[x]$ hat die beiden Nullstellen i und $-i$. Also ist $\mathbb{Q}(i)$ ein Teilkörper von K. Nach dem Hauptsatz der Galoistheorie (3.44) ist $\mathbb{Q}(i)$ der Fixkörper einer Untergruppe von $G(K|\mathbb{Q})$. Die Untergruppe $\text{Gal}(K|\mathbb{Q}(i))$ von $\text{Gal}(K|\mathbb{Q})$ hat die Ordnung

$$|\text{Gal}(K|\mathbb{Q}(i))| \stackrel{3.43}{=} [K : \mathbb{Q}(i)] \stackrel{3.14}{=} \frac{[K : \mathbb{Q}]}{[\mathbb{Q}(i) : \mathbb{Q}]} = \frac{4}{2} = 2.$$

Einzige Untergruppe dieser Ordnung ist $\langle \sigma^2 \rangle$ (1.26). Somit gilt $\sigma^2(i) = i$ (3.41).

Der Körper K ist Zerfällungskörper eines über $\mathbb{Q}$ separablen Polynoms (3.38). Sind $a_1, \ldots, a_n$ die Nullstellen dieses Polynoms f im algebraisch abgeschlossenen Körper $\mathbb{C}$, so gilt $f(\overline{a_j}) = \overline{f(a_j)} = \overline{0} = 0$ für jedes $j \in \{1, \ldots, n\}$. Daraus folgt

$$K \stackrel{3.35}{=} \mathbb{Q}(a_1, \ldots, a_n) = \mathbb{Q}(a_1, \ldots, a_n, \overline{a_1}, \ldots, \overline{a_n}).$$

Also ist $\varphi : z \mapsto \bar{z}$ ein Automorphismus auf K und damit ein Element der Galoisgruppe. Da $i \in K$ und somit $K \not\subset \mathbb{R}$ gilt, hat φ Ordnung 2. Einziges Element der Ordnung 2 in $G(K|\mathbb{Q})$ ist σ^2, also ist $i = \sigma^2(i) = \varphi(i) = -i$. Widerspruch.

FJ06-III-6

Aufgabe

Sind $L|K$ und $M|L$ endliche Körpererweiterungen und ist $M|K$ galoissch mit Galoisgruppe G, so ist auch der Körper

$$K\left(\bigcup_{\sigma \in G} \sigma(L)\right)$$

galoissch über K.

Lösung

Der Körper $Z := K\left(\bigcup_{\sigma \in G} \sigma(L)\right)$ ist ein Zwischenkörper der Galoiserweiterung $M|K$. Wir zeigen, dass $\mathrm{Gal}(M|Z)$ ein Normalteiler von G ist.

Seien $\varphi \in \mathrm{Gal}(M|Z)$ und $\psi \in G$. Sei $x = \sigma(y)$ für ein $y \in L$ und ein $\sigma \in G$. Dann gilt $\psi^{-1}\varphi\psi(x) = \psi^{-1}\varphi(\psi\sigma(y))$. Wegen $\psi\sigma \in G$ und $y \in L$ ist $\psi\sigma(y)$ Element von Z. Der Automorphismus φ lässt alle Elemente in Z fest, somit gilt

$$\varphi(\psi\sigma(y)) = \psi(x) \Rightarrow \psi^{-1}\varphi\psi(x) = \psi^{-1}(\psi(x)) = x.$$

Die Elemente der Form $\sigma(y)$ für ein $\sigma \in G$ und ein $y \in L$ erzeugen den Körper Z über K. Daraus folgt, dass $\psi^{-1}\varphi\psi$ alle Elemente in Z festlässt, also ein Element von $\mathrm{Gal}(M|Z)$ ist. Die Galoisgruppe $\mathrm{Gal}(M|Z)$ ist folglich ein Normalteiler von G (1.35).

Nach dem Hauptsatz der Galoistheorie (3.44) ist Z galoissch über K.

13. Prüfungstermin Herbst 2006

H06-I-1

Aufgabe

Gegeben seien die Polynome $p = X^3 - X + 2$ und $q = X^2 - 2X + 2$ in $\mathbb{Q}[X]$.

a) Beweisen Sie, dass $K = \mathbb{Q}[X]/(p)$ ein Körper ist.

b) Bestimmen Sie das multiplikative Inverse der Restklasse $\bar{q}$ von q in K.

Lösung

a) Die Koeffizienten des Polynoms p sind teilerfremde ganze Zahlen. Das Polynom $\tilde{p} = X^3 + 2X + 2 \in \mathbb{Z}/3\mathbb{Z}[X]$ hat keine Nullstellen in $\mathbb{Z}/3\mathbb{Z}$, denn es ist
$$\tilde{p}(0) = \tilde{p}(1) = \tilde{p}(2) = 2,$$
und ist somit irreduzibel in $\mathbb{Z}/3\mathbb{Z}[X]$ (2.55). Folglich ist p irreduzibel in $\mathbb{Z}[X]$ (2.56) und mit Gauß (2.60) in $\mathbb{Q}[X]$.

Der Ring $\mathbb{Q}[X]$ ist ein Hauptidealbereich (2.39, 2.37). Also sind die maximalen Ideale in $\mathbb{Q}[X]$ die durch irreduzible Elemente erzeugten Ideale (2.34) und (p) ist ein maximales Ideal. Folglich ist $\mathbb{Q}[X]/(p)$ ein Körper (2.29).

b) Berechne mit dem euklidischen Algorithmus (2.40) die Darstellung der 1 mittels p und q:
$$1 = \left(\frac{1}{2} + \frac{1}{2}X^2 + X\right) \cdot q(X) - \frac{1}{2}X \cdot p(X)$$

Dann folgt
$$1 + (p) = \left(\frac{1}{2} + \frac{1}{2}X^2 + X\right) \cdot q(X) + (p) - \underbrace{\frac{1}{2}X \cdot p(X) + (p)}_{=0+(p)}$$

$$\Rightarrow (q + (p))^{-1} = \left(\frac{1}{2} + \frac{1}{2}X^2 + X\right) + (p).$$

H06-I-2

Aufgabe

Es sei $R = \mathbb{Z}\left[\frac{1+\sqrt{-3}}{2}\right] \subset \mathbb{C}$ gegeben.

a) Fertigen Sie eine Skizze von R als Teilmenge der Gaußschen Zahlenebene $\mathbb{C}$ an.

b) Beweisen Sie, dass R mit der komplexen Norm $\|\cdot\|^2$ ein euklidischer Ring ist.

c) Bestimmen Sie alle Einheiten von R.

d) Zerlegen Sie $3, 5$ und 7 in Primfaktoren in R.

Lösung

a) Es ist $R = \left\{g(\frac{1+\sqrt{-3}}{2}) : g \in \mathbb{Z}[x]\right\}$ (2.3). Für $\beta = \frac{1+\sqrt{-3}}{2}$ gilt:

$$(2\beta - 1)^2 = -3 \Rightarrow 4\beta^2 - 4\beta + 4 = 0 \Rightarrow \beta^2 = \beta - 1.$$

Also ist $R = \left\{a + b\frac{1+\sqrt{-3}}{2} : a, b \in \mathbb{Z}\right\} = \left\{a + b\left(\frac{1}{2} + \frac{\sqrt{3}i}{2}\right) : a, b \in \mathbb{Z}\right\}$.

Skizze:

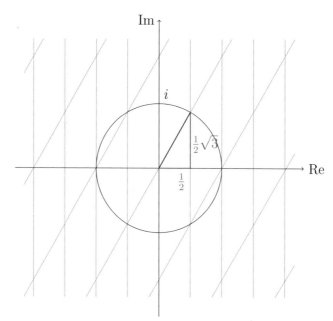

b) Als Unterring von $\mathbb{C}$ ist R ein Integritätsbereich (2.29, 2.18). Sei

$$\begin{aligned} N : R &\to \mathbb{N}_0 \\ a + b\frac{1+\sqrt{3}i}{2} &\mapsto a^2 + ab + b^2. \end{aligned}$$

Dann stimmt N auf R mit der komplexen Norm überein, denn es gilt

$$\left\| a + b\frac{1+\sqrt{3}i}{2} \right\|^2 = \left\| \frac{2a+b+b\sqrt{3}i}{2} \right\|^2 = \frac{1}{4}((2a+b)^2 + 3b^2)$$
$$= a^2 + ab + b^2.$$

Das Bild von N ist wohlgeordnet mit kleinstem Element 0. Es gilt offensichtlich

$$N(r) = 0 \Leftrightarrow r = 0.$$

Seien nun $x, y \in R$. Dann ist $\frac{x}{y}$ von der Form

$$\frac{x}{y} = a + b\frac{1+\sqrt{3}i}{2}$$

mit $a, b \in \mathbb{Q}$.

Wähle $c, d \in \mathbb{Z}$ so, dass $|a - c| \leq \frac{1}{2}$ und $|b - d| \leq \frac{1}{2}$ gilt, und setze

$$q = c + d\frac{1+\sqrt{3}i}{2}.$$

Dann gilt

$$\left\| \frac{x}{y} - q \right\|^2 = \left\| a + b\frac{1+\sqrt{3}i}{2} - c - d\frac{1+\sqrt{3}i}{2} \right\|^2$$
$$= \left\| (a-c) + (b-d)\frac{1+\sqrt{3}i}{2} \right\|^2$$
$$= (a-c)^2 + (a-c)(b-d) + (b-d)^2 \leq \frac{3}{4} < 1$$

Für $r = x - qy \in R$ gilt also $x = qy + r$ mit

$$\frac{N(r)}{N(y)} = \frac{\|r\|^2}{\|y\|^2} = \left\|\frac{r}{y}\right\|^2 = \left\|\frac{x}{y} - q\right\|^2 < 1 \Rightarrow N(r) < N(y).$$

Folglich ist R ein euklidischer Ring (2.36).

c) Sei $x = a + b\frac{1+\sqrt{3}i}{2} \in R$ eine Einheit (2.5). Dann gibt es ein $y \in R$ mit $xy = 1$ und es folgt

$$N(xy) = 1 \Rightarrow N(x)N(y) = 1 \overset{N(x) \in \mathbb{N}}{\Rightarrow} N(x) = 1 \Rightarrow a^2 + ab + b^2 = 1.$$

Ist $a = 0$, so folgt $b = \pm 1$. Sei $a \neq 0$. Dann gilt

$$a = \frac{-b \pm \sqrt{b^2 - 4(b^2 - 1)}}{2} = \frac{-b \pm \sqrt{4 - 3b^2}}{2}.$$

Nun ist $\sqrt{4 - 3b^2} \in \mathbb{Z}$ genau dann, wenn $b \in \{0, 1, -1\}$ ist, und dann gilt

$$b = 0 \Rightarrow a = \pm 1$$
$$b = 1 \Rightarrow a \in \{0, -1\}$$
$$b = -1 \Rightarrow a \in \{0, 1\}.$$

Als Einheiten kommen also nur die Elemente

$$\pm \frac{1 + \sqrt{3}i}{2}, \pm 1, -1 + \frac{1 + \sqrt{3}i}{2}, 1 - \frac{1 + \sqrt{3}i}{2}$$

in Frage, wobei

$$-1 + \frac{1 + \sqrt{3}i}{2} = \frac{-2 + 1 + \sqrt{3}i}{2} = \frac{-1 + \sqrt{3}i}{2}$$

und

$$1 - \frac{1 + \sqrt{3}i}{2} = \frac{2 - 1 - \sqrt{3}i}{2} = \frac{1 - \sqrt{3}i}{2}$$

gilt.

In der Tat sind dies Einheiten, denn

$$1 = \frac{1 + \sqrt{3}i}{2} \cdot \frac{1 - \sqrt{3}i}{2} = -\frac{1 + \sqrt{3}i}{2} \cdot \frac{-1 + \sqrt{3}i}{2} = \pm 1 \cdot \pm 1.$$

d) Es ist

$$\left(1 + \frac{1 + \sqrt{-3}}{2}\right)\left(2 - \frac{1 + \sqrt{-3}}{2}\right) = 3$$

und

$$N\left(1 + \frac{1 + \sqrt{-3}}{2}\right) = N\left(2 - \frac{1 + \sqrt{-3}}{2}\right) = 3.$$

Die Norm der beiden Faktoren ist prim in $\mathbb{Z}$ und damit sind die beiden Faktoren irreduzibel. In euklidischen Ringen sind die irreduziblen Elemente genau die Primelemente (2.37, 2.34). Die Zerlegung ist also eine Zerlegung von 3 in Primfaktoren.

Angenommen, die Zahl 5 ist kein Primelement in R, also reduzibel. Dann ist
$$5 = xy \text{ mit } N(x) = 5.$$
Sei
$$x = a + b\frac{1 + \sqrt{-3}}{2}, \text{ also } a^2 + ab + b^2 = 5.$$
Dann ist $a^2 + ab + b^2 \equiv 0 \mod 5$. In $\mathbb{Z}/5\mathbb{Z}$ gilt:

x	0	1	2	3	4
x^2	0	1	-1	-1	1

Ist $\bar{a} = 0$, so folgt
$$\bar{b}^2 = 0 \Rightarrow \bar{b} = 0 \Rightarrow 5 \mid a,b \Rightarrow (N(x) > 5 \lor x = 0).$$
Ist $\bar{a} = 1$, so folgt $1 + \bar{b} + \bar{b}^2 = 0$. Keines der Elemente in $\mathbb{Z}/5\mathbb{Z}$ erfüllt aber diese Gleichung. Somit ist $\bar{a} \neq 1$. Analog schließt man $\bar{a} \in \{2,3,4\}$ aus.

Die Gleichung $a^2 + ab + b^2 = 5$ ist also nicht lösbar in $\mathbb{Z}$. Es gibt folglich kein Element in R mit Norm 5 und 5 ist Primelement in R.

Es ist
$$\left(1 + 2\frac{1 + \sqrt{-3}}{2}\right)\left(3 - 2\frac{1 + \sqrt{-3}}{2}\right) = 7$$
und
$$N\left(1 + 2\frac{1 + \sqrt{-3}}{2}\right) = N\left(3 - 2\frac{1 + \sqrt{-3}}{2}\right) = 7.$$
Mit gleicher Begründung wie bei 3 ist dies eine Primfaktorzerlegung der Zahl 7 in R.

H06-I-3

Aufgabe

Gegeben sei der Zerfällungskörper K des Polynoms $X^3 - 7 \in \mathbb{Q}[X]$.

a) Bestimmen Sie den Grad und die Galois-Gruppe G der Körpererweiterung $K \supset \mathbb{Q}$.

b) Bestimmen Sie alle Untergruppen von G und die dazugehörigen Zwischenkörper.

Lösung

a) Die Nullstellen von $f := x^3 - 7$ in $\overline{\mathbb{Q}}$ sind $\sqrt[3]{7}, \sqrt[3]{7}e^{\frac{2\pi i}{3}}$ und $\sqrt[3]{7}e^{\frac{4\pi i}{3}}$. Somit gilt $K = \mathbb{Q}(\sqrt[3]{7}, e^{\frac{2\pi i}{3}})$ (3.35).

Als Eisenstein-Polynom für $p = 7$ ist f irreduzibel über $\mathbb{Z}$ (2.57) und nach Gauß irreduzibel über $\mathbb{Q}$ (2.60). Es ist normiert und hat $\sqrt[3]{7}$ als Nullstelle. Damit ist f das Minimalpolynom von $\sqrt[3]{7}$ über $\mathbb{Q}$ (3.18) und es gilt $[\mathbb{Q}(\sqrt[3]{7}) : \mathbb{Q}] = 3$ (3.19).

Wegen $e^{\frac{2\pi i}{3}} \in \mathbb{C} \setminus \mathbb{R}$ und $\mathbb{Q}(\sqrt[3]{7}) \subseteq \mathbb{R}$ gilt $[\mathbb{Q}(\sqrt[3]{7})(e^{\frac{2\pi i}{3}}) : \mathbb{Q}(\sqrt[3]{7})] > 1$. Das normierte Polynom $x^2 + x + 1$ hat $e^{\frac{2\pi i}{3}}$ als Nullstelle, ist also das Minimalpolynom von $e^{\frac{2\pi i}{3}}$ über $\mathbb{Q}(\sqrt[3]{7})$ (3.16).

Nach der Gradformel (3.14) ergibt sich als Grad der Körpererweiterung $K \supset \mathbb{Q}$

$$[K : \mathbb{Q}] = [\mathbb{Q}(\sqrt[3]{7})(e^{\frac{2\pi i}{3}}) : \mathbb{Q}(\sqrt[3]{7})] \cdot [\mathbb{Q}(\sqrt[3]{7}) : \mathbb{Q}] = 2 \cdot 3 = 6.$$

Sei $e^{\frac{2\pi i}{3}} =: \zeta$. Es ist $m_{\sqrt[3]{7},\mathbb{Q}} = x^3 - 7$ mit den Nullstellen $\sqrt[3]{7}, \sqrt[3]{7}\zeta$ und $\sqrt[3]{7}\zeta^2$, und $m_{\zeta,\mathbb{Q}} = x^2 + x + 1$ mit den Nullstellen ζ und ζ^2. Die sechs Elemente der Galois-Gruppe G sind gegeben durch (3.24):

	ϕ_1	ϕ_2	ϕ_3	ϕ_4	ϕ_5	ϕ_6
$\phi_i(\sqrt[3]{7})$	$\sqrt[3]{7}$	$\sqrt[3]{7}\zeta$	$\sqrt[3]{7}\zeta^2$	$\sqrt[3]{7}$	$\sqrt[3]{7}\zeta$	$\sqrt[3]{7}\zeta^2$
$\phi_i(\zeta)$	ζ	ζ	ζ	ζ^2	ζ^2	ζ^2

Es gilt
$$\phi_2\phi_4(\zeta) = \zeta^2 = \phi_4\phi_3(\zeta) = \phi_4\phi_2^{-1}(\zeta)$$
und
$$\phi_2\phi_4(\sqrt[3]{7}) = \sqrt[3]{7}\zeta = \phi_4\phi_3(\sqrt[3]{7}) = \phi_4\phi_2^{-1}(\sqrt[3]{7})$$

und damit $\phi_2\phi_4 = \phi_4\phi_2^{-1}$. Außerdem ist $\text{ord}(\phi_2) = 3$, $\text{ord}(\phi_4) = 2$ und $\phi_4 \notin \langle\phi_2\rangle = \{\text{id}, \phi_2, \phi_3\}$. Nach einer bekannten Charakterisierung der Diedergruppen (1.94) ist G also isomorph zu $D_3 \cong S_3$.

b) Die Diedergruppe D_3 hat Ordnung 6. Nach Lagrange (1.34) haben die nichttrivialen Untergruppen Ordnung 2 oder Ordnung 3, sind also zyklisch (1.19). Die Automorphismen ϕ_4, ϕ_5 und ϕ_6 haben Ordnung 2, es gibt also drei Untergruppen der Ordnung 2. Die Abbildungen ϕ_2 und ϕ_3 liefern eine Untergruppe der Ordnung 3. Zusätzlich zu den trivialen Teilkörpern $\mathbb{Q}$ und $\mathbb{Q}(\sqrt[3]{7}, \zeta)$ liefern diese Untergruppen nach dem Hauptsatz der Galoistheorie vier weitere Teilkörper.

Für eine Untergruppe U von G ist die Körpererweiterung $L_U \leq L$ galoissch (3.41, 3.39) und für den Grad von L_U über $\mathbb{Q}$ gilt

$$[L_U : \mathbb{Q}] \stackrel{3.14}{=} \frac{[L : L_U]}{[L : \mathbb{Q}]} \stackrel{3.43}{=} \frac{|G|}{|U|} = \frac{6}{|U|}.$$

Der Fixkörper L_{U_3} der Untergruppe $U_3 := \{\text{id}, \phi_2, \phi_3\}$ hat Grad

$$[L_{U_3} : \mathbb{Q}] = \frac{6}{3} = 2$$

über $\mathbb{Q}$. Alle Automorphismen in U_3 lassen ζ fest. Außerdem hat $\mathbb{Q}(\zeta)$ Grad 2 über $\mathbb{Q}$. Somit ist $L_{U_3} = \mathbb{Q}(\zeta)$.

Der Fixkörper L_{U_4} der Untergruppe $U_4 = \{\text{id}, \phi_4\}$ hat Grad

$$[L_{U_4} : \mathbb{Q}] = \frac{6}{2} = 3$$

über $\mathbb{Q}$. Die identische Abbildung und ϕ_4 lassen $\sqrt[3]{7}$ fest. Der Körper $\mathbb{Q}(\sqrt[3]{7})$ hat Grad 3 über $\mathbb{Q}$. Somit ist $L_{U_4} = \mathbb{Q}(\sqrt[3]{7})$.

Der Fixkörper L_{U_5} der Untergruppe $U_5 = \{\text{id}, \phi_5\}$ hat Grad $[L_{U_5} : \mathbb{Q}] = 3$ über $\mathbb{Q}$. Es ist $\phi_5(\sqrt[3]{7^2}\zeta) = (\sqrt[3]{7}\zeta)^2 \zeta^2 = \sqrt[3]{7^2}\zeta$, also gilt $\mathbb{Q}(\sqrt[3]{7^2}\zeta) \subseteq L_{U_5}$. Da $\sqrt[3]{7^2}\zeta$ in $\mathbb{C} \setminus \mathbb{Q}$ liegt, hat $\mathbb{Q}(\sqrt[3]{7^2}\zeta)$ Grad > 1 über $\mathbb{Q}$. Grad 2 ist nicht möglich, denn dann könnte $\mathbb{Q}(\sqrt[3]{7^2}\zeta)$ kein Teilkörper des Fixkörpers L_{U_5} sein, der über $\mathbb{Q}$ Grad 3 hat (3.14). Also hat $\mathbb{Q}(\sqrt[3]{7^2}\zeta)$ Grad 3 über $\mathbb{Q}$ und es folgt $L_{U_5} = \mathbb{Q}(\sqrt[3]{7^2}\zeta)$.

Der Fixkörper L_{U_6} der Untergruppe $U_6 = \{\text{id}, \phi_6\}$ hat Grad $[L_{U_6} : \mathbb{Q}] = 3$ über $\mathbb{Q}$. Es ist $\phi_6(\sqrt[3]{7}\zeta) = (\sqrt[3]{7}\zeta^2)\zeta^2 = \sqrt[3]{7}\zeta$, also $\mathbb{Q}(\sqrt[3]{7}\zeta) \subseteq L_{U_6}$. Die gleiche Begründung wie bei ϕ_5 liefert $L_{U_6} = \mathbb{Q}(\sqrt[3]{7}\zeta)$.

Bemerkung: Die gleiche Lösung erhält man mit der Spurmethode (3.45): Eine Basis der Körpererweiterung $\mathbb{Q}(\sqrt[3]{7}, \zeta)|\mathbb{Q}$ ist $1, \sqrt[3]{7}, \sqrt[3]{7}^2, \zeta, \sqrt[3]{7}\zeta, \sqrt[3]{7}^2\zeta$. Es gilt beispielsweise für $U_6 = \{\text{id}, \phi_6\}$

$$1 + \phi_6(1) = 2$$
$$\sqrt[3]{7} + \phi_6(\sqrt[3]{7}) = \sqrt[3]{7} + \sqrt[3]{7}\zeta^2 = \sqrt[3]{7}(1 + \zeta^2) = -\zeta\sqrt[3]{7}$$
$$\sqrt[3]{7}^2 + \phi_6(\sqrt[3]{7}^2) = \sqrt[3]{7}^2 + \sqrt[3]{7}^2\zeta = -\sqrt[3]{7}^2\zeta^2$$
$$\zeta + \phi_6(\zeta) = \zeta + \zeta^2 = -1$$
$$\sqrt[3]{7}\zeta + \phi_6(\sqrt[3]{7}\zeta) = 2\sqrt[3]{7}\zeta$$
$$\sqrt[3]{7}^2\zeta + \phi_6(\sqrt[3]{7}^2\zeta) = \sqrt[3]{7}^2\zeta + \sqrt[3]{7}^2 = -\sqrt[3]{7}^2\zeta^2$$

und somit $L_{U_6} = \mathbb{Q}(\sqrt[3]{7}\zeta)$.

H06-I-4

Aufgabe

Sei G eine nicht abelsche Gruppe der Ordnung 231.

a) Für welche Primzahl p sind die p-Sylow-Gruppen in G keine Normalteiler?

b) Sei p die Primzahl aus Teilaufgabe a) und sei S eine p-Sylow-Gruppe. Bestimmen Sie den Isomorphietyp des Normalisators

$$N(S) = \{g \in G \mid gsg^{-1} \in S \text{ für alle } s \in S\}$$

von S in G.

c) Können Sie G mit Hilfe der Teilaufgaben a) und b) als semidirektes Produkt zyklischer Gruppen schreiben?

Lösung

a) Für die Gruppenordnung gilt $|G| = 231 = 3 \cdot 7 \cdot 11$. Die Sylow-Sätze ergeben, dass G genau eine 7-Sylow-Untergruppe S_7 und genau eine 11-Sylow-Untergruppe S_{11} besitzt. Diese Untergruppen sind folglich Normalteiler von G (1.79, 1.43) und es bleibt nur $p = 3$.

Die Sylow-Gruppen haben alle Primzahlordnung, sind also zyklisch (1.19). Wäre nun eine 3-Sylow-Untergruppe S_3 ebenfalls Normalteiler von G, so wäre G (nach den Sätzen 1.72 und 1.70) isomorph zum direkten Produkt

$$S_3 \times S_7 \times S_{11} \cong \mathbb{Z}/3\mathbb{Z} \times \mathbb{Z}/7\mathbb{Z} \times \mathbb{Z}/11\mathbb{Z}.$$

Damit wäre G abelsch, was nach Voraussetzung nicht der Fall ist. Somit sind die 3-Sylow-Untergruppen in G keine Normalteiler.

b) Sei S eine 3-Sylow-Untergruppe. Der Normalisator

$$N(S) = \{g \in G \mid gsg^{-1} \in S \text{ für alle } s \in S\}$$

von S in G (1.46) ist eine Untergruppe von G (1.47). Nach den Sylow-Sätzen (1.79) gilt $[G : N(S)] = s_3 = 7$, also $N(S) = 33$.

Die Gruppe $N(S)$ hat genau eine Untergruppe der Ordnung 3 und genau eine der Ordnung 11, ist folglich isomorph zu $\mathbb{Z}/3\mathbb{Z} \times \mathbb{Z}/11\mathbb{Z} \cong \mathbb{Z}/33\mathbb{Z}$.

c) Sei N die 7-Sylow-Untergruppe. Dann ist N ein zyklischer Normalteiler von G (1.19). Sei $H = N(S) = \mathbb{Z}/33\mathbb{Z}$. Nach Teilaufgabe b) ist H eine zyklische Untergruppe von G. Da ggT$(7,33) = 1$, gilt nach Lagrange $N \cap H = \{e\}$ und wegen $|\langle N \cup H\rangle| = |N| \cdot |H| = |G|$ folgt $\langle N \cup H\rangle = G$ (1.70). Also ist G isomorph zu einem semidirekten Produkt aus N und H (1.73).

Nun ist Aut$(N) \cong \mathbb{Z}/6\mathbb{Z}$ (1.28, 2.11), es gibt also einen Autormorphismus α von N mit der Ordnung 3 (1.26). Sei $\varphi : H \to \text{Aut}(N)$ definiert durch $\varphi(1) = \alpha$. Dann ist φ ein nichtkonstanter Homomorphismus und das mittels φ gebildete semidirekte Produkt von H und N ist nichtabelsch und isomorph zu G (1.74).

H06-II-1

Aufgabe

Sei $X = X_1 \cup X_2$ eine endliche Menge, die disjunkte Vereinigung zweier n-elementiger Mengen X_1 und X_2 ist ($n \geq 2$). Sei $S(X) \cong S_{2n}$ die Menge aller Permutationen von X (d.h. aller bijektiven Abbildungen $\sigma : X \to X$). Die Untermenge $G \subset S(X)$ sei wie folgt definiert:

$$G := \{\sigma \in S(X) : \sigma(X_1) = X_1 \text{ oder } \sigma(X_1) = X_2\}.$$

a) Zeigen Sie, dass G eine Untergruppe von $S(X)$ ist.

b) Sei $\phi : G \to \{\pm 1\}$ definiert durch

$$\phi(\sigma) = \begin{cases} 1 & \text{falls } \sigma(X_1) = X_1, \\ -1 & \text{sonst.} \end{cases}$$

Zeigen Sie, dass ϕ ein surjektiver Gruppen-Homomorphismus ist und Ker(ϕ) isomorph zu $S_n \times S_n$ ist.

c) Ist G ein Normalteiler von $S(X)$?

d) Für welche n ist die Gruppe G auflösbar?

Lösung

a) Das neutrale Element von $S(X)$ ist die identische Abbildung und diese ist in G enthalten, denn sie bildet X_1 auf X_1 ab. Die Menge G ist also nicht leer. Sei $\sigma \in G$. Ist $\sigma(X_1) = X_1$, so folgt $\sigma(X_2) = X_2$, denn σ ist bijektiv. Ist $\sigma(X_1) = X_2$, so folgt $\sigma(X_2) = X_1$. Damit gilt für $\sigma \in G$

$$\sigma^{-1}(X_1) = \begin{cases} X_1, & \text{falls } \sigma(X_1) = X_1, \\ X_2, & \text{falls } \sigma(X_1) = X_2, \end{cases}$$

also $\sigma^{-1} \in G$.

Seien $\sigma, \tau \in G$. Ist $\tau(X_1) = X_1$, so gilt

$$\sigma \circ \tau(X_1) = \sigma(X_1) \in \{X_1, X_2\}.$$

Ist $\tau(X_1) = X_2$, so gilt

$$\sigma \circ \tau(X_1) = \sigma(X_2) = \begin{cases} X_1, & \text{falls } \sigma(X_1) = X_2, \\ X_2, & \text{falls } \sigma(X_1) = X_1. \end{cases}$$

In beiden Fällen folgt $\sigma \circ \tau \in G$. Also ist G eine Untergruppe von $S(X)$.

b) Seien $\sigma, \tau \in G$. Ist $\tau(X_1) = X_1$, so gilt $\sigma \circ \tau(X_1) = \sigma(X_1)$ und damit

$$\phi(\sigma \circ \tau) = \phi(\sigma) = \phi(\sigma) \cdot 1 = \phi(\sigma) \cdot \phi(\tau).$$

Ist $\tau(X_1) = X_2$, so gilt $\sigma \circ \tau(X_1) = \sigma(X_2)$. Falls $\sigma(X_1) = X_1$ gilt, folgt $\sigma \circ \tau(X_1) = X_2$ und damit

$$\phi(\sigma \circ \tau) = -1 = 1 \cdot (-1) = \phi(\sigma) \cdot \phi(\tau).$$

Falls $\sigma(X_1) = X_2$ gilt, folgt $\sigma \circ \tau(X_1) = X_1$ und damit

$$\phi(\sigma \circ \tau) = 1 = (-1) \cdot (-1) = \phi(\sigma) \cdot \phi(\tau).$$

Die Abbildung ϕ ist also ein Homomorphismus (1.6). Das Bild der identischen Abbildung ist 1. Für $X_1 = \{x_1, \ldots, x_n\}$ und $X_2 = \{x_{n+1}, \ldots, x_{2n}\}$ ist

$$\sigma := (x_1 \ x_{n+1}) \circ (x_2 \ x_{n+2}) \circ \ldots \circ (x_n \ x_{2n})$$

ein Element von G mit $\phi(\sigma) = -1$. Somit ist ϕ surjektiv.

Der Kern von ϕ ist die Menge $\{\sigma \in G \mid \sigma(X_1) = X_1\}$. Alle Elemente $\sigma \in \text{Kern}(\phi)$ können eindeutig als Produkt zweier disjunkter Permutationen $\sigma_1 \in S_{X_1} \cong S_n$ und $\sigma_2 \in S_{X_2} \cong S_n$ geschrieben werden. Die Abbildung $\varphi : \text{Kern}(\phi) \to S_n \times S_n$ definiert durch $\varphi(\sigma) = (\sigma_1, \sigma_2)$ ist dann offensichtlich ein Isomorphismus.

c) Sei σ der Zykel $(x_1 \ x_2 \ldots x_n)$. Er ist Element von G, denn es gilt $\sigma(X_1) = X_1$. Sei τ die Transposition $(x_1 \ x_{n+1})$ aus $S(X)$. Dann gilt

$$\begin{aligned} \tau \circ \sigma \circ \tau^{-1} &= (x_1 \ x_{n+1}) \circ (x_1 \ x_2 \ldots x_n) \circ (x_1 \ x_{n+1}) \\ &= (x_2 \ x_3 \ldots \ x_n \ x_{n+1}) \notin G. \end{aligned}$$

Somit ist G kein Normalteiler von $S(X)$.

d) Die Gruppe S_n ist genau dann auflösbar, wenn $n \leq 4$ ist (1.85).

- Für $n = 2$ ist G eine Untergruppe von S_4 und somit als Untergruppe einer auflösbaren Gruppe auflösbar (1.59).

- Sei $n \in \{3, 4\}$. Der Kern von ϕ ist ein Normalteiler von G. Er ist nach Teilaufgabe b) isomorph zu $S_n \times S_n$, also auflösbar (1.75). Die Faktorgruppe $G/\mathrm{Kern}(\phi)$ ist isomorph zu $\{\pm 1\}$, also abelsch und damit auflösbar. Nach Satz 1.60 ist somit G auflösbar.

- Sei $n \geq 5$. Wäre G auflösbar, so wäre jede Untergruppe von G auflösbar, also insbesondere $\mathrm{Kern}(\phi) = S_n \times S_n$.

Also ist G genau für $2 \leq n \leq 4$ auflösbar.

H06-II-2

Aufgabe

Sei K ein Integritätsring, der einen Körper k enthält. Die Dimension von K über k sei endlich.

a) Beweisen Sie, dass K selbst ein Körper ist.

b) Sei $x \neq 0$ ein Element von K über k mit Minimalpolynom

$$f(X) = X^n + a_1 X^{n-1} + \cdots + a_{n-1} X + a_n \in k[X].$$

Drücken Sie $y := \frac{1}{x}$ als Polynom in x aus und bestimmen Sie das Minimalpolynom von y.

Lösung

a) Sei $a \in K \setminus k$. Da die Dimension von K über k endlich ist, hat das Minimalpolynom $m_{a,k}$ von a über k Grad n für ein $1 < n \in \mathbb{N}$ (3.19). Ist $k_0 + k_1 x + \ldots + k_n x^n$ das Minimalpolynom von a über k, so gilt $k_0 \neq 0$

und es folgt
$$k_0 + k_1 a + \ldots + k_n a^n = 0$$
$$\Rightarrow k_1 a + k_2 a^2 + \ldots + k_n a^n = -k_0$$
$$\Rightarrow a(k_1 + k_2 a + \ldots + k_n a^{n-1}) = -k_0$$
$$\Rightarrow a \underbrace{\left(-\frac{k_1}{k_0} - \ldots - \frac{k_n}{k_0} a^{n-1}\right)}_{\in K} = 1.$$

Somit ist a invertierbar in K und K folglich ein Körper.

Alternative Lösung: Seien $x \in K \setminus \{0\}$ und
$$\tau_x : K \to K$$
$$y \mapsto x \cdot y$$
die Linksmultiplikation mit x auf K. Nach Voraussetzung ist K ein k-Vektorraum endlicher Dimension $\dim_k(K) = n \in \mathbb{N} \setminus \{0\}$. Seien $v, w \in K$ und sei $\lambda \in k$. Dann gilt
$$\tau_x(v + w) = x(v + w) = xv + xw = \tau_x(v) + \tau_x(w)$$
und
$$\tau_x(\lambda v) = x(\lambda v) = \lambda x v = \lambda \tau_x(v).$$
Also ist τ_x ein k-Vektorraum-Homomorphismus (6.8). Weiter gilt
$$y \in \ker(\varphi) \Leftrightarrow xy = 0 \Leftrightarrow y = 0,$$
da K ein Integritätsring ist und $x \neq 0$ (2.9). Somit ist τ_x injektiv (6.9) und als k-Vektorraum-Homomorphismus zwischen endlich dimensionalen Vektorräumen auch bijektiv (6.10). Sei $y = \tau_x^{-1}(1)$. Dann gilt $xy = 1$, also ist $x \in K^\times$ und K ist ein Körper (3.1).

b) Das Polynom f ist das Minimalpolynom von x über k, also gilt
$$x^n + a_1 x^{n-1} + \ldots + a_{n-1} x + a_n = 0 \text{ mit } a_n \neq 0.$$
Im Körper K ist x invertierbar. Es folgt
$$y = \frac{1}{x} = x^{-1} = -\frac{1}{a_n} x^{n-1} - \frac{a_1}{a_n} x^{n-2} - \ldots - \frac{a_{n-2}}{a_n} x - \frac{a_{n-1}}{a_n}.$$
Das Polynom
$$g(X) = X^n + \frac{a_{n-1}}{a_n} X^{n-1} + \ldots + \frac{a_1}{a_n} X + \frac{1}{a_n}$$
hat y als Nullstelle, denn es ist
$$g(y) = x^{-n} + \frac{a_{n-1}}{a_n} x^{-(n-1)} + \ldots + \frac{a_1}{a_n} x^{-1} + \frac{1}{a_n} = \frac{x^{-n}}{a_n} f(x) = 0.$$
Nun gilt $k(x) = k(x^{-1}) = k(y)$, also hat y den gleichen Grad über k wie x. Es folgt, dass g das Minimalpolynom von y über k ist (3.16).

H06-II-3

Aufgabe

a) Beweisen Sie, dass das Polynom
$$F(X) = X^4 + 2X^3 + X^2 + 2X + 1 \in \mathbb{Q}[X]$$
irreduzibel ist. Hinweis: Betrachten Sie das Polynom modulo 3.

b) Sei $K := \mathbb{Q}[X]/(F(X))$ und $\theta \in K$ eine Nullstelle von $F(X)$. Beweisen Sie: Es gibt einen Automorphismus $\sigma : K \to K$ mit
$$\sigma(\theta) = \frac{1}{\theta}.$$

c) Sei $K_0 \subset K$ der Fixkörper von σ. Zeigen Sie, dass K_0 über $\mathbb{Q}$ von
$$\alpha := \theta + \frac{1}{\theta}$$
erzeugt wird und bestimmen Sie das Minimalpolynom von α über $\mathbb{Q}$.

d) Bestimmen Sie das Minimalpolynom von θ über K_0.

Lösung

a) Das Polynom $G(X) = X^4 + 2X^3 + X^2 + 2X + 1 \in \mathbb{F}_3[X]$ hat wegen $G(0) = G(1) = 1$ und $G(2) = 2$ keine Nullstelle in $\mathbb{F}_3$. Außerdem ist G durch keines der drei irreduziblen Polynome $X^2 + 1$, $X^2 + X + 2$ und $X^2 + 2X + 2$ vom Grad 2 in $\mathbb{F}_3[X]$ teilbar, denn es gilt

$$\begin{aligned}
X^4 + 2X^3 + X^2 + 2X + 1 &= (X^2 + 2X)(X^2 + 1) + 1, \\
X^4 + 2X^3 + X^2 + 2X + 1 &= (X^2 + X + 1)(X^2 + X + 2) + 2X + 2, \\
X^4 + 2X^3 + X^2 + 2X + 1 &= (X^2 + 2)(X^2 + 2X + 2) + X.
\end{aligned}$$

Also ist G irreduzibel in $\mathbb{F}_3[X]$. Da F normiert ist und somit teilerfremde Koeffizienten hat, folgt aus der Irreduzibilität von G die Irreduzibilität von F in $\mathbb{Z}[X]$ (2.56). Nach Gauß ist F schließlich irreduzibel in $\mathbb{Q}[X]$ (2.60).

b) Da F irreduzibel ist, ist $K = \mathbb{Q}[X]/(F(X))$ ein Körper (2.29, 2.34). Ist nun $\theta \in K$ Nullstelle von F, so ist also $\frac{1}{\theta} = \theta^{-1} \in K$ und es gilt

$$\theta^4 + 2\theta^3 + \theta^2 + 2\theta + 1 = 0$$
$$\Rightarrow 1 + 2\theta^{-1} + \theta^{-2} + 2\theta^{-3} + \theta^{-4} = 0$$
$$\Rightarrow F(\theta^{-1}) = 0$$

Also ist auch θ^{-1} Nullstelle von F. Die Identität $\mathrm{id}: \mathbb{Q} \to K$ ist ein Körperhomomorphismus und es gilt

$$\tilde{F} = \mathrm{id}(1)X^4 + \mathrm{id}(2)X^3 + \mathrm{id}(1)X^2 + \mathrm{id}(2)X + 1 = F.$$

Somit ist $\frac{1}{\theta}$ eine Nullstelle von $\tilde{F}$ und nach dem Hauptlemma der elementaren Körpertheorie (3.24) existiert somit ein Körperhomomorphismus $\sigma: K \to K$ mit $\sigma(\theta) = \frac{1}{\theta}$.

Alternative Lösung zur Bestimmung von σ in b):
Seien φ der zu θ gehörige Einsetzhomomorphismus und ψ der zu $\frac{1}{\theta}$ gehörige Einsetzhomomorphismus (2.23). Dann sind φ und ψ offensichtlich surjektiv und der Kern von φ und ψ ist das Hauptideal in $\mathbb{Q}[X]$, das vom Minimalpolynom von θ bzw. $\frac{1}{\theta}$ über $\mathbb{Q}$, also von $F(X)$ erzeugt wird. Nach dem Homomorphiesatz für Ringe (2.25) sind somit

$$\overline{\varphi}: \mathbb{Q}[X]/(F(X)) \to \mathbb{Q}[\theta]$$
$$f + (F(X)) \mapsto f(\theta)$$

und

$$\overline{\psi}: \mathbb{Q}[X]/(F(X)) \to \mathbb{Q}\left[\frac{1}{\theta}\right]$$
$$f + (F(X)) \mapsto f\left(\frac{1}{\theta}\right)$$

Isomorphismen. Wegen $\mathbb{Q}[\frac{1}{\theta}] = \mathbb{Q}[\theta] = K$ ist durch $\sigma = \overline{\psi} \circ \overline{\varphi}^{-1}$ ein Automorphismus $K \to K$ mit $\theta \mapsto \frac{1}{\theta}$ gegeben.

c) Zu zeigen ist $K_0 = \mathbb{Q}(\theta + \theta^{-1})$.
Der Automorphismus σ lässt alle Elemente des Primkörpers $\mathbb{Q}$ fest. Desweiteren ist

$$\sigma(\theta + \theta^{-1}) = \sigma(\theta) + \sigma(\theta^{-1}) = \theta^{-1} + \theta = \theta + \theta^{-1},$$

wir haben also $\mathbb{Q}(\theta + \theta^{-1}) \subseteq K_0$.

Es gilt $[K : \mathbb{Q}] = \deg(F) = 4$ (3.19), also hat die Galoisgruppe von F über $\mathbb{Q}$ Ordnung 4. Der Automorphismus σ hat Ordnung 2, somit hat

der Fixkörper von σ Grad 2 über $\mathbb{Q}$ (3.41). Wenn wir nun zeigen können, dass
$$[\mathbb{Q}(\theta + \theta^{-1}) : \mathbb{Q}] = 2$$
ist, so haben wir $\mathbb{Q}(\theta + \theta^{-1}) = K_0$.

Das Element θ ist Nullstelle von F. Also gilt

$$\theta^4 + 2\theta^3 + \theta^2 + 2\theta + 1 = 0$$
$$\Rightarrow \theta^2 + 2\theta + 1 + 2\theta^{-1} + \theta^{-2} = 0$$
$$\Rightarrow \theta^2 + \theta^{-2} + 2(\theta + \theta^{-1}) + 1 = 0$$
$$\Rightarrow \theta^2 + \theta^{-2} = -2(\theta + \theta^{-1}) - 1.$$

Mit

$$\alpha = \theta + \theta^{-1} \Rightarrow \alpha^2 = \theta^2 + 2 + \theta^{-2}$$
$$\Rightarrow \alpha^2 = -2\alpha - 1 + 2$$
$$\Rightarrow \alpha^2 + 2\alpha - 1 = 0$$

findet man ein normiertes Polynom in $\mathbb{Q}[x]$,

$$x^2 + 2x - 1,$$

das α als Nullstelle hat. Es ist irreduzibel, da die beiden Nullstellen $1 \pm \sqrt{2}$ nicht in $\mathbb{Q}$ liegen (2.55), und somit das Minimalpolynom von α über $\mathbb{Q}$ (3.16). Folglich ist $[\mathbb{Q}(\theta + \theta^{-1}) : \mathbb{Q}] = 2$ und damit $K_0 = \mathbb{Q}(\theta + \theta^{-1})$.

d) Es gilt $\sigma(\theta) \neq \theta$, also ist $\theta \notin K_0$ und damit ist der Grad des Minimalpolynoms von θ über K_0 größer als 1. Durch naives Rechnen findet man ein normiertes Polynom zweiten Grades in $K_0[x]$, das θ als Nullstelle hat, nämlich $x^2 - \alpha x + 1$. Dieses ist das Minimalpolynom von θ über K_0.

H06-II-4

Aufgabe

Sei R der Ring $R := \mathbb{Z}/99\mathbb{Z}$.

a) Bestimmen Sie alle Ideale von R. Welche davon sind Primideale?

b) Zeigen Sie: Es gibt surjektive Ringhomomorphismen von R auf $\mathbb{F}_3$ und $\mathbb{F}_{11}$, aber keinen von R auf $\mathbb{F}_9$.

c) Für eine ganze Zahl $k \geq 1$ sei $G_k := \{x \in R : x^k = 1\}$. Zeigen Sie, dass G_k eine Untergruppe der multiplikativen Gruppe R^* der invertierbaren Elemente von R ist und bestimmen Sie die Anzahl der Elemente von G_k in Abhängigkeit von k.

Lösung

a) Nach dem Korrespondenzsatz (2.28) entsprechen die Ideale von $\mathbb{Z}$, die das Ideal $99\mathbb{Z}$ enthalten, genau den Idealen von $\mathbb{Z}/99\mathbb{Z}$. Ist M ein Ideal in $\mathbb{Z}$, das das Ideal $99\mathbb{Z}$ enthält, dann gilt $M = (a)$ für ein $a \in \mathbb{Z}$ (2.33) und a ist ein Teiler von 99 (2.32).

Damit erhält man als Ideale von $\mathbb{Z}/99\mathbb{Z}$

$\mathbb{Z}/99\mathbb{Z}$, $3\mathbb{Z}/99\mathbb{Z}$, $9\mathbb{Z}/99\mathbb{Z}$, $11\mathbb{Z}/99\mathbb{Z}$, $33\mathbb{Z}/99\mathbb{Z}$ und $99\mathbb{Z}/99\mathbb{Z}$.

Ein Ideal $I/99\mathbb{Z}$ ist genau dann Primideal, wenn aus $ab + 99\mathbb{Z} \in I/99\mathbb{Z}$ stets $a + 99\mathbb{Z} \in I/99\mathbb{Z}$ oder $b + 99\mathbb{Z} \in I/99\mathbb{Z}$ folgt. Dies ist genau dann der Fall, wenn aus $ab \in I$ stets $a \in I$ oder $b \in I$ folgt, also wenn I ein Primideal in $\mathbb{Z}$ ist.

Der Ring $\mathbb{Z}$ ist Hauptidealbereich (2.33), die Primideale $\neq 0$ sind also genau die von Primelementen erzeugten Ideale (2.34). Somit ergeben sich $3\mathbb{Z}/99\mathbb{Z}$ und $11\mathbb{Z}/99\mathbb{Z}$ als Primideale von $\mathbb{Z}/99\mathbb{Z}$.

b) Die Zahlen 3 und 11 sind Primzahlen, also sind $3\mathbb{Z}$ und $11\mathbb{Z}$ maximale Ideale in $\mathbb{Z}$ (2.33, 2.34). Nach Satz 2.29 sind $\mathbb{Z}/3\mathbb{Z}$ und $\mathbb{Z}/11\mathbb{Z}$ Körper und damit gilt $\mathbb{F}_3 \cong \mathbb{Z}/3\mathbb{Z}$ und $\mathbb{F}_{11} \cong \mathbb{Z}/11\mathbb{Z}$ (3.64). Die kanonischen Ringhomomorphismen

$$\pi_3 : \mathbb{Z}/99\mathbb{Z} \to \mathbb{Z}/3\mathbb{Z} \quad \text{und} \quad \pi_{11} : \mathbb{Z}/99\mathbb{Z} \to \mathbb{Z}/11\mathbb{Z}$$
$$a + 99\mathbb{Z} \mapsto a + 3\mathbb{Z} \qquad\qquad a + 99\mathbb{Z} \mapsto a + 11\mathbb{Z}$$

sind surjektiv.

Angenommen, $\phi : \mathbb{Z}/99\mathbb{Z} \to \mathbb{F}_9$ ist ein surjektiver Ringhomomorphismus. Dann ist der Kern von ϕ ein Ideal in $\mathbb{Z}/99\mathbb{Z}$ und $(\mathbb{Z}/99\mathbb{Z})/\ker(\phi)$ ist isomorph zum Körper $\mathbb{F}_9$. Somit ist $\ker(\phi)$ ein maximales Ideal in $\mathbb{Z}/99\mathbb{Z}$. Da alle maximalen Ideale Primideale sind, folgt $\ker(\phi) = 3\mathbb{Z}/99\mathbb{Z}$ oder $\ker(\phi) = 11\mathbb{Z}/99\mathbb{Z}$. Nach dem zweiten Isomorphiesatz (2.27) gilt aber $|(\mathbb{Z}/99\mathbb{Z})/(3\mathbb{Z}/99\mathbb{Z})| = 3 \neq 9$ und $|(\mathbb{Z}/99\mathbb{Z})/(11\mathbb{Z}/99\mathbb{Z})| = 11 \neq 9$. Widerspruch.

c) Die Gruppe $(R^*, \cdot)$ ist kommutativ, da R kommutativ ist. Die Abbildung $\phi_k : R^* \to R^*$ sei definiert durch $\phi_k(x) = x^k$. Dann ist

$$\phi_k(xy) = (xy)^k = x^k y^k = \phi_k(x) \cdot \phi_k(y)$$

und ϕ_k somit ein Gruppenhomomorphismus. Die Menge G_k ist der Kern dieses Homomorphismus und somit eine Untergruppe von $(R^*, \cdot)$.

Die Gruppe $(R^*, \cdot)$ hat die Ordnung $\varphi(99) = \varphi(3^2) \cdot \varphi(11) = 60$ (2.11, 1.24), ist also isomorph zur abelschen Gruppe

$$\mathbb{Z}/4\mathbb{Z} \times \mathbb{Z}/3\mathbb{Z} \times \mathbb{Z}/5\mathbb{Z}$$

oder zu

$$\mathbb{Z}/2\mathbb{Z} \times \mathbb{Z}/2\mathbb{Z} \times \mathbb{Z}/3\mathbb{Z} \times \mathbb{Z}/5\mathbb{Z}$$

(1.30). Nun hat $(\mathbb{Z}/99\mathbb{Z})^*$ kein Element der Ordnung 4, denn der Ring $\mathbb{Z}/99\mathbb{Z}$ ist isomorph zu $\mathbb{Z}/9\mathbb{Z} \times \mathbb{Z}/11\mathbb{Z}$ (2.48) und weder $6 = |(\mathbb{Z}/9\mathbb{Z})^*|$ noch $10 = |(\mathbb{Z}/11\mathbb{Z})^*|$ werden von 4 geteilt. Folglich ist $(\mathbb{Z}/99\mathbb{Z})^*$ isomorph zur abelschen Gruppe

$$\mathbb{Z}/2\mathbb{Z} \times \mathbb{Z}/2\mathbb{Z} \times \mathbb{Z}/3\mathbb{Z} \times \mathbb{Z}/5\mathbb{Z}.$$

Die Gruppe $\mathbb{Z}/2\mathbb{Z}$ hat ein Element der Ordnung 1 und ein Element der Ordnung 2, $\mathbb{Z}/3\mathbb{Z}$ hat ein Element der Ordnung 1 und zwei Elemente der Ordnung 3, $\mathbb{Z}/5\mathbb{Z}$ hat ein Element der Ordnung 1 und vier Elemente der Ordnung 5. Somit gilt für $\mathbb{Z}/2\mathbb{Z} \times \mathbb{Z}/2\mathbb{Z} \times \mathbb{Z}/3\mathbb{Z} \times \mathbb{Z}/5\mathbb{Z}$:

Ordnung der Elemente	1	2	3	5	6	10	15	30
Anzahl der Elemente dieser Ordnung	1	3	2	4	6	12	8	24

Da G_k alle Elemente enthält, deren Ordnung ein Teiler von k ist, folgt:

- Ist $k = n \cdot 30$ für ein $n \geq 1$, so gilt $|G_k| = 60$.
- Ist $k = n \cdot 15$ für ein $n \geq 1$ mit $2 \nmid n$, so gilt $|G_k| = 1+2+4+8 = 15$.
- Ist $k = n \cdot 10$ für ein $n \geq 1$ mit $3 \nmid n$, so gilt $|G_k| = 1+3+4+12 = 20$.
- Ist $k = n \cdot 6$ für ein $n \geq 1$ mit $5 \nmid n$, so gilt $|G_k| = 1+3+2+6 = 12$.
- Ist $k = n \cdot 5$ für ein $n \geq 1$ mit $2 \nmid n$ und $3 \nmid n$, so gilt $|G_k| = 1+4 = 5$.

- Ist $k = n \cdot 3$ für ein $n \geq 1$ mit $2 \nmid n$ und $5 \nmid n$, so gilt $|G_k| = 1+2 = 3$.
- Ist $k = n \cdot 2$ für ein $n \geq 1$ mit $3 \nmid n$ und $5 \nmid n$, so gilt $|G_k| = 1+3 = 4$.
- Ist $k = n$ für ein $n \geq 1$ mit $2 \nmid n$ und $3 \nmid n$ und $5 \nmid n$, so gilt $|G_k| = 1$.

H06-III-1

Aufgabe

a) Seien p und q natürliche Zahlen. Zeigen Sie: Es gibt nur endlich viele rationale Zahlen $\frac{x}{y}$ mit $x, y \in \mathbb{N}$, die die Ungleichung $\left|\frac{p}{q} - \frac{x}{y}\right| < \frac{1}{y^2}$ erfüllen.

b) Geben Sie eine Lösung $(x, y) \in \mathbb{N}^2$ der Gleichung $x^2 - 13y^2 = -1$ an.

c) Wie erhält man aus einer Lösung in b) eine Einheit im Ring $\mathbb{Z}[\sqrt{13}]$?

Lösung

a) Sei $\frac{x}{y} \in \mathbb{Q}$ mit $x, y \in \mathbb{N}$ und $\left|\frac{p}{q} - \frac{x}{y}\right| < \frac{1}{y^2}$.

Falls $\left|\frac{p}{q} - \frac{x}{y}\right| = 0$ ist, gilt $\frac{p}{q} - \frac{x}{y} = 0$, also $\frac{x}{y} = \frac{p}{q}$.
Falls $\frac{1}{y^2} > \left|\frac{p}{q} - \frac{x}{y}\right| > 0$ ist, gilt $|py - qx| > 0$, also $|py - qx| \geq 1$. Damit folgt

$$q > y \cdot |py - qx|$$
$$\Rightarrow y \in \{1, 2, \ldots, q\} \text{ und } |py - qx| < q$$
$$\Rightarrow \left|\frac{p}{q}y - x\right| < 1$$
$$\Rightarrow \left|x - \frac{p}{q}y\right| < 1$$
$$\Rightarrow |x| - \left|\frac{p}{q}y\right| < 1$$
$$\Rightarrow |x| < 1 + \frac{p}{q}y.$$

Es gibt also nur höchstens q Möglichkeiten für y und zu gegebenem y gibt es nur endlich viele Möglichkeiten für x. Insgesamt gibt es also nur endlich viele Lösungen der Ungleichung.

b) Sei $x^2 - 13y^2 = -1$. Dann gilt $x^2 \equiv -1 \mod 13$, also $x \equiv 5$ oder $x \equiv 8$ mod 13. Durch Probieren findet man $x = 5 + 13$ und $y = 5$ als Lösung:

$$18^2 - 13 \cdot 5^2 = 324 - 325 = -1.$$

c) Ist $(x, y) \in \mathbb{N}^2$ eine Lösung von $x^2 - 13y^2 = -1$, so gilt

$$(x + \sqrt{13}y)(x - \sqrt{13}y) = -1$$
$$\Rightarrow (x + \sqrt{13}y)(-x + \sqrt{13}y) = 1$$
$$\Rightarrow (x + \sqrt{13}y) \in (\mathbb{Z}[\sqrt{13}])^\times.$$

H06-III-2

Aufgabe

Es seien p und q Primzahlen mit $p < q$.

a) Zeigen Sie mit den Sylowschen Aussagen, dass im Fall $q \not\equiv 1 \mod p$ jede Gruppe der Ordnung pq zyklisch ist.

b) Geben Sie im Falle $q \equiv 1 \mod p$ mit Hilfe des semidirekten Produktes eine nichtabelsche Gruppe der Ordnung pq an.

Lösung

vgl. H04-II-1

H06-III-3

Aufgabe

Seien m, n quadratfreie ganze Zahlen. Zeigen Sie: Sind die Körpererweiterungen $\mathbb{Q}(\sqrt{m})$ und $\mathbb{Q}(\sqrt{n})$ isomorph, dann ist $m = n$.

Lösung

Sei $\varphi : \mathbb{Q}(\sqrt{m}) \to \mathbb{Q}(\sqrt{n})$ ein Isomorphismus. Das Bild von $\sqrt{m}$ sei $a + b\sqrt{n}$ mit $a, b \in \mathbb{Q}$. Dann gilt:

$$m \stackrel{3.10}{=} \varphi(m) = \varphi(\sqrt{m} \cdot \sqrt{m}) \stackrel{3.5}{=} \varphi(\sqrt{m}) \cdot \varphi(\sqrt{m})$$
$$= (a + b\sqrt{n})^2 = a^2 + 2ab\sqrt{n} + b^2 n$$
$$\Rightarrow \quad 2ab\sqrt{n} = m - b^2 n - a^2$$

Der Homomorphismus φ ist injektiv und lässt den Primkörper $\mathbb{Q}$ elementweise fest (3.10). Es ist also $\varphi(a) = a$ und damit $\varphi(\sqrt{m}) \neq a$, also $b \neq 0$. Da $\sqrt{n} \notin \mathbb{Q}$, $m - b^2 n - a^2$ aber Element von $\mathbb{Q}$ ist, folgt $a = 0$ und somit $m = b^2 n$. Die Zahl m ist aber nach Voraussetzung quadratfrei, enthält also keinen Primfaktor in höherer Potenz als 1. Folglich ist $b^2 = 1$ und damit $m = n$.

H06-III-4

Aufgabe

Sei p Primzahl, K der Primkörper mit p Elementen und m eine natürliche Zahl. Zeigen Sie: Jedes Kreisteilungspolynom $\Phi_m \in K[X]$ mit $p \nmid m$ ist Produkt von irreduziblen Polynomen gleichen Grades k, wobei k der kleinste Teiler von $\varphi(m)$ ist, so dass $m \mid p^k - 1$.

Lösung

Sei Φ_m ein Kreisteilungspolynom in $K[X]$ mit $p \nmid m$ (3.56). Mit φ sei die Eulersche Phi-Funktion bezeichnet. Dann sind genau die $\varphi(m)$ verschiedenen primitiven m-ten Einheitswurzeln die Nullstellen von Φ_m. Jede dieser Einheitswurzeln erzeugt die Gruppe der m-ten Einheitswurzeln, woraus folgt, dass für je zwei von ihnen, ζ und ξ, $K(\zeta) = K(\xi)$ gilt. Sie haben also alle den gleichen Grad über K und damit haben die irreduziblen Minimalpolynome der primitiven Wurzeln über K alle den gleichen Grad k (3.19). Also ist Φ_m Produkt von irreduziblen Polynomen gleichen Grades und k ist ein Teiler von $\deg(\Phi_m) = \varphi(m)$.

Die beiden Körper K und $K(\zeta)$ sind endlich. Also wird die Galoisgruppe von $K \leq K(\zeta)$ vom Frobenius-Homomorphismus $\sigma : x \mapsto x^p$ erzeugt (3.69). Ist $[K(\zeta) : K] = k$, so hat dieser die Ordnung k, also ist

$$\zeta^{p^k} = \sigma^k(\zeta) = \mathrm{id}(\zeta) = \zeta \Rightarrow \zeta^{p^k - 1} = 1.$$

Da ζ die Gruppe der m-ten Einheitswurzeln erzeugt und diese Ordnung m hat, gilt $m \mid p^k - 1$ (1.18). Da $\sigma^j \neq \text{id}$ für alle $1 \leq j < k$ und σ^j den Primkörper K elementweise festlässt (3.10), gilt

$$\sigma^j(\zeta) \neq \zeta \Rightarrow \zeta^{p^j - 1} \neq 1$$

für alle $1 \leq j < k$. Damit ist k der kleinste Teiler von $\varphi(m)$, für den $m \mid p^k - 1$ gilt.

14. Prüfungstermin Frühjahr 2007

FJ07-I-1

Aufgabe

Es sei G eine endliche Gruppe mit 2007 Elementen. Zeigen Sie:

a) Die Gruppe G besitzt eine normale 223-Sylow-Gruppe N.

b) Die Operation von G auf N durch Konjugation induziert eine Operation der Faktorgruppe G/N auf N und G/N enthält eine Untergruppe H der Ordnung drei, die trivial auf N operiert.

c) Folgern Sie, dass die Gruppe G einen abelschen Normalteiler der Ordnung 669 enthält.

Lösung

a) Die Primfaktorzerlegung von 2007 ist $2007 = 3^2 \cdot 223$. Nach den Sylow-Sätzen (1.79) existiert eine Untergruppe N der Ordnung 223. Für die Anzahl s_{223} der 223-Sylow-Untergruppen gilt $s_{223} \equiv 1 \mod 223$ und $s_{223} \mid 9$. Somit ist N die einzige 223-Sylow-Untergruppe und folglich Normalteiler (1.43).

b) Die Gruppenoperation (1.61)
$$\kappa : G \times N \to N$$
$$(g, n) \mapsto gng^{-1}$$

liefert den Homomorphismus

$$\phi : G \to \mathrm{Aut}(N)$$
$$g \mapsto \kappa_g$$

mit $\kappa_g : N \to N$ definiert durch $\kappa_g(n) = gng^{-1}$ (1.62). Da $|N| = 223$ prim ist, ist N zyklisch (1.19), also insbesondere abelsch (1.22). Für alle $g \in N$ und alle $n \in N$ gilt also $\kappa_g(n) = gng^{-1} = n$ und damit $\kappa_g = \mathrm{id}$.

Folglich ist N im Kern von ϕ enthalten. Nach der universellen Eigenschaft der Faktorgruppe (1.51) gibt es somit einen Homomorphismus

$$\Phi : G/N \to \operatorname{Aut}(N),$$

welcher eine Operation der Faktorgruppe G/N auf N induziert.

Die Faktorgruppe G/N hat Ordnung $\frac{|G|}{|N|} = 9$ (1.39). Der Kern von Φ ist eine Untergruppe von G/N (1.50), hat also Ordnung 1, 3 oder 9. Ordnung 1 würde bedeuten, dass Φ injektiv ist. Nun ist aber

$$\begin{aligned}|\operatorname{Aut}(N)| &\stackrel{1.19, 1.21}{=} |\operatorname{Aut}(\mathbb{Z}/223\mathbb{Z})| \\ &\stackrel{1.28}{=} |(\mathbb{Z}/223\mathbb{Z})^\times| \\ &\stackrel{3.3, 3.66}{=} |\mathbb{Z}/222\mathbb{Z}| \\ &= 2 \cdot 3 \cdot 37,\end{aligned}$$

also hat $\operatorname{Aut}(N)$ keine Untergruppe der Ordnung 9 (1.34) und Φ kann somit nicht injektiv sein. Damit hat der Kern von Φ die Ordnung 3 oder 9. In beiden Fällen hat er eine Untergruppe H der Ordnung 3. Diese ist Untergruppe von G/N und operiert trivial auf N (1.63), da H im Kern von Φ liegt.

c) Da der Kern von Φ ein Normalteiler von G/N ist (1.50), ist H ein Normalteiler von G/N. Nach dem Korrespondenzsatz (1.56) ist H von der Form U/N, wobei U ein Normalteiler von G ist, der N enthält. Also hat U die Ordnung $|U/N| \cdot |N| = 669$ (1.39).

Die Faktorgruppe U/N liegt im Kern von $gN \mapsto \kappa_g$. Für alle $u \in U$ und alle $n \in N$ gilt somit $unu^{-1} = n$, also $un = nu$. Es folgt $N \subseteq Z(U)$ und damit $|U/Z(U)| \leq 3$. Also ist $U/Z(U)$ zyklisch (1.19), woraus man wie in H08-I-2 (Seite 243) folgert, dass U abelsch ist.

FJ07-I-2

Aufgabe

Betrachten Sie den endlichen Körper $\mathbb{F}_5$ mit fünf Elementen, das Polynom $f(X) = X^3 + X + 1 \in \mathbb{F}_5[X]$ und den Quotientenring $K = \mathbb{F}_5[X]/(f(X))$. Weiter bezeichne α die Restklasse von X modulo $(f(X))$.

a) Zeigen Sie, dass K ein Körper mit 125 Elementen und dass $(1, \alpha, \alpha^2)$ eine $\mathbb{F}_5$-Basis von K ist.

b) Bestimmen Sie die Matrix $M \in \mathrm{GL}_3(\mathbb{F}_5)$, die den Frobenius-Automorphismus $F : K \to K, x \mapsto x^5$ bezüglich der Basis $(1, \alpha, \alpha^2)$ darstellt.

c) Bestimmen Sie eine Basis für den Eigenraum von F zum Eigenwert 1.

Lösung

a) Bekanntlich ist K genau dann ein Körper, wenn $(f(X))$ ein maximales Ideal im Ring $\mathbb{F}_5[X]$ ist (2.29). $\mathbb{F}_5$ ist ein Körper. Univariate Polynomringe über Körpern sind Hauptidealbereiche (2.39, 2.37). In Hauptidealbereichen sind die maximalen Ideale genau die von irreduziblen Elementen erzeugten Ideale (2.34).

Man prüft leicht nach, dass $f(X)$ keine Nullstelle in $\mathbb{F}_5$ hat. Es ist somit als Polynom dritten Grades irreduzibel in $\mathbb{F}_5[X]$. Also ist $(f(X))$ ein maximales Ideal und damit K ein Körper.

Nun gilt $\alpha^3 + \alpha + 1 = 0$, also $\alpha^3 = -\alpha - 1$. Damit kann jedes Element

$$\begin{aligned} g := & \ a_n X^n + a_{n-1} X^{n-1} + \ldots + a_1 X + a_0 + (f(X)) \\ = & \ a_n \alpha^n + a_{n-1} \alpha^{n-1} + \ldots + a_1 \alpha + a_0 \end{aligned}$$

in die Form $b_0 + b_1 \alpha + b_2 \alpha^2$ mit $b_0, b_1, b_2 \in \mathbb{F}_5$ gebracht werden und $(1, \alpha, \alpha^2)$ ist folglich ein Erzeugendensystem von K über $\mathbb{F}_5$.

Sei nun $a + b\alpha + c\alpha^2 = 0$ mit $a, b, c \in \mathbb{F}_5$. Dann ist

$$a + bX + cX^2 \in (f(X))$$
$$\Rightarrow a + bX + cX^2 = g(X)f(X) \text{ für ein } g(X) \in \mathbb{F}_5[X].$$

Das Polynom $f(X)$ hat Grad 3, also hat $g(X)f(X)$ Grad ≥ 3 (2.54), falls $g \neq 0$ ist, und es folgt

$$g(X) = 0 \Rightarrow a + bX + cX^2 = 0 \Rightarrow a = b = c = 0.$$

Somit sind $1, \alpha, \alpha^2$ linear unabhängig und bilden eine $\mathbb{F}_5$-Basis von K (6.2), woraus
$$|K| = |\mathbb{F}_5|^{\dim_{\mathbb{F}_5}(K)} = 5^3 = 125$$
folgt.

b) Es gilt
$$\begin{aligned} F(1) &= 1, \\ F(\alpha) &= \alpha^5 = \alpha^2(\alpha^3 + \alpha + 1) + 4\alpha^3 + 4\alpha^2 + \alpha^3 + \alpha + 1 \\ &= 4\alpha^2 + \alpha + 1, \\ F(\alpha^2) &= \alpha^{10} = (4\alpha^2 + \alpha + 1)^2 = \alpha^4 + 3\alpha^3 + 4\alpha^2 + 2\alpha + 1 \\ &= \alpha^4 + \alpha^2 + \alpha + 3\alpha^3 + 3\alpha + 3 + 3\alpha^2 + 3\alpha + 3 \\ &= 3\alpha^2 + 3\alpha + 3. \end{aligned}$$

Also stellt
$$M = \begin{pmatrix} 1 & 1 & 3 \\ 0 & 1 & 3 \\ 0 & 4 & 3 \end{pmatrix}$$
den Automorphismus F bezüglich der Basis $\{1, \alpha, \alpha^2\}$ dar (6.11).

c) Es gilt
$$(M - 1 \cdot E_3) = \begin{pmatrix} 0 & 1 & 3 \\ 0 & 0 & 3 \\ 0 & 4 & 2 \end{pmatrix},$$
also ist $\dim_{\mathbb{F}_5}(\mathrm{im}(F)) = 2$ und nach der Dimensionsformel (6.10) ist $\dim(\ker(M - E_3)) = 1$. Man sieht sofort, dass
$$\begin{pmatrix} 1 & 1 & 3 \\ 0 & 1 & 3 \\ 0 & 4 & 3 \end{pmatrix} \cdot \begin{pmatrix} 1 \\ 0 \\ 0 \end{pmatrix} = 1 \cdot \begin{pmatrix} 1 \\ 0 \\ 0 \end{pmatrix}$$
gilt. Also ist $\{1\}$ eine Basis des Eigenraums zum Eigenwert 1.

FJ07-I-3

Aufgabe

Bestimmen Sie einen Zerfällungskörper L für das Polynom
$$f(X) = (X^2 - 3)(X^3 + 5) \in \mathbb{Q}[X]$$
und den Isomorphietyp der Galois-Gruppe $\mathrm{Gal}(L/\mathbb{Q})$.

Lösung

Ist $\zeta := e^{\frac{2\pi i}{3}}$, so sind die Nullstellen von f
$$\pm\sqrt{3}, -\sqrt[3]{5}, -\sqrt[3]{5}\zeta \text{ und } -\sqrt[3]{5}\zeta^2.$$

Für den Zerfällungskörper L (3.35) gilt also
$$L = \mathbb{Q}(\pm\sqrt{3}, -\sqrt[3]{5}, -\sqrt[3]{5}\zeta, -\sqrt[3]{5}\zeta^2).$$

Offensichtlich ist L enthalten in $\mathbb{Q}(\sqrt{3}, \sqrt[3]{5}, \zeta)$. Mit $\zeta = -(\sqrt[3]{5})^{-1}(-\sqrt[3]{5}\zeta) \in L$ folgt auch $L \supseteq \mathbb{Q}(\sqrt{3}, \sqrt[3]{5}, \zeta)$, insgesamt also $L = \mathbb{Q}(\sqrt{3}, \sqrt[3]{5}, \zeta)$.

Als Zerfällungskörper eines separablen Polynoms ist L eine Galoiserweiterung von $\mathbb{Q}$ (3.38). Die Galoisgruppe $\text{Gal}(L/\mathbb{Q}) =: G$ hat Ordnung
$$n = |G| \stackrel{3.43}{=} [L : \mathbb{Q}] \stackrel{3.14}{=} [L : \mathbb{Q}(\sqrt{3}, \sqrt[3]{5})] \cdot [\mathbb{Q}(\sqrt{3}, \sqrt[3]{5}) : \mathbb{Q}].$$

Der Grad von $\mathbb{Q}(\sqrt{3})$ über $\mathbb{Q}$ ist 2, denn $\sqrt{3}$ liegt nicht in $\mathbb{Q}$ und $x^2 - 3 \in \mathbb{Q}[x]$ ist ein normiertes Polynom mit Nullstelle $\sqrt{3}$ (3.16). Die Zahl $\sqrt[3]{5}$ ist Nullstelle des Eisenstein-Polynoms $x^3 - 5 \in \mathbb{Z}[x]$ (2.57) und dieses Polynom ist mit Gauß (2.60) irreduzibel über $\mathbb{Q}$. Also ist
$$[\mathbb{Q}(\sqrt[3]{5}) : \mathbb{Q}] = 3 \text{ (3.18)}.$$

Da 2 und 3 teilerfremd sind, folgt
$$[\mathbb{Q}(\sqrt{3}, \sqrt[3]{5}) : \mathbb{Q}] = 2 \cdot 3 = 6 \text{ (3.21)}.$$

Wegen $\zeta \in \mathbb{C} \setminus \mathbb{R}$ und $\mathbb{Q}(\sqrt{3}, \sqrt[3]{5}) \subseteq \mathbb{R}$ ist $[L : \mathbb{Q}(\sqrt{3}, \sqrt[3]{5})] > 1$. Mit $\zeta^2 + \zeta + 1 = 0$ folgt dann
$$[L : \mathbb{Q}(\sqrt{3}, \sqrt[3]{5})] = 2$$
und insgesamt ergibt sich $n = 2 \cdot 6 = 12$.

Die zwölf Elemente der Galoisgruppe G sind gegeben durch (3.24):

φ_j	φ_1	φ_2	φ_3	φ_4	φ_5	φ_6
$\varphi_j(\sqrt{3})$	$\sqrt{3}$	$\sqrt{3}$	$\sqrt{3}$	$\sqrt{3}$	$\sqrt{3}$	$\sqrt{3}$
$\varphi_j(\zeta)$	ζ	ζ	ζ	ζ^2	ζ^2	ζ^2
$\varphi_j(\sqrt[3]{5})$	$\sqrt[3]{5}$	$\sqrt[3]{5}\zeta$	$\sqrt[3]{5}\zeta^2$	$\sqrt[3]{5}$	$\sqrt[3]{5}\zeta$	$\sqrt[3]{5}\zeta^2$
$\text{ord}(\varphi_j)$	1	3	3	2	2	2

φ_j	φ_7	φ_8	φ_9	φ_{10}	φ_{11}	φ_{12}
$\varphi_j(\sqrt{3})$	$-\sqrt{3}$	$-\sqrt{3}$	$-\sqrt{3}$	$-\sqrt{3}$	$-\sqrt{3}$	$-\sqrt{3}$
$\varphi_j(\zeta)$	ζ	ζ	ζ	ζ^2	ζ^2	ζ^2
$\varphi_j(\sqrt[3]{5})$	$\sqrt[3]{5}$	$\sqrt[3]{5}\zeta$	$\sqrt[3]{5}\zeta^2$	$\sqrt[3]{5}$	$\sqrt[3]{5}\zeta$	$\sqrt[3]{5}\zeta^2$
$\text{ord}(\varphi_j)$	2	6	6	2	2	2

Die Gruppe G enthält mit $\langle \varphi_8 \rangle = \{\varphi_1, \varphi_8, \varphi_3, \varphi_7, \varphi_2, \varphi_9\}$ eine zyklische Untergruppe der Ordnung 6. Der Automorphismus φ_4 ist kein Element von $\langle \varphi_8 \rangle$, hat Ordnung 2 und es gilt $\varphi_8 \circ \varphi_4 = \varphi_4 \circ \varphi_8^{-1}$:

$$\varphi_8 \circ \varphi_4(\sqrt{3}) = -\sqrt{3}, \quad \varphi_8 \circ \varphi_4(\sqrt[3]{5}) = \sqrt[3]{5}\zeta, \quad \varphi_8 \circ \varphi_4(\zeta) = \zeta^2$$
$$\varphi_4 \circ \underbrace{\varphi_8^5}_{=\varphi_9}(\sqrt{3}) = -\sqrt{3}, \quad \varphi_4 \circ \varphi_8^5(\sqrt[3]{5}) = \sqrt[3]{5}\zeta, \quad \varphi_4 \circ \varphi_8^5(\zeta) = \zeta^2$$

Nach einer bekannten Charakterisierung der Diedergruppen (1.94) ist G folglich isomorph zu D_6.

FJ07-I-4

Aufgabe

Zeigen Sie:

a) Ist R ein Hauptidealring, so ist jedes vom Nullideal verschiedene Primideal in R ein maximales Ideal.

b) Ist R ein Integritätsring und der Polynomring $R[X]$ ein Hauptidealring, so ist R ein Körper.

Lösung

a) Sei $I = (m)$ ein vom Nullideal verschiedenes Primideal (2.14) im Hauptidealring R. Sei $J = (n)$ ein Ideal in R, das I enthält. Dann ist $m \in J$, also $m = rn$ für ein $r \in R$. Da I ein Primideal ist, folgt aus $m = rn \in I$, dass $r \in I$ oder $n \in I$ ist.

Falls $n \in I$ gilt, ist $(n) \subseteq (m)$ und da J das Ideal (m) enthält, folgt $(n) = (m)$. Falls $r \in I$ gilt, gibt es ein $x \in R$ mit $r = xm$ und es folgt

$$m = rn = xmn \stackrel{2.31, 2.9}{=} mxn \Rightarrow 0 = m(1 - xn).$$

Da R ein Integritätsring ist (2.31), folgt $1 = xn$, also $1 \in (n)$ und damit $J = R$.

I ist also ein maximales Ideal (2.14).

b) Sei $\varphi : R[X] \to R$ definiert durch
$$\varphi(f) = f(0).$$
Dann gilt für alle $f, g \in R[X]$
$$\begin{aligned}\varphi(f+g) &= (f+g)(0) = f(0) + g(0) = \varphi(f) + \varphi(g),\\ \varphi(fg) &= (fg)(0) = f(0)g(0) = \varphi(f)\varphi(g),\end{aligned}$$
also ist φ ein Ringhomomorphismus (2.12, vgl. auch 2.23). Er ist surjektiv, denn für $r \in R$ ist das Polynom $f(X) = r$ Element von $R[X]$ und es gilt
$$\varphi(f) = f(0) = r.$$
Ein Polynom $f \in R[X]$ hat in 0 genau dann eine Nullstelle, wenn es von der Form
$$f(X) = a_1 X + a_2 X^2 + \ldots + a_n X^n$$
ist mit $a_1, \ldots, a_n \in R$. Dies ist genau dann der Fall, wenn f in dem von (X) erzeugten Ideal liegt. Folglich ist $(X) = \ker(\varphi)$.

Nach dem Homomorphiesatz (2.25) gilt $R[X]/(X) \cong R$. Da R ein Integritätsring ist, ist (X) ein Primideal (2.29) in $R[X]$. Da $R[X]$ ein Hauptidealring ist, ist (X) mit Teilaufgabe a) ein maximales Ideal. Somit ist $R[X]/(X) \cong R$ ein Körper (2.29).

FJ07-I-5

Aufgabe

a) Prüfen Sie jeweils, ob die alternierende Gruppe A_4 ein Element der Ordnung 6 oder eine Untergruppe der Ordnung 6 enthält (Antwort mit Begründung).

b) Geben Sie das kleinste n an, so dass A_n eine Untergruppe der Ordnung 6 enthält und das kleinste n, so dass A_n ein Element der Ordnung 6 enthält.

Lösung

a) Jedes Element von A_4 kann als Produkt disjunkter Zyklen geschrieben werden. Die Ordnung des Elements ist dann das kleinste gemeinsame

Vielfache der Ordnungen der einzelnen Zyklen, wobei die Ordnung eines Zyklus seine Länge ist (1.82).

Der längste Zyklus in A_4 hat Länge 3 (1.89, 1.88). Somit kann ein Element der Ordnung 6 nur Produkt disjunkter Zyklen sein. Ein Produkt hat dann Ordnung 6, wenn die einzelnen Faktoren Ordnung 2 und 3 haben. Als Element der Ordnung 6 wäre also ein Produkt aus zwei disjunkten Transpositionen und einem dazu disjunkten 3-Zyklus denkbar, was in A_4 offensichtlich nicht möglich ist.

Nach den Sylow-Sätzen (1.79) enthält eine Untergruppe U der Ordnung 6 von A_4 genau eine 3-Sylow-Untergruppe der Ordnung 3, denn für die Anzahl s_3 der 3-Sylow-Untergruppen gilt $s_3 \equiv 1 \mod 3$ und $s_3 \mid 2$. Also hat U einen zyklischen (1.19) Normalteiler der Ordnung 3 (1.43). Außerdem hat U eine oder drei 2-Sylow-Untergruppen der Ordnung 2, denn für die Anzahl s_2 der 2-Sylow-Untergruppen gilt $s_2 \equiv 1 \mod 2$ und $s_2 \mid 3$. Wäre $s_2 = 1$, so würde

$$U \stackrel{1.72, 1.70}{\cong} \mathbb{Z}/2\mathbb{Z} \times \mathbb{Z}/3\mathbb{Z} \stackrel{1.29}{\cong} \mathbb{Z}/6\mathbb{Z}$$

folgen. Die Gruppe A_4 hätte also ein Element der Ordnung 6, was bereits ausgeschlossen wurde. Somit hat U drei Untergruppen der Ordnung 2, also drei Elemente der Ordnung 2 (1.19).

Die einzigen Elemente der Ordnung 2 in A_4 sind die Permutationen $(12)(34)$, $(13)(24)$ und $(14)(23)$. Diese bilden mit der identischen Abbildung die Untergruppe

$$V_4 = \{\text{id}, (12)(34), (13)(24), (14)(23)\}$$

von A_4. Nach Lagrange (1.34) ist V_4 aber keine Untergruppe von U, da 4 kein Teiler von 6 ist. Also hat A_4 keine Untergruppe der Ordnung 6.

b) In A_6 gibt es keinen Zyklus der Länge 6, denn 6 ist eine gerade Zahl. Also enthält auch A_n für $n > 6$ keinen 6-Zyklus. Mit der Argumentation in Teilaufgabe a) ergibt sich, dass 7 die kleinste Zahl n ist, so dass A_n ein Element der Ordnung 6 hat. Denn erst in A_7 ist ein disjunktes Produkt zweier Transpositionen und eines 3-Zyklus möglich.

Nach Teilaufgabe a) hat A_n für $n \leq 4$ keine Untergruppe der Ordnung 6. Seien $\sigma = (123)$ und $\tau = (12)(45)$. Dann sind σ und τ Elemente von A_5 und es gilt

$$\text{ord}(\sigma) = 3,$$
$$\text{ord}(\tau) = 2,$$
$$\tau \notin \langle (123) \rangle \text{ und}$$
$$\sigma\tau = (123)(12)(45) = (13)(45) = (12)(45)(132) = \tau\sigma^{-1}.$$

Nach einer bekannten Charakterisierung der Diedergruppen (1.94) ist $\langle (12)(45), (123) \rangle$ isomorph zu D_3 und hat Ordnung 6. Also hat A_5 eine Untergruppe der Ordnung 6.

FJ07-II-1

Aufgabe

Betrachten Sie die folgenden vier nicht abelschen Gruppen der Ordnung 24:

$$S_4, D_{12}, D_6 \times \mathbb{Z}_2, S_3 \times \mathbb{Z}_2 \times \mathbb{Z}_2.$$

Dabei ist S_n die symmetrische Gruppe auf n Elementen, D_n die Diedergruppe mit $2n$ Elementen und $\mathbb{Z}_2$ die zyklische Gruppe der Ordnung 2.

a) Bestimmen Sie die Anzahl der Elemente der Ordnung 2 in allen vier Gruppen.

b) Bestimmen Sie (mit Begründung), welche der vier Gruppen zueinander isomorph sind (und welche nicht).

Lösung

a) Die symmetrische Gruppe S_4 enthält sechs Transpositionen und drei Produkte zweier disjunkter Transpositionen, also neun Elemente der Ordnung 2:

$$(12), (13), (14), (23), (24), (34), (12)(34), (13)(24), (14)(23).$$

Die Elemente der Diedergruppe

$$D_{12} = \langle \sigma, \tau \mid \operatorname{ord}(\sigma) = 12,\ \operatorname{ord}(\tau) = 2,\ \sigma\tau = \tau\sigma^{11} \rangle$$

haben folgende Ordnungen:

x	id	σ	σ^2	σ^3	σ^4	σ^5	σ^6	σ^7
$\operatorname{ord}(x)$	1	12	6	4	3	12	2	12

x	σ^8	σ^9	σ^{10}	σ^{11}	τ	$\tau\sigma$	$\ldots$	$\tau\sigma^{11}$
$\operatorname{ord}(x)$	3	4	6	12	2	2	$\ldots$	2

Es gibt also 13 Elemente der Ordnung 2 in D_{12}.

Für die Gruppe $D_6 \times \mathbb{Z}_2$ gilt

$$D_6 \times \mathbb{Z}_2 = \langle \sigma, \tau \mid \operatorname{ord}(\sigma) = 6,\ \operatorname{ord}(\tau) = 2, \sigma\tau = \tau\sigma^5 \rangle \times \mathbb{Z}_2$$
$$= \{\operatorname{id}, \sigma, \sigma^2, \ldots, \sigma^5, \tau, \tau\sigma, \ldots, \tau\sigma^5\} \times \{0,1\}.$$

Die Diedergruppe D_6 hat sieben Elemente der Ordnung 2, die zyklische Gruppe $\mathbb{Z}_2$ hat ein Element der Ordnung 1 und ein Element der Ordnung 2. Die Ordnung eines Elements (a,b) mit $a \in D_6$ und $b \in \mathbb{Z}_2$ ist das kleinste gemeinsame Vielfache der Ordnungen von a und b. Somit haben die Elemente $(a,0)$ mit $\operatorname{ord}(a) = 2$, $(a,1)$ mit $\operatorname{ord}(a) = 2$ und $(\operatorname{id}, 1)$ die Ordnung 2 und es gibt 15 Elemente der Ordnung 2 in $D_6 \times \mathbb{Z}_2$.

Die symmetrische Gruppe S_3 hat drei Elemente der Ordnung 2, die Kleinsche Vierergruppe $\mathbb{Z}_2 \times \mathbb{Z}_2$ hat drei Elemente der Ordnung 2. Mit gleicher Argumentation wie für $D_6 \times \mathbb{Z}_2$ hat $S_3 \times \mathbb{Z}_2 \times \mathbb{Z}_2$ dann $3 \cdot 4 + 1 \cdot 3 = 15$ Elemente der Ordnung 2.

b) Nach Teilaufgabe a) kommen als isomorphe Gruppen nur $D_6 \times \mathbb{Z}_2$ und $S_3 \times \mathbb{Z}_2 \times \mathbb{Z}_2$ in Frage. Alle anderen sind paarweise nicht isomorph, da zwei isomorphe Gruppen die gleiche Anzahl an Elementen der Ordnung 2 besitzen. Wir zeigen nun noch, dass $S_3 \times \mathbb{Z}_2$ isomorph ist zu D_6. Damit ist dann $S_3 \times \mathbb{Z}_2 \times \mathbb{Z}_2$ isomorph zu $D_6 \times \mathbb{Z}_2$.

Das Element $a = ((1\ 2\ 3), 1)$ hat Ordnung 6 in $S_3 \times \mathbb{Z}_2$, das Element $b = ((1\ 2), 1)$ hat Ordnung 2 und liegt nicht in der von a erzeugten Untergruppe. Außerdem ist

$$\begin{aligned} ab &= ((1\ 2\ 3), 1)((1\ 2), 1) \\ &= ((1\ 3), 0) \\ &= ((1\ 2)(1\ 3\ 2), 0) \\ &= ((1\ 2), 1)((1\ 3\ 2), 1) \\ &= ba^{-1} \end{aligned}$$

erfüllt. Nach einer bekannten Charakterisierung der Diedergruppen (1.94) ist $S_3 \times \mathbb{Z}_2$ isomorph zu D_6.

FJ07-II-2

Aufgabe

Es wird der Unterring $R := \mathbb{Z}[i\sqrt{2}] = \{a + ib\sqrt{2} \mid a, b \in \mathbb{Z}\}$ von $\mathbb{C}$ betrachtet. Mit $\phi : R \to \mathbb{N}_0, a + ib\sqrt{2} \mapsto a^2 + 2b^2$ als euklidischer Funktion ist R ein euklidischer Ring (darf benutzt werden).

a) Welche der Zahlen $2, 3, 5, 7, 11$ sind Primelemente in R?

b) Bestimmen Sie einen größten gemeinsamen Teiler von 6 und $4 + i\sqrt{2}$ in R.

Lösung

a) Seien $a + ib\sqrt{2}, c + id\sqrt{2} \in R$. Es gilt

$$\begin{aligned}
&\phi((a + ib\sqrt{2})(c + id\sqrt{2})) \\
&= \phi((ac - 2bd) + i(ad + cb)\sqrt{2}) \\
&= a^2c^2 - 4abcd + 4b^2d^2 + 2(a^2d^2 + 2abcd + c^2b^2) \\
&= a^2c^2 + 4b^2d^2 + 2a^2d^2 + 2c^2d^2 \\
&= (a^2 + 2b^2)(c^2 + 2d^2) \\
&= \phi(a + ib\sqrt{2})\phi(c + id\sqrt{2}),
\end{aligned}$$

die euklidische Funktion ist also multiplikativ.

Die Zahlen 1 und -1 sind Einheiten in R (2.5), denn

$$1 \cdot 1 = (-1) \cdot (-1) = 1.$$

Ist x eine Einheit in R, so gibt es ein $y \in R$ mit $xy = 1$. Es gilt dann

$$\phi(xy) = \phi(1) \Rightarrow \phi(x)\phi(y) = 1 \overset{\phi(x) \in \mathbb{N}_0}{\Rightarrow} \phi(x) = 1 \Rightarrow x = \pm 1.$$

Damit sind ± 1 die einzigen Einheiten in R.

In euklidischen Ringen sind die Primelemente genau die irreduziblen Elemente (2.37, 2.34). Ein Element a ist irreduzibel (2.7), wenn aus $a = xy$ mit $x, y \in R$ folgt, dass x Einheit ist oder y Einheit ist.

- Mit $2 = (-i\sqrt{2})(i\sqrt{2})$ ist 2 zerlegbar, denn $-i\sqrt{2}$ und $i\sqrt{2}$ sind keine Einheiten. Also ist 2 kein Primelement.

- Mit $3 = (1+i\sqrt{2})(1-i\sqrt{2})$ ist 3 zerlegbar, denn $(1+i\sqrt{2})$ und $(1-i\sqrt{2})$ sind keine Einheiten. Also ist 3 kein Primelement.

- Angenommen, 5 ist reduzibel. Dann ist $5 = a \cdot b$ mit Nichteinheiten $a, b \in \mathbb{Z}[i\sqrt{2}]$ und es folgt

$$25 = \phi(5) = \phi(a) \cdot \phi(b) \Rightarrow \phi(a) = \phi(b) = 5.$$

Offensichtlich lässt sich 5 aber nicht schreiben als a^2+2b^2 mit ganzen Zahlen a und b. Also ist 5 irreduzibel und damit Primelement.

- Die gleiche Argumentation zeigt, dass 7 Primelement ist.

- Mit $11 = (3+i\sqrt{2})(3-i\sqrt{2})$ ist 11 ein Produkt zweier Nichteinheiten, also reduzibel und kein Primelement.

b) Der euklidische Algorithmus (2.40) liefert

$$\to\ 6 = 2(4+i\sqrt{2}) + (-2 - 2i\sqrt{2}),$$
$$\text{wobei } \phi(-2-2i\sqrt{2}) < \phi(4+i\sqrt{2})$$
$$\to\ (4+i\sqrt{2}) = (-1+i\sqrt{2})(-2-2i\sqrt{2}) + (-2+i\sqrt{2}),$$
$$\text{wobei } \phi(-2+i\sqrt{2}) < \phi(-2-2i\sqrt{2})$$
$$\to\ (-2-2i\sqrt{2}) = i\sqrt{2}(-2+i\sqrt{2}).$$

Also ist $-2+i\sqrt{2}$ ein größter gemeinsamer Teiler von 6 und $4+i\sqrt{2}$ in R.

FJ07-II-3

Aufgabe

Sei $R[X]$ der Polynomring über einem faktoriellen Ring R. Beweisen Sie das sogenannte Gauß'sche Lemma:
Seien $0 \neq f, g \in R[X]$. Sind f und g primitiv, so auch ihr Produkt fg.
(Ein Polynom $f \neq 0$ heißt primitiv, wenn seine Koeffizienten teilerfremd sind.)

Lösung

Seien $f = a_0 + a_1 x + \ldots + a_n x^n$ und $g = b_0 + b_1 x + \ldots + b_m x^m$ primitiv. Dann ist

$$\begin{aligned} fg &= a_0 b_0 + a_0 b_1 x + a_0 b_2 x^2 + \ldots + a_0 b_m x^m \\ &+ a_1 b_0 x + a_1 b_1 x^2 + a_1 b_2 x^3 + \ldots + a_1 b_m x^{m+1} \\ &\vdots \\ &+ a_n b_0 x^n + a_n b_1 x^{n+1} + a_n b_2 x^{n+2} + \ldots + a_n b_m x^{m+n}. \end{aligned}$$

Angenommen, fg ist nicht primitiv. Dann gibt es einen irreduziblen Teiler $c \in R$ von $\mathrm{ggT}(a_i b_j \mid 0 \leq i \leq n, 0 \leq j \leq m) \neq 1$. Da R faktoriell ist, ist c prim (2.45). Also folgt aus $c \mid a_i b_j$, dass $c \mid a_i$ oder $c \mid b_j$ gilt (2.7).

Da f primitiv ist, gibt es ein a_k, das nicht von c geteilt wird. Das Element c teilt aber die Produkte

$$a_k b_0, a_k b_1, \ldots, a_k b_m$$

und damit alle Koeffizienten von g. Widerspruch zur Primitivität von g.

FJ07-II-4

Aufgabe

Bestimmen Sie eine $\mathbb{Q}$-Basis des Erweiterungskörpers $K := \mathbb{Q}(\sqrt{2}, \sqrt{3})$ von $\mathbb{Q}$ und stellen Sie x^{-1} für $x = 1 - \sqrt{2} + \sqrt{3}$ als Linearkombination dieser Basis dar.

Lösung

Nach der Gradformel (3.14) gilt

$$\dim_{\mathbb{Q}}(K) = [K : \mathbb{Q}] = [K : \mathbb{Q}(\sqrt{3})] \cdot [\mathbb{Q}(\sqrt{3}) : \mathbb{Q}].$$

Da $\sqrt{3}$ kein Element von $\mathbb{Q}$ ist, gilt $[\mathbb{Q}(\sqrt{3}) : \mathbb{Q}] \geq 2$. Das normierte Polynom $x^2 - 3 \in \mathbb{Q}[x]$ hat $\sqrt{3}$ als Nullstelle, also ist $[\mathbb{Q}(\sqrt{3}) : \mathbb{Q}] = 2$ (3.16).
Wäre $\sqrt{2} = a + b\sqrt{3}$ mit $a, b \in \mathbb{Q}$, so würde

$$2 = a^2 + 2ab\sqrt{3} + 3b^2$$
$$\Rightarrow (a = 0 \vee b = 0)$$
$$\Rightarrow (2 = 3b^2 \vee 2 = a^2)$$
$$\Rightarrow (b \notin \mathbb{Q} \vee a \notin \mathbb{Q})$$

folgen im Widerspruch zur Wahl von a und b. Also ist $\sqrt{2}$ kein Element von $\mathbb{Q}(\sqrt{3})$ und damit $[K : \mathbb{Q}(\sqrt{3})] \geq 2$. Wegen $\sqrt{2}^2 - 2 = 0$ folgt $[K : \mathbb{Q}(\sqrt{3})] = 2$ (3.16, 3.19).

Als $\mathbb{Q}$-Vektorraum hat K Dimension 4 (3.13). Eine $\mathbb{Q}$-Basis von K ist gegeben durch $\{1, \sqrt{2}, \sqrt{3}, \sqrt{6}\}$ (3.20).

Sei $x^{-1} = a + b\sqrt{2} + c\sqrt{3} + d\sqrt{6}$ mit $a, b, c, d \in \mathbb{Q}$. Dann gilt

$$1 = x \cdot x^{-1} = (1 - \sqrt{2} + \sqrt{3})(a + b\sqrt{2} + c\sqrt{3} + d\sqrt{6})$$
$$\Rightarrow \quad 0 = a - 2b + 3c - 1 + (b - a + 3d)\sqrt{2} + (c + a - 2d)\sqrt{3} + (d - c + b)\sqrt{6}$$
$$\Rightarrow \quad (1 = a - 2b + 3c \wedge 0 = b - a + 3d \wedge 0 = c + a - 2d \wedge 0 = d - c + b).$$

Lösen des linearen Gleichungssystems

$$\begin{pmatrix} 1 & -2 & 3 & 0 \\ -1 & 1 & 0 & 3 \\ 1 & 0 & 1 & -2 \\ 0 & 1 & -1 & 1 \end{pmatrix} \begin{pmatrix} a \\ b \\ c \\ d \end{pmatrix} = \begin{pmatrix} 1 \\ 0 \\ 0 \\ 0 \end{pmatrix}$$

ergibt

$$x^{-1} = \frac{1}{2} - \frac{1}{4}\sqrt{2} + \frac{1}{4}\sqrt{6}$$

als Darstellung von x^{-1} als Linearkombination der obigen Basis.

FJ07-II-5

Aufgabe

Wie viele Zwischenkörper hat der Zerfällungskörper von $f = X^3 - 3X^2 + 5$ über $\mathbb{Q}$?
Was sind die Grade dieser Körper über $\mathbb{Q}$ und welche dieser Körper sind galoissch über $\mathbb{Q}$ (Antworten mit Begründung).

Lösung

Keiner der Teiler von 5 in $\mathbb{Z}$ ist Nullstelle des normierten Polynoms f, denn

$$f(1) = 3, \quad f(-1) = 1, \quad f(5) = 55, \quad f(-5) = -195.$$

Somit hat f keine Nullstelle in $\mathbb{Z}$ (2.51) und ist damit irreduzibel in $\mathbb{Z}[x]$ (2.55). Nach Gauß ist f irreduzibel über $\mathbb{Q}$ (2.60).

Die Galoisgruppe G von f ist definiert als die Galoisgruppe des Zerfällungskörpers L von f (3.46). Ist $a \in L$ eine Nullstelle von f, so gilt $\mathbb{Q}(a) \subseteq L$ und f ist Minimalpolynom von a (3.12, 3.18). Somit hat G Ordnung mindestens 3 (3.43, 3.19, 3.14). Außerdem ist G eine Untergruppe von S_3 (3.47) und S_3 hat Ordnung 6 (1.82). Eine echte Untergruppe der Ordnung ≥ 3 in S_3 hat also Ordnung 3 (1.34) und ist $\mathbb{Z}/3\mathbb{Z}$ (1.19). Die Gruppe G ist also isomorph zu S_3 oder zu $\mathbb{Z}/3\mathbb{Z}$.

Das Polynom f hat (als reelle Funktion betrachtet) ein Maximum bei $x = 0$, ein Minimum bei $x = 2$ und genau einen Wendepunkt bei $x = 1$. Mit dem Zwischenwertsatz folgt aus $f(-2) < 0$ und $f(0) = 5 > 0$, dass f eine reelle Nullstelle im Intervall $]-2, 0[$ hat. Da der Funktionswert an der Minimalstelle echt positiv ist, hat f keine weitere reelle Nullstelle.

Die beiden komplexen Nullstellen sind komplex konjugiert zueinander, denn ist $z \in \mathbb{C}$ eine Nullstelle von f, so folgt

$$\overline{f(z)} = \overline{0} \Rightarrow f(\bar{z}) = 0.$$

Mit $z \mapsto \bar{z}$ enthält G also ein Element der Ordnung 2. Da $\mathbb{Z}/3\mathbb{Z}$ nach Lagrange kein Element der Ordnung 2 enthält, ist G isomorph zu S_3.

Nach dem Hauptsatz der Galoistheorie (3.44) entsprechen die Zwischenkörper eineindeutig den Untergruppen der Galoisgruppe. Zudem sind genau die Fixkörper der Normalteiler der Galoisgruppe Galoiserweiterungen von $\mathbb{Q}$.

Die symmetrische Gruppe S_3 hat Ordnung 6 und damit neben den trivialen Untergruppen, $\{\mathrm{id}\}$ und S_3, Untergruppen der Ordnung 2 und 3. Untergruppen von Primzahlordnung sind zyklisch. S_3 hat drei Elemente der Ordnung 2, die drei Untergruppen der Ordnung 2 liefern, und zwei Elemente der Ordnung 3, die eine Untergruppe der Ordnung 3 liefern. Sei U eine Untergruppe von G. Dann ist L galoissch über dem Fixkörper L_U von U (3.39) und hat den Grad

$$[L_U : \mathbb{Q}] \stackrel{3.14}{=} \frac{[L : \mathbb{Q}]}{[L : L_U]} \stackrel{3.43}{=} \frac{|\operatorname{Gal}(L|\mathbb{Q})|}{|\operatorname{Gal}(L|L_U)|}.$$

Somit hat der Zerfällungskörper L neben den trivialen Zwischenkörpern $\mathbb{Q}$ und L noch drei Zwischenkörper vom Grad 3 über $\mathbb{Q}$ und einen Zwischenkörper vom Grad 2 über $\mathbb{Q}$.

Die Untergruppen der Ordnung 2 sind keine Normalteiler, denn beispielsweise ist

$$(1\ 2\ 3)(1\ 2)(1\ 3\ 2) = (3\ 2) \notin \langle (1\ 2) \rangle.$$

Die Gruppe $\langle (1\ 2\ 3) \rangle$ ist als Untergruppe vom Index 2 Normalteiler (1.44), ebenso $\{\mathrm{id}\}$ und S_3. Somit sind von den obigen Zwischenkörpern die Körper $\mathbb{Q}$, S_3 und der Zwischenkörper vom Grad 2 über $\mathbb{Q}$ galoissch über $\mathbb{Q}$.

FJ07-III-1

Aufgabe

Sei $K = \{0,1\}$ der Körper mit zwei Elementen, und E sei ein Erweiterungskörper von K mit $|E| = 2^8$ Elementen.
Wie viele über K primitive Elemente besitzt E? (Das sind Elemente $\alpha \in E$ mit $E = K(\alpha)$.) Begründen Sie Ihre Antwort.

Lösung

Die Körpererweiterung $E|K$ ist galoissch und hat genau zwei echte Zwischenkörper, nämlich $\mathbb{F}_{2^2}$ und $\mathbb{F}_{2^4}$ (3.69).

Ist $\alpha \in \mathbb{F}_{2^4}$, dann ist $K(\alpha)$ ein Teilkörper von $\mathbb{F}_{2^4}$ (3.12). Also kann α kein primitives Element von $E|K$ sein.
Sei $\alpha \in E \setminus \mathbb{F}_{2^4}$. Der Körper $K(\alpha)$ ist der kleinste Teilkörper von E, der K und α enthält. Da die Körpererweiterung $E|\mathbb{F}_{2^4}$ keine echten Zwischenkörper besitzt, folgt $K(\alpha) = E$. Jedes Element in $E \setminus \mathbb{F}_{2^4}$ ist also primitiv.

Somit besitzt E
$$2^8 - 2^4 = 2^4(2^4 - 1) = 16 \cdot 15 = 240$$
über K primitive Elemente.

FJ07-III-2

Aufgabe

Sei $K = \mathbb{F}_2$ der Körper mit 2 Elementen und es sei
$$f = 1 + X + X^2 + X^3 + X^4 \in K[X].$$

a) Beweisen Sie, dass f irreduzibel in $K[X]$ ist.

b) Sei (f) das von f erzeugte Ideal in $K[X]$. Es sei E der Erweiterungskörper $E := K[X]/(f)$ von K und es sei x das Element $x := X + (f) \in E$. Bestimmen Sie die Ordnung von x in der multiplikativen Gruppe E^* von E.

Lösung

a) Es ist $f(0) = f(1) = 1$, das Polynom f hat also keine Nullstelle in K. Bekanntlich ist $X^2 + X + 1$ das einzige irreduzible Polynom vom Grad 2 in $K[X]$ (vgl. FJ04-I-2). Da $(X^2 + X + 1)^2 = X^4 + X^2 + 1$ aber ungleich f ist, ist f irreduzibel in $K[X]$.

b) In E gilt
$$x^5 = x \cdot x^4 = x \cdot (x^3 + x^2 + x + 1) = x^4 + x^3 + x^2 + x = 1.$$

Die Ordnung von x in der multiplikativen Gruppe E^* ist also ein Teiler von 5 (1.18). Einziges Element der Ordnung 1 in E^* ist $1 + (f)$ und es gilt $X + (f) \neq 1 + (f)$. Also folgt $\operatorname{ord}(x) = 5$.

FJ07-III-3

Aufgabe

Es sei $G = \langle z \rangle$ eine multiplikativ geschriebene zyklische Gruppe der Ordnung 63 (mit z als einem erzeugenden Element).

a) Bestimmen Sie (explizit) zwei nicht triviale Untergruppen G_1 und G_2 von G, so dass G das direkte Produkt von G_1 und G_2 ist.

b) Bestimmen Sie die Ordnung des Elementes $z^{49} \in G$.

Lösung

a) Sei $G_1 = \langle z^7 \rangle$ und $G_2 = \langle z^9 \rangle$. Dann ist $|G_1| = 9$ und $|G_2| = 7$. Außerdem ist $G_1 \cap G_2 = \{e\}$, denn die Ordnung eines Elements aus $G_1 \cap G_2$ teilt sowohl 7 als auch 9 (1.34). Da G abelsch ist (1.22), ist jede Untergruppe von G Normalteiler (1.37). Es gilt $\langle G_1 \cup G_2 \rangle = G_1 G_2$ (1.70) und wegen $G_1 \cap G_2 = \{e\}$
$$|G_1 G_2| = 9 \cdot 7 = |G| \Rightarrow \langle G_1 \cup G_2 \rangle = G.$$

Nach Satz 1.72 ist also $G \cong G_1 \times G_2$.

b) Das Element z^7 hat Ordnung 9. Also ist $(z^7)^9 = 1$, es gilt
$$(z^{49})^9 = ((z^7)^7)^9 = ((z^7)^9)^7 = 1.$$

und folglich ord(z^{49}) $\in \{1,3,9\}$ (1.18). Da z ein erzeugendes Element von G ist, ist ord(z^{49}) = 1 ausgeschlossen. Da

$$(z^{49})^3 = z^{147} = z^{63+63+21} = z^{21} \neq 1$$

ist, kann ord(z^{49}) = 3 nicht gelten. Also ist ord(z^{49}) = 9.

FJ07-III-4

Aufgabe

Es sei $G = \langle z \rangle$ eine multiplikativ geschriebene zyklische Gruppe der Ordnung 63 (mit z als einem erzeugenden Element).

a) Bestimmen Sie einen endlichen sowie einen unendlichen Körper K, dessen multiplikative Gruppe K^* eine zu G isomorphe Untergruppe enthält.

b) Sei K ein Körper und G eine Untergruppe von K^*. Zeigen Sie, dass $\sum_{i=0}^{62} z^i = 0$.

Lösung

a) Für jede Primzahl p und jede natürliche Zahl n gibt es bekanntlich einen Körper mit p^n Elementen (3.64). Sei $K = \mathbb{F}_{2^6}$ der endliche Körper mit 64 Elementen. Die multiplikative Gruppe von K ist isomorph zu $(\mathbb{Z}/63\mathbb{Z}, +)$ (3.66, 1.21), also zu G.

Der Körper $K(x)$ ist ein unendlicher Körper, denn $x, x^2, x^3, \ldots$ ist beispielsweise eine unendliche Folge von Elementen in $K(x)$. Zudem ist K ein Teilkörper von $K(x)$, also ist die zu G isomorphe Gruppe K^* eine Untergruppe von $(K(x))^*$.

b) Ist K ein Körper und G eine Untergruppe von K^*, so gilt

$$z^{63} = 1$$
$$\Rightarrow z^{63} - 1 = 0$$
$$\Rightarrow (z-1)(z^{62} + z^{61} + \ldots + z + 1) = 0.$$

Wegen ord(z) = 63 ist $z \neq 1$, also $z-1 \neq 0$. Der Körper K ist nullteilerfrei (3.2). Somit folgt $\sum_{i=0}^{62} z^i = 0$.

FJ07-III-5

Aufgabe

Gegeben sei das Polynom $f := X^4 - 3 \in \mathbb{Q}[X]$.

a) Beweisen Sie: $L := \mathbb{Q}(\sqrt[4]{3}, i)$ ist Zerfällungskörper von f.

b) Bestimmen Sie den Grad der Körpererweiterung $L/\mathbb{Q}$.

c) Beweisen Sie: $a := \sqrt[4]{3} + i$ ist ein primitives Element von L über $\mathbb{Q}$.

Lösung

a) Das Polynom f hat die Nullstellen
$$\pm\sqrt[4]{3}, \pm\sqrt[4]{3}i,$$
also ist $\mathbb{Q}(\pm\sqrt[4]{3}, \pm\sqrt[4]{3}i)$ ein Zerfällungskörper von f (3.35). Offensichtlich ist dieser ein Teilkörper von L. Es gilt aber auch
$$(\sqrt[4]{3})^{-1}\sqrt[4]{3}i = i \in \mathbb{Q}(\pm\sqrt[4]{3}, \pm\sqrt[4]{3}i)$$
und somit $L \subseteq \mathbb{Q}(\pm\sqrt[4]{3}, \pm\sqrt[4]{3}i)$, woraus $\mathbb{Q}(\pm\sqrt[4]{3}, \pm\sqrt[4]{3}i) = L$ folgt.

b) Es ist $i \in \mathbb{C} \setminus \mathbb{R}$ und $\mathbb{Q}(\sqrt[4]{3}) \subseteq \mathbb{R}$, also
$$[\mathbb{Q}(\sqrt[4]{3}, i) : \mathbb{Q}(\sqrt[4]{3})] > 1.$$
Die imaginäre Zahl i ist Nullstelle von $X^2 + 1 \in \mathbb{Q}(\sqrt[4]{3})[X]$, folglich ist
$$[\mathbb{Q}(\sqrt[4]{3}, i) : \mathbb{Q}(\sqrt[4]{3})] = 2 \quad (3.16, 3.19).$$
Als Eisenstein-Polynom für $p = 3$ ist f irreduzibel über $\mathbb{Q}$ (2.57, 2.60). Somit ist $[\mathbb{Q}(\sqrt[4]{3}) : \mathbb{Q}] = \deg(f) = 4$ (3.19). Nach der Gradformel (3.14) ergibt sich
$$[L : \mathbb{Q}] = [\mathbb{Q}(\sqrt[4]{3}, i) : \mathbb{Q}(\sqrt[4]{3})] \cdot [\mathbb{Q}(\sqrt[4]{3}) : \mathbb{Q}] = 2 \cdot 4 = 8.$$

c) Das Element a ist genau dann ein primitives Element von L über $\mathbb{Q}$ (3.33), wenn $\mathbb{Q}(a) \subseteq L$ und $\sqrt[4]{3}, i \in \mathbb{Q}(a)$ gilt.

Offensichtlich ist a als Summe zweier Elemente aus L in L und damit $\mathbb{Q}(a) \subseteq L$. Weiterhin gilt

$$\begin{aligned}
& a = \sqrt[4]{3} + i \\
\Rightarrow\ & (a-i)^4 = 3 \\
\Rightarrow\ & (a^2 - 2ai - 1)^2 = 3 \\
\Rightarrow\ & a^4 - 2a^2(2ai+1) + (2ai+1)^2 = 3 \\
\Rightarrow\ & a^4 - 4a^3 i - 2a^2 - 4a^2 + 4ai + 1 = 3 \\
\Rightarrow\ & a^4 - 6a^2 - 2 = i(4a^3 - 4a) \\
\Rightarrow\ & (a^4 - 6a^2 - 2)(4a^3 - 4a)^{-1} = i \in \mathbb{Q}(a)
\end{aligned}$$

und damit $a - i = \sqrt[4]{3} \in \mathbb{Q}(a)$.

Also ist a ein primitives Element von L über $\mathbb{Q}$.

15. Prüfungstermin Herbst 2007

H07-I-1

Aufgabe

Beweisen oder widerlegen Sie:

a) Für jede natürliche Zahl n ist $4^{2n+1} + 3^{n+2}$ ganzzahlig durch 13 teilbar.

b) Sind m und n je Summe von zwei Quadraten ganzer Zahlen, so ist auch ihr Produkt mn Summe von zwei Quadraten ganzer Zahlen.

c) Sind m und n je Summe von drei Quadraten ganzer Zahlen, so ist auch ihr Produkt mn Summe von drei Quadraten ganzer Zahlen.

(Beachten Sie, dass auch 0 Quadrat einer ganzen Zahl ist.)

Lösung

a) Für $n = 0$ gilt
$$4^{2n+1} + 3^{n+2} = 4 + 9 = 13 \equiv 0 \mod 13.$$

Ist $4^{2n+1} + 3^{n+2} \equiv 0 \mod 13$, so gilt
$$4^{2(n+1)+1} + 3^{(n+1)+2} \equiv 16 \cdot 4^{2n+1} + 3 \cdot 3^{n+2} \equiv 3(4^{2n+1} + 3^{n+2}) \equiv 0 \mod 13.$$

Mit Induktion nach n folgt also, dass $4^{2n+1} + 3^{n+2}$ für alle $n \in \mathbb{N}$ ganzzahlig durch 13 teilbar ist.

b) Schreibe $m = a^2 + b^2$ und $n = c^2 + d^2$ mit $a, b, c, d \in \mathbb{Z}$. Dann gilt
$$\begin{aligned} mn &= a^2c^2 + a^2d^2 + b^2c^2 + b^2d^2 \\ &= a^2c^2 - 2acbd + b^2d^2 + b^2c^2 + 2acbd + a^2d^2 \\ &= (ac - bd)^2 + (bc + ad)^2. \end{aligned}$$

mn ist also ebenfalls Summe zweier Quadrate ganzer Zahlen.

c) Gegenbeispiel zur Behauptung:

Für $m = 3$ und $n = 5$ gilt $m = 1^2 + 1^2 + 1^2$, $n = 0^2 + 1^2 + 2^2$ und $m \cdot n = 15$.

Angenommen, 15 ist Summe dreier Quadrate x^2, y^2 und z^2. Dann folgt $x^2, y^2, z^2 \in \{0, 1, 4, 9\}$. Höchstens eines der drei Quadrate kann 9 sein, denn $9 + 9 > 15$. Ist $x^2 = 9$, so folgt $y^2 + z^2 = 6$, was offensichtlich nicht möglich ist. Also gilt $x^2, y^2, z^2 \in \{0, 1, 4\}$ und somit

$$x^2 + y^2 + z^2 \leq 4 + 4 + 4 = 12 < 15.$$

Widerspruch.

H07-I-2

Aufgabe

Zeigen Sie, dass für eine endliche Gruppe $G \neq \{e\}$ folgende beiden Aussagen äquivalent sind:

a) G ist zyklisch von Primzahlpotenzordnung.

b) G besitzt genau eine maximale Untergruppe.

Lösung

„a) $\Rightarrow$ b)"
Sei G zyklisch mit $|G| = p^n$ für eine Primzahl p. Dann gibt es zu jedem Teiler der Gruppenordnung genau eine Untergruppe dieser Ordnung (1.26). Sei M die Untergruppe der Ordnung p^{n-1}. Nach Lagrange (1.34) ist die Ordnung jeder Untergruppe von G ein Teiler von $|G|$. Somit ist M maximal, denn einziger Teiler von $|G|$, der größer ist als p^{n-1}, ist p^n und damit gibt es keine Untergruppe U mit $M \subsetneq U \subsetneq G$ (1.4).

Sei M' eine weitere maximale Untergruppe von G. Da G nur eine Untergruppe der Ordnung p^{n-1} hat, gilt $|M'| = m \leq p^{n-2}$. Die Untergruppe M ist ebenfalls zyklisch und m ist auch Teiler von $|M|$. Somit hat M eine Untergruppe U der Ordnung m und diese ist auch Untergruppe von G. Da G nur eine Untergruppe der Ordnung m hat, folgt $M' = U$. Damit gilt $M' \subsetneq M \neq G$. Widerspruch zur Maximalität von M'.

„b) ⇒ a)"
Die endliche Gruppe G habe genau eine maximale Untergruppe M. Für diese gilt $M \neq G$. Also gibt es ein $x \in G \setminus M$. Falls $\langle x \rangle \neq G$ gilt, ist die von x erzeugte zyklische Untergruppe in einer maximalen Untergruppe enthalten. Da M die einzige maximale Untergruppe ist, folgt $x \in M$. Widerspruch zur Wahl von x, also ist G zyklisch.

Angenommen, G hat nicht Primzahlpotenzordnung. Dann ist $|G| = p_1^{k_1} \cdots p_l^{k_l}$ für paarweise verschiedene Primzahlen p_i mit $l \geq 2$. Da G zyklisch ist, gibt es eine Untergruppe der Ordnung $p_1^{k_1-1} p_2^{k_2} \cdots p_l^{k_l}$ und eine Untergruppe der Ordnung $p_1^{k_1} p_2^{k_2-1} p_3^{k_3} \cdots p_l^{k_l}$. Beide sind maximal, da es keinen Teiler t der Gruppenordnung gibt mit $|G| > t > p_1^{k_1-1} p_2^{k_2} \cdots p_l^{k_l}$ oder $|G| > t > p_1^{k_1} p_2^{k_2-1} p_3^{k_3} \cdots p_l^{k_l}$. Widerspruch. Also hat G Primzahlpotenzordnung.

H07-I-3

Aufgabe

Sei R ein Integritätsring, und M bezeichne die Vereinigung aller maximalen Ideale in R. Zeigen Sie, dass für die Einheitengruppe R^* von R gilt:

$$R^* = R \setminus M.$$

Lösung

Sei $a \in R^*$ (2.5). Dann ist a in keinem maximalen Ideal (2.14) enthalten, denn falls a in einem Ideal I ist, gilt auch $a^{-1} a = 1 \in I$ und damit $I = R$ (2.15). Also gilt $a \in R \setminus M$.

Ist $a \in R \setminus M$, dann ist (a) nicht maximal. Also ist $(a) = R$ oder (a) ist in einem maximalen Ideal enthalten (2.20). Im ersten Fall folgt, dass a eine Einheit ist. Im zweiten Fall folgt, dass a in einem maximalen Ideal enthalten ist im Widerspruch zur Wahl von a.

H07-I-4

Aufgabe

Beweisen oder widerlegen Sie:
Sind $L|K$ und $M|L$ Galoiserweiterungen, beide vom Grade 2, und ist $M|K$ galoissch, so ist die Galoisgruppe von $M|K$ isomorph zur Gruppe $\mathbb{Z}_2 \times \mathbb{Z}_2$.

Lösung

Sei $M|K$ eine Galoiserweiterung mit Galoisgruppe $\mathbb{Z}/4\mathbb{Z}$. Dann ist die Galoisgruppe abelsch und damit ist jede Untergruppe der Galoisgruppe Normalteiler (1.37). Nach dem Hauptsatz der Galoistheorie (3.44) ist damit jeder Zwischenkörper L von $M|K$ eine Galoiserweiterung von K. Außerdem ist auch $M|L$ galoissch.

Die zyklische Gruppe $\mathbb{Z}/4\mathbb{Z}$ hat eine Untergruppe U der Ordnung 2 (1.26). Der Fixkörper L_U von U hat den Grad

$$[L_U : K] \stackrel{3.14}{=} \frac{[M:K]}{[M:L_U]} \stackrel{3.43}{=} \frac{|\operatorname{Gal}(M|K)|}{|\operatorname{Gal}(M|L_U)|} = \frac{4}{2} = 2.$$

Wegen $U = \operatorname{Gal}(M|L_U)$ (3.44) ist der Grad von $M|L_U$ ebenfalls 2 (3.43).

Mit $M = \mathbb{F}_{2^4}$ und $K = \mathbb{F}_2$ ist die Aussage widerlegt, da $\mathbb{F}_{2^4}|\mathbb{F}_2$ eine Galoiserweiterung mit Galoisgruppe $\mathbb{Z}/4\mathbb{Z} \not\cong \mathbb{Z}_2 \times \mathbb{Z}_2$ (3.69) ist.

H07-I-5

Aufgabe

Sei $\alpha \in \mathbb{C}$ eine Nullstelle des Polynoms $f(X) = X^3 - 3X + 1 \in \mathbb{Q}[X]$. Beweisen Sie:

a) $f(X) \mid f(X^2 - 2)$.

b) Die Körpererweiterung $\mathbb{Q}(\alpha)|\mathbb{Q}$ ist galoissch.

c) Die Galoisgruppe von $\mathbb{Q}(\alpha)|\mathbb{Q}$ ist zyklisch von der Ordnung 3.

Lösung

a) Es gilt

$$\begin{aligned} f(X^2 - 2) &= (X^2 - 2)^3 - 3(X^2 - 2) + 1 \\ &= X^6 - 6X^4 + 9X^2 - 1 \\ &= (X^3 - 3X + 1)(X^3 - 3X - 1). \end{aligned}$$

Also ist $f(X)$ ein Teiler von $f(X^2 - 2)$.

b) Es ist $f(1) = -1 \neq 0$ und $f(-1) = 3 \neq 0$. Keiner der Teiler des konstanten Gliedes von f in $\mathbb{Z}$ ist also Nullstelle von f. Somit hat f keine Nullstelle in $\mathbb{Z}$ (2.51) und ist als Polynom vom Grad 3 irreduzibel über $\mathbb{Z}$ (2.55). Nach Gauß ist f auch irreduzibel in $\mathbb{Q}[X]$ (2.60). Da $\mathbb{Q}$ vollkommen ist (3.29, 3.31), ist f separabel (3.27, 3.30).

Nach Teilaufgabe a) ist

$$f(X^2 - 2) = f(X)(X^3 - 3X - 1).$$

Da α eine Nullstelle von f ist, ist also auch $\alpha^2 - 2$ eine Nullstelle von f. Mittels Polynomdivision finden wir die Nullstelle $-\alpha^2 - \alpha + 2$ und man rechnet leicht nach, dass

$$f(X) = (X - \alpha)(X - \alpha^2 + 2)(X + \alpha^2 + \alpha - 2)$$

gilt. Folglich ist

$$\mathbb{Q}(\alpha, \alpha^2 - 2, -\alpha^2 - \alpha + 2) = \mathbb{Q}(\alpha)$$

der Zerfällungskörper von f über $\mathbb{Q}$ (3.35).

Als Zerfällungskörper eines separablen Polynoms aus $\mathbb{Q}[X]$ ist $\mathbb{Q}(\alpha)$ somit galoissch über $\mathbb{Q}$ (3.38).

c) Das Polynom f ist normiert und irreduzibel über $\mathbb{Q}$. Es hat α als Nullstelle und ist folglich das Minimalpolynom von α über $\mathbb{Q}$ (3.18). Damit gilt

$$[\mathbb{Q}(\alpha) : \mathbb{Q}] \stackrel{3.19}{=} \deg(f) = 3.$$

Die Galoisgruppe von $\mathbb{Q}(\alpha)|\mathbb{Q}$ hat somit Ordnung 3 (3.43). Da alle Gruppen der Ordnung 3 zyklisch sind (1.19), ist die Galoisgruppe von $\mathbb{Q}(\alpha)|\mathbb{Q}$ zyklisch von der Ordnung 3.

H07-II-1

Aufgabe

Sei G eine endliche Gruppe und $1 \leq e \in \mathbb{N}$ die kleinste Zahl, so dass $g^e = 1$ ist für alle $g \in G$.
Zeigen Sie, dass e ein Teiler der Ordnung $|G|$ von G ist und dass jede Primzahl p, welche $|G|$ teilt, auch e teilt. Geben Sie eine Gruppe G an, für die $e < |G|$ gilt.

Lösung

Sei $e = p_1^{k_1} \cdot \ldots \cdot p_l^{k_l}$ mit paarweise verschiedenen Primzahlen $p_1, \ldots, p_l$ und natürlichen Zahlen $k_1, \ldots, k_l \in \mathbb{N}$. Nach Voraussetzung ist e die kleinste Zahl, die von den Ordnungen aller Elemente geteilt wird. Somit gibt es für jedes $i \in \{1, \ldots, l\}$ ein Element in G, dessen Ordnung von $p_i^{k_i}$ geteilt wird. Denn gäbe es das nicht, so würde für e auch eine kleinere Potenz von p_i genügen. Da die Ordnung dieses Elements aber auch die Gruppenordnung teilt (1.34), ist $p_i^{k_i}$ auch Teiler von $|G|$ und damit ist e Teiler von $|G|$.

Sei nun p eine Primzahl, die $|G|$ teilt. Dann gibt es nach den Sylow-Sätzen (1.79a) eine Untergruppe der Ordnung p von G. Untergruppen von Primzahlordnung sind zyklisch (1.19), es gibt also ein Element $g \in G$ der Ordnung p. Damit ist p also auch Teiler von e.

Das Element $(0,0)$ in $G = \mathbb{Z}/2\mathbb{Z} \times \mathbb{Z}/2\mathbb{Z}$ hat Ordnung 1. Die drei weiteren Elemente von G haben Ordnung 2. Es ist also $e = 2 < 4 = |G|$.

H07-II-2

Aufgabe

Seien G eine endliche Gruppe, p eine Primzahl, $r \geq 1$ und $g \in G$ ein Element der Ordnung $|\langle g \rangle| = p^r$.
Zeigen Sie, dass die Anzahl der Elemente der Ordnung p^r in G ein Vielfaches von $p^{r-1}(p-1)$ ist. Geben Sie eine Gruppe mit $|G| = 12$ an, die 6 Elemente der Ordnung 4 enthält.

Lösung

Es bezeichne Φ die Eulersche Phi-Funktion. Die von g erzeugte Untergruppe enthält $\Phi(p^r) = p^{r-1}(p-1)$ Elemente der Ordnung p^r (1.25). Also gibt es mindestens $p^{r-1}(p-1)$ Elemente der Ordnung p^r in G.

Sei nun $h \notin \langle g \rangle$ ein weiteres Element der Ordnung p^r. Dann enthält $\langle h \rangle$ ebenfalls $p^{r-1}(p-1)$ Elemente der Ordnung p^r. Keines davon kann in $\langle g \rangle$ liegen, denn als Element der Ordnung p^r in $\langle g \rangle$ würde es bereits $\langle g \rangle$ erzeugen, was ein Widerspruch zu $h \notin \langle g \rangle$ wäre.

Jedes weitere Element der Ordnung p^r liefert also wieder $p^{r-1}(p-1)$ neue Elemente der Ordnung p^r. Es folgt, dass die Anzahl der Elemente der Ordnung p^r in G ein Vielfaches von $p^{r-1}(p-1)$ ist.

Sei $N = \mathbb{Z}/3\mathbb{Z}$, $H = \mathbb{Z}/4\mathbb{Z}$ und $\varphi : H \to \mathrm{Aut}(N)$ definiert durch lineare Fortsetzung von $1 \mapsto \alpha$ mit

$$\begin{aligned} \alpha : N &\to N \\ 1 &\mapsto 2, \end{aligned}$$

d.h. es gilt

$$\begin{aligned} \alpha(0) &= 0 \\ \alpha(1) &= 2 \\ \alpha(2) &= 2+2 = 1 \end{aligned}$$

und

$$\begin{aligned} \varphi(0) &= \mathrm{id} \\ \varphi(1) &= \alpha \\ \varphi(2) &= \alpha \circ \alpha = \alpha^2 \\ \varphi(3) &= \alpha \circ \alpha \circ \alpha = \alpha^3. \end{aligned}$$

Sei $G := N \times H$, also

$$\begin{aligned} G = \{&(0,0), (1,0), (2,0), (0,1), (1,1), (2,1), (0,2), (1,2), \\ &(2,2), (0,3), (1,3), (2,3)\}. \end{aligned}$$

Durch
$$(m,n)(m',n') \mapsto (m + \alpha^n(m'), n+n')$$
ist eine Verknüpfung auf G gegeben. Mit dieser Verknüpfung ist G eine Gruppe, nämlich das semidirekte Produkt von H und N mittels φ (1.71).

Es gilt:

$$\begin{aligned}
(1,0)(1,0) &= (1+\alpha^0(1), 0+0) = (1+\mathrm{id}(1), 0) = (2,0), \\
(1,0)(2,0) &= (1+\alpha^0(2), 0+0) = (1+\mathrm{id}(2), 0) = (0,0), \\
(1,0)(0,1) &= (1+\alpha^0(0), 0+1) = (1+\mathrm{id}(0), 1) = (1,1),
\end{aligned}$$

$$\begin{aligned}
(1,1)(0,3) &= (1+\alpha^1(0), 1+3) = (1+\alpha(0), 0) = (1,0), \\
(1,1)(1,3) &= (1+\alpha^1(1), 1+3) = (1+\alpha(1), 0) = (0,0), \\
(1,1)(2,3) &= (1+\alpha^1(2), 1+3) = (1+\alpha(2), 0) = (1+2+2, 0) = (2,0),
\end{aligned}$$

$$\begin{aligned}
(0,3)(0,2) &= (0+\alpha^3(0), 3+2) = (0+\alpha(\alpha(\alpha(0))), 1) = (0,1), \\
(0,3)(1,2) &= (0+\alpha^3(1), 3+2) = (0+\alpha(\alpha(\alpha(1))), 1) = (2,1), \\
(0,3)(2,2) &= (0+\alpha^3(2), 3+2) = (0+\alpha(\alpha(\alpha(2))), 1) = (1,1) \text{ usw.}
\end{aligned}$$

Jedes Element der Ordnung 4 in G ist in einer 2-Sylow-Untergruppe enthalten (1.79b). Nach den Sylow-Sätzen hat G entweder eine oder drei 2-Sylow-Untergruppen (1.79d). Eine zyklische Untergruppe der Ordnung 4 enthält genau zwei Elemente der Ordnung 4 (1.25), eine nichtzyklische enthält kein Element der Ordnung 4. Also hat G höchstens $3 \cdot 2 = 6$ Elemente der Ordnung 4.

Man rechnet leicht nach, dass die Elemente $(0,1)$, $(1,1)$, $(2,1)$, $(0,3)$, $(1,3)$ und $(2,3)$ Ordnung 4 haben. Beispielsweise gilt

$$\begin{aligned}
(2,1)(2,1) &= (0,2) \\
(0,2)(2,1) &= (2,3) \\
(2,3)(2,1) &= (0,0) \Rightarrow \mathrm{ord}((2,1)) = 4.
\end{aligned}$$

Die Gruppe G hat folglich genau sechs Elemente der Ordnung 4.

Zum besseren Verständnis von semidirekten Produkten rechne man die folgende Gruppentafel der Gruppe G nach!

	(0,0)	(1,0)	(2,0)	(0,1)	(1,1)	(2,1)	(0,2)	(1,2)	(2,2)	(0,3)	(1,3)	(2,3)
(0,0)	(0,0)	(1,0)	(2,0)	(0,1)	(1,1)	(2,1)	(0,2)	(1,2)	(2,2)	(0,3)	(1,3)	(2,3)
(1,0)	(1,0)	(2,0)	(0,0)	(1,1)	(2,1)	(0,1)	(1,2)	(2,2)	(0,2)	(1,3)	(2,3)	(0,3)
(2,0)	(2,0)	(0,0)	(1,0)	(2,1)	(0,1)	(1,1)	(2,2)	(0,2)	(1,2)	(2,3)	(0,3)	(1,3)
(0,1)	(0,1)	(2,1)	(1,1)	(0,2)	(2,2)	(1,2)	(0,3)	(2,3)	(1,3)	(0,0)	(2,0)	(1,0)
(1,1)	(1,1)	(0,1)	(2,1)	(1,2)	(0,2)	(2,2)	(1,3)	(0,3)	(2,3)	(1,0)	(0,0)	(2,0)
(2,1)	(2,1)	(1,1)	(0,1)	(2,2)	(1,2)	(0,2)	(2,3)	(1,3)	(0,3)	(2,0)	(1,0)	(0,0)
(0,2)	(0,2)	(1,2)	(2,2)	(0,3)	(1,3)	(2,3)	(0,0)	(1,0)	(2,0)	(0,1)	(1,1)	(2,1)
(1,2)	(1,2)	(2,2)	(0,2)	(1,3)	(2,3)	(0,3)	(1,0)	(2,0)	(0,0)	(1,1)	(2,1)	(0,1)
(2,2)	(2,2)	(0,2)	(1,2)	(2,3)	(0,3)	(1,3)	(2,0)	(0,0)	(1,0)	(2,1)	(0,1)	(1,1)
(0,3)	(0,3)	(2,3)	(1,3)	(0,0)	(2,0)	(1,0)	(0,1)	(2,1)	(1,1)	(0,2)	(2,2)	(1,2)
(1,3)	(1,3)	(0,3)	(2,3)	(1,0)	(0,0)	(2,0)	(1,1)	(0,1)	(2,1)	(1,2)	(0,2)	(2,2)
(2,3)	(2,3)	(1,3)	(0,3)	(2,0)	(1,0)	(0,0)	(2,1)	(1,1)	(0,1)	(2,2)	(1,2)	(0,2)

H07-II-3

Aufgabe

Sei K ein Körper und $K[X,Y]$ der Polynomring über K in den zwei Variablen X,Y. Sei I das von X^3, Y^3 und X^2Y^2 erzeugte Ideal. Bestimmen Sie $\dim_K(K[X,Y]/I)$.
Es bezeichne S den Ring $K[X,Y]/I$. Zeigen Sie, dass S genau ein echtes Primideal J enthält. Bestimmen Sie $\dim_K(S/J)$.

Lösung

Wir betrachten die Menge

$$B := \{1+I, X+I, X^2+I, Y+I, Y^2+I, XY+I, XY^2+I, X^2Y+I\}.$$

Im K-Vektorraum $K[X,Y]/I$ sind die Elemente von B offenbar linear unabhängig. Nun zeigen wir, dass B ein Erzeugendensystem von $K[X,Y]/I$ ist.

Die Elemente von $K[X,Y]/I$ sind von der Form

$$g(X,Y) + I = k_0 + k_1 t_1(X,Y) + \ldots + k_n t_n(X,Y) + I,$$

mit $k_i \in K$ und $t_i(X,Y) = X^{i_1}Y^{i_2}$ für $i \in \{1,\ldots,n\}$ und $i_1, i_2 \in \mathbb{N}$. Ist $t(X,Y) + I = X^k Y^l + I$ mit $k,l \in \mathbb{N}$, dann gilt:

$$
\begin{array}{lll}
k \geq 3 & \Rightarrow X^k Y^l = X^{k-3} Y^l X^3 \in I & \Rightarrow X^k Y^l + I = 0 + I, \\
l \geq 3 & \Rightarrow X^k Y^l = X^k Y^{l-3} Y^3 \in I & \Rightarrow X^k Y^l + I = 0 + I, \\
k = 2, l = 2 & \Rightarrow X^k Y^l \in I & \Rightarrow X^k Y^l + I = 0 + I, \\
k,l \leq 2, (k,l) \neq (2,2) & \Rightarrow X^k Y^l + I \in B &
\end{array}
$$

Das Element $t(X,Y) + I$ ist also darstellbar als K-Linearkombination der Elemente in B. Folglich sind alle Elemente aus $K[X,Y]/I$ in $\langle B \rangle$ und B ist ein Erzeugendensystem von $K[X,Y]/I$.

Die Menge B ist also ein linear unabhängiges Erzeugendensystem des Vektorraums $K[X,Y]/I$ und damit gilt $\dim_K(K[X,Y]/I) = |B| = 8$.

Nach dem Korrespondenzsatz (2.28) gibt es eine Bijektion zwischen der Menge der Ideale von S und der Menge der Ideale von $K[X,Y]$, die I enthalten. Dabei ist J/I genau dann Primideal in S, wenn J Primideal in $K[X,Y]$ ist. Die echten Ideale in $K[X,Y]$, die I enthalten, sind (X,Y), (X^2,Y), (X,Y^2) und (X^2,Y^2). (Man beachte, dass z.B. das Ideal (X) das Polynom Y^3 und damit I nicht enthält.)

Nun ist $X^2 = X \cdot X \in (X^2, Y)$, aber $X \notin (X^2, Y)$. Also ist (X^2, Y) kein Primideal (2.14). Mit analoger Argumentation sind (X, Y^2), (X^2, Y^2) und (X^2, Y^2, XY) keine Primideale. Der Ring $K[X,Y]/(X,Y)$ ist isomorph zum Körper K und (X,Y) also ein Primideal (2.29).

Der Ring $K[X,Y]$ hat folglich genau ein echtes Primideal, das I enthält. Somit hat S genau ein echtes Primideal $J = (X,Y)/I$.

Es gilt

$$\begin{aligned}\dim_K(S/J) &= \dim_K\left((K[X,Y]/I)/((X,Y)/I)\right) \\ &\stackrel{2.27}{=} \dim_K(K[X,Y]/(X,Y)) = \dim_K(K) = 1.\end{aligned}$$

H07-II-4

Aufgabe

Sei $\mathbb{F}_q$ ein endlicher Körper mit q Elementen. Sei p irgendeine Primzahl. Bestimmen Sie die Anzahl der irreduziblen Polynome vom Grade p^2 über $\mathbb{F}_q$.

Lösung

Ist f ein normiertes, irreduzibles Polynom in $\mathbb{F}_q[x]$ vom Grad p^2 und α eine Nullstelle von f, so ist f das Minimalpolynom von α über $\mathbb{F}_q$ (3.18). Es gilt dann $[\mathbb{F}_q(\alpha) : \mathbb{F}_q] = p^2$ (3.19) und damit $\mathbb{F}_q(\alpha) = \mathbb{F}_{q^{p^2}}$.

Ist umgekehrt α ein primitives Element der Körpererweiterung $\mathbb{F}_{q^{p^2}}|\mathbb{F}_q$, so ist sein Minimalpolynom über $\mathbb{F}_q$ normiert und irreduzibel vom Grad p^2.

Die Körpererweiterung $\mathbb{F}_{q^{p^2}}|\mathbb{F}_q$ hat genau einen echten Zwischenkörper (3.69), nämlich $\mathbb{F}_{q^p}$. Somit gibt es $q^{p^2} - q^p$ primitive Elemente der Körpererweiterung $\mathbb{F}_{q^{p^2}}|\mathbb{F}_q$ (3.33).

Die Minimalpolynome sind separabel (3.27, 3.29, 3.31), haben also p^2 verschiedene Nullstellen. Außerdem ist jedes primitive Element nur Nullstelle eines einzigen Minimalpolynoms (3.17).

Jedes irreduzible Polynom ist Produkt eines (normierten) Minimalpolynoms und einer Einheit (2.5). Folglich gibt es

$$\frac{q^{p^2} - q^p}{p^2} \cdot (q-1)$$

verschiedene (nicht notwendig normierte) irreduzible Polynome vom Grad p^2 über $\mathbb{F}_q$.

H07-II-5

Aufgabe

Sei $L|K$ eine galoissche Erweiterung mit Galoisgruppe G. Sei $|G| = 85$. Zeigen Sie, dass L Teilkörper vom Grade 5 und vom Grade 17 über K enthält, die normal über K sind.

Lösung

Nach den Sylow-Sätzen (1.79) hat eine Gruppe der Ordnung $85 = 5 \cdot 17$ genau eine 5-Sylow-Untergruppe und genau eine 17-Sylow-Untergruppe, denn für die Anzahl s_p der p-Sylow-Untergruppen gilt

$$s_5 \equiv 1 \mod 5 \quad \text{und} \quad s_5 \mid 17, \quad \text{also} \quad s_5 = 1, \quad \text{sowie}$$
$$s_{17} \equiv 1 \mod 17 \quad \text{und} \quad s_{17} \mid 5, \quad \text{also} \quad s_{17} = 1.$$

Die beiden Sylow-Untergruppen sind also Normalteiler (1.43). Nach dem Hauptsatz der Galoistheorie (3.44) entsprechen die Untergruppen von G bijektiv den Zwischenkörpern von $L|K$. Sei U eine Untergruppe von G. Dann ist L über dem Fixkörper L_U von U galoissch (3.39) und für den Grad von L_U über K gilt

$$[L_U : K] \stackrel{3.14}{=} \frac{[L : K]}{[L : L_U]} \stackrel{3.43}{=} \frac{|G|}{|U|}.$$

Die 5-Sylow-Untergruppe von G hat Ordnung 5, also hat der dazugehörige Fixkörper den Grad 17 über K. Die 17-Sylow-Untergruppe von G hat Ordnung 17, also hat der zugehörige Fixkörper den Grad 5 über K. Da die beiden Sylow-Untergruppen jeweils Normalteiler sind, sind die beiden Zwischenkörper normal über K (3.44).

H07-III-1

Aufgabe

Sei p eine Primzahl. Man gebe eine nicht kommutative Gruppe der Ordnung p^3 an.

Lösung

Ein wichtiges Werkzeug zur Konstruktion einer nicht abelschen Gruppe der Ordnung n ist das Bilden eines semidirekten Produkts zweier Gruppen, so dass das Produkt der Ordnungen der beiden Gruppen gleich n ist. Mit Zitat von Satz 1.74 genügt es, die Existenz eines nichttrivialen Automorphismus von der einen Gruppe in die Automorphismengruppe der anderen Gruppe zu zeigen. Zum besseren Verständnis wird ein solches semidirektes Produkt im Folgenden ausführlich beschrieben.

Es bezeichne Φ die Eulersche Phi-Funktion. Die zyklische Gruppe $\mathbb{Z}/p^2\mathbb{Z}$ der Ordnung p^2 hat $\Phi(p^2)$ erzeugende Elemente. Eines davon ist das Element p^2-1, denn es ist ggT$(p^2, p^2-1) = 1$ (1.21). Somit wird durch lineare Fortsetzung von

$$\alpha : \mathbb{Z}/p^2\mathbb{Z} \to \mathbb{Z}/p^2\mathbb{Z}$$
$$1 \mapsto p^2 - 1.$$

ein Automorphismus auf $\mathbb{Z}/p^2\mathbb{Z}$ definiert.

Betrachte nun die nichtleere Menge $G = \mathbb{Z}/p^2\mathbb{Z} \times \mathbb{Z}/p\mathbb{Z}$ mit der Verknüpfung

$$(m,n) \circ (m',n') = (m + \varphi(n)(m'), n + n'),$$

wobei $\varphi : \mathbb{Z}/p\mathbb{Z} \to \text{Aut}(\mathbb{Z}/p^2\mathbb{Z})$ definiert ist durch $\varphi(x) = \alpha^x$.

Seien $(m,n), (m',n'), (m'',n'') \in G$. Dann gilt

$$(m,n) \circ (m',n') \in \mathbb{Z}/p^2\mathbb{Z} \times \mathbb{Z}/p\mathbb{Z},$$

durch ∘ ist also eine Verknüpfung auf G gegeben. Zudem gilt:

$$\begin{aligned}
&((m,n) \circ (m',n')) \circ (m'',n'') \\
=\ & (m + \varphi(n)(m'), n+n') \circ (m'',n'') \\
=\ & (m + \varphi(n)(m') + \varphi(n+n')(m''), n+n'+n'') \\
=\ & (m + \alpha^n(m') + \alpha^{n+n'}(m''), n+n'+n'') \\
=\ & (m + \alpha^n(m') + \alpha^n(\alpha^{n'}(m'')), n+n'+n'') \\
=\ & (m + \alpha^n(m' + \alpha^{n'}(m'')), n+n'+n'') \\
=\ & (m + \varphi(n)(m' + \varphi(n')(m'')), n+n'+n'') \\
=\ & (m,n) \circ (m' + \varphi(n')(m''), n'+n'') \\
=\ & (m,n) \circ ((m',n') \circ (m'',n''))
\end{aligned}$$

$$\begin{aligned}
& (0,0) \circ (m,n) = (\varphi(0)(m), n) = (\mathrm{id}(m), n) = (m,n) \\
=\ & (m + \varphi(n)(0), n) = (m,n) \circ (0,0),
\end{aligned}$$

$$\begin{aligned}
& (m,n) \circ (\alpha^{-n}(-m), -n) = (m + \alpha^n(\alpha^{-n}(-m)), n-n) \\
=\ & (m + \alpha^n \alpha^{-n}(-m), n-n) = (0,0) \\
& (\alpha^{-n}(-m), -n) \circ (m,n) = (\alpha^{-n}(-m) + \alpha^{-n}(m), -n+n) \\
=\ & (\alpha^{-n}(0), n-n) = (0,0)
\end{aligned}$$

G ist also eine Gruppe (vgl. 1.71 b) der Ordnung p^3. Aus

$$(0,n) \circ (m,0) \circ (0,n)^{-1} = (\varphi(n)(m), n) \circ (0,-n) = (\varphi(n)(m), 0)$$

folgt schließlich, dass G mit $\varphi \neq \mathrm{id}_{\mathbb{Z}/p^2\mathbb{Z}}$ nicht kommutativ ist (vgl. 1.74).

Beispiel: Für $p = 2$ ergibt sich die folgende Gruppentafel.

∘	(0,0)	(1,0)	(2,0)	(3,0)	(0,1)	(1,1)	(2,1)	(3,1)
(0,0)	(0,0)	(1,0)	(2,0)	(3,0)	(0,1)	(1,1)	(2,1)	(3,1)
(1,0)	(1,0)	(2,0)	(3,0)	(0,0)	(1,1)	(2,1)	(3,1)	(0,1)
(2,0)	(2,0)	(3,0)	(0,0)	(1,0)	(2,1)	(3,1)	(0,1)	(1,1)
(3,0)	(3,0)	(0,0)	(1,0)	(2,0)	(3,1)	(0,1)	(1,1)	(2,1)
(0,1)	(0,1)	(3,1)	(2,1)	(1,1)	(0,0)	(3,0)	(2,0)	(1,0)
(1,1)	(1,1)	(0,1)	(3,1)	(2,1)	(1,0)	(0,0)	(3,0)	(2,0)
(2,1)	(2,1)	(1,1)	(0,1)	(3,1)	(2,0)	(1,0)	(0,0)	(3,0)
(3,1)	(3,1)	(2,1)	(1,1)	(0,1)	(3,0)	(2,0)	(1,0)	(0,0)

H07-III-2

Aufgabe
Für welche natürlichen Zahlen $n \geq 2$ ist n ein Teiler von $(n-1)!$?

Lösung

Sei $2 \leq n \in \mathbb{N}$.

i) Für $n = 4$ oder $n = p$ für eine Primzahl p ist n kein Teiler von $(n-1)!$, denn es gilt
$$4 \nmid 6 = 3! \text{ und } (p-1)! \equiv -1 \mod p \text{ (4.6)}.$$

ii) Sei p eine Primzahl und $m \in \mathbb{N}$ mit $p^m > mp$. Dann ist
$$(mp)! = 1 \cdot 2 \cdots p \cdots 2p \cdots 3p \cdots (m-1)p \cdots mp \mid (p^m - 1)!$$
$$\Rightarrow p^m \mid (p^m - 1)!.$$

Für welche p und welche m ist $p^m > mp$ erfüllt?

- Sei $p = 2$. Für $m = 3$ gilt $p^m = 2^3 = 8 > 6 = mp$, und ist $m \geq 3$ mit $2^m > 2m$, so gilt
$$2^{m+1} = 2^m \cdot 2 > 2m \cdot 2 = 2m + 2m > 2m + 2 = 2(m+1).$$

  Mit Induktion folgt also, dass $p^m > mp$ für $p = 2$ und alle $m \geq 3$ gilt.

- Sei $p > 2$. Für $m = 2$ gilt $p^m = p^2 = p \cdot p > 2p = mp$. Ist $m \geq 2$ mit $p^m > mp$, so gilt
$$p^{m+1} = p^m \cdot p > mp \cdot p = mp + \ldots + mp > mp + p = (m+1)p.$$

  Mit Induktion folgt also, dass $p^m > mp$ für alle $p > 2$ und alle $m \geq 2$ gilt.

iii) Ist $n = p_1^{k_1} \cdots p_l^{k_l}$ die Primfaktorzerlegung mit $1 < p_1 < p_2 < \ldots < p_l$ und $l > 1$, so gilt:
$$(p_1^{k_1} \cdots p_l^{k_l} - 1)! =$$
$$1 \cdots p_1^{k_1} \cdots p_2^{k_2} \cdots p_l^{k_l} \cdots (p_1^{k_1} \cdots p_l^{k_l} - 2)(p_1^{k_1} \cdots p_l^{k_l} - 1).$$

n ist also offensichtlich Teiler von $(n-1)!$.

Insgesamt ist gezeigt, dass $2 \leq n \in \mathbb{N}$ genau dann durch n teilbar ist, wenn $n \neq 4$ und keine Primzahl ist.

H07-III-3

Aufgabe

Es sei $\Phi_d(X) \in \mathbb{Z}[X]$ das d-te Kreisteilungspolynom. Ferner seien $n \geq 1$ und z ganze Zahlen. Zeigen Sie:
Ist p eine Primzahl mit $p \nmid n$, so gilt

$$p \mid \Phi_n(z) \Rightarrow \begin{cases} z^n \equiv 1 \bmod p \\ \text{und} \\ z^d \not\equiv 1 \bmod p \text{ für alle } d \mid n, 1 \leq d < n. \end{cases}$$

Lösung

Bekanntlich gilt
$$z^n - 1 = \Phi_n(z) \cdot \prod_{\substack{d \mid n \\ 1 \leq d < n}} \Phi_d(z) \quad (3.60).$$

Ist p ein Teiler von $\Phi_n(z)$, so ist p ein Teiler von $z^n - 1$. Es gibt dann also ein $a \in \mathbb{Z}$ mit $z^n - 1 = a \cdot p$, woraus folgt:

$$z^n = a \cdot p + 1$$
$$\Rightarrow z^n \equiv ap + 1 \mod p$$
$$\Rightarrow z^n \equiv 1 \mod p$$

Aus $p \mid \Phi_n(z)$ folgt $\Phi_n(z) \equiv 0 \mod p$, also ist $\bar{z}$ eine primitive n-te Einheitswurzel in $\mathbb{F}_p$ (3.56). Somit gilt $\bar{z}^d \neq 1$ in $\mathbb{F}_p$ und damit $z^d \not\equiv 1 \mod p$ für alle $d \mid n$ mit $1 \leq d < n$ (3.53).

H07-III-4

Aufgabe

Sei $f(X) \in \mathbb{Q}[X]$ ein separables Polynom der Form $f(X) = h(X^2)$ für ein $h(X) \in \mathbb{Q}[X]$. Sei $n \geq 2$ der Grad von h. Man zeige, dass die Galoisgruppe von f über $\mathbb{Q}$ isomorph zu einer echten Untergruppe der symmetrischen Gruppe S_{2n} ist.

Lösung

Hat h den Grad n, so ist $\deg(f) = 2n$ und das separable Polynom f hat höchstens $2n$ verschiedene Nullstellen im Zerfällungskörper. (Falls es irreduzibel ist, hat es genau $2n$ verschiedene Nullstellen.) Die Galoisgruppe von f ist eine Permutationsgruppe der Nullstellen (3.47), also isomorph zu einer Untergruppe der S_{2n}.

Das Polynom f hat wegen $f(X) = h(X^2)$ nur gerade Exponenten. Mit jeder Nullstelle α ist also auch $-\alpha$ Nullstelle von f. Seien $\alpha_1, \ldots, \alpha_n, -\alpha_1, \ldots, -\alpha_n$ die Nullstellen von f.

Angenommen, die Galoisgruppe von f ist S_{2n}. Dann ist die Transposition $(1\ 2)$ Element der Galoisgruppe, d.h. es gibt einen Automorphismus, der α_1 auf α_2 abbildet und die übrigen Nullstellen festlässt. Aus $\alpha_1 \mapsto \alpha_2$ folgt aber, dass $-\alpha_1$ auf $-\alpha_2$ abgebildet wird. Widerspruch.

H07-III-5

Aufgabe

Sei $\mathbb{F}_q$ ein endlicher Körper mit q Elementen. Beweisen Sie:
Jede Abbildung $\mathbb{F}_q \to \mathbb{F}_q$ lässt sich als polynomiale Abbildung $x \mapsto f(x)$ für ein Polynom $f \in \mathbb{F}_q[X]$ vom Grade höchstens $q-1$ darstellen.

Lösung

Sei $\phi : \mathbb{F}_q \to \mathbb{F}_q$ eine Abbildung. Die Abbildung ϕ ist genau dann eine polynomiale Abbildung mit einem Polynom $f \in \mathbb{F}_q[X]$ der Form

$$f(X) = a_0 + a_1 X + \ldots + a_{q-1} X^{q-1}$$

mit $a_i \in \mathbb{F}_q$ für $i \in \{0, \ldots, q-1\}$ und $f(x) = \phi(x)$ für alle $x \in \mathbb{F}_q$, wenn die Koeffizienten a_i das lineare Gleichungssystem

$$\begin{aligned}
a_0 &&&&&&&& &= f(0) \\
a_0 &+ a_1 &&+ a_2 &&+ \ldots &&+ a_{q-1} &&= f(1) \\
a_0 &+ a_1 \cdot 2 &&+ a_2 \cdot 2^2 &&+ \ldots &&+ a_{q-1} \cdot 2^{q-1} &&= f(2) \\
&&&&\vdots &&&&& \\
a_0 &+ a_1 \cdot (q-1) &&+ a_2 \cdot (q-1)^2 &&+ \ldots &&+ a_{q-1} \cdot (q-1)^{q-1} &&= f(q-1)
\end{aligned}$$

erfüllen. Dies ist ein quadratisches Gleichungssystem, dessen Koeffizientenmatrix

$$A = \begin{pmatrix} 1 & 0 & 0 & \cdots & 0 & 0 \\ 1 & 1 & 1 & \cdots & 1 & 1 \\ 1 & 2 & 2^2 & \cdots & 2^{q-2} & 2^{q-1} \\ \vdots & \vdots & \vdots & \vdots & \vdots & \vdots \\ 1 & (q-1) & (q-1)^2 & \cdots & (q-1)^{q-2} & (q-1)^{q-1} \end{pmatrix}$$

eine Vandermonde-Matrix (6.12) ist. Da die Elemente $0, 1, 2, \ldots, q-1$ paarweise verschieden sind, ist die Determinante von A ungleich 0. Somit ist A invertierbar und das Gleichungssystem $Ax = b$ für alle $b = (f(0), f(1), \ldots, f(q-1))^t$ lösbar.

16. Prüfungstermin Frühjahr 2008

FJ08-I-1

Aufgabe
Bestimmen Sie alle Zwischenkörper $\mathbb{Q} \subset K \subset \mathbb{Q}(\sqrt[17]{19})$.

Lösung

Das normierte Polynom
$$f = X^{17} - 19 \in \mathbb{Q}[X]$$
ist als Eisenstein-Polynom irreduzibel über $\mathbb{Z}$ und nach Gauß über $\mathbb{Q}$ (2.57, 2.60). Außerdem ist $\sqrt[17]{19}$ eine Nullstelle von f. Also ist f das Minimalpolynom von $\sqrt[17]{19}$ über $\mathbb{Q}$ (3.18) und es gilt
$$[\mathbb{Q}(\sqrt[17]{19}) : \mathbb{Q}] = \deg(f) = 17 \ (3.19).$$
Für einen Zwischenkörper K von $\mathbb{Q}(\sqrt[17]{19})|\mathbb{Q}$ gilt nach der Gradformel (3.14)
$$[\mathbb{Q}(\sqrt[17]{19}) : K] \cdot [K : \mathbb{Q}] = 17.$$
Da 17 eine Primzahl ist, ist entweder $[K : \mathbb{Q}] = 1$, und folglich $K = \mathbb{Q}$, oder $[K : \mathbb{Q}] = 17$, und damit $K = \mathbb{Q}(\sqrt[17]{19})$. Die Körpererweiterung $\mathbb{Q}(\sqrt[17]{19})|\mathbb{Q}$ hat also keine echten Zwischenkörper.

FJ08-I-2

Aufgabe
Zeigen Sie, dass die symmetrische Gruppe vom Grad 4 mindestens 24 Untergruppen besitzt.

Lösung

Wir gehen über die Aufgabenstellung hinaus, indem wir beweisen, dass S_4 genau 30 verschiedene Untergruppen besitzt.

Jedes Element in S_4 kann als Produkt disjunkter Zyklen dargestellt werden. Die Ordnung eines solchen Produkts disjunkter Zyklen ist das kleinste gemeinsame Vielfache der Ordnungen der Faktoren, also der Länge der Zyklen. Die Ordnung von S_4 ist $4! = 24 = 2^3 \cdot 3$ (1.82).

Nach Lagrange (1.34) ist die Ordnung jeder Untergruppe von S_4 ein Teiler von 24. Wir betrachten nun sukzessive alle möglichen Ordnungen für die Untergruppen.

Ordnung 1:
Offensichtlich gibt es genau eine Untergruppe der Ordnung 1, nämlich $\{\mathrm{id}\}$.

Ordnung 2:
Jede Untergruppe der Ordnung 2 ist zyklisch (1.19), wird also von einem Element der Ordnung 2 erzeugt (1.17). Nach obigen Überlegungen kommen als Erzeuger einer Untergruppe der Ordnung 2 nur 2-Zykel oder Produkte zweier disjunkter 2-Zykel in Frage. Es gibt genau $\binom{4}{2} = 6$ verschiedene 2-Zykel und genau drei verschiedene Produkte zweier disjunkter 2-Zykel, nämlich (1 2)(3 4), (1 3)(2 4) und (1 4)(2 3). Da zwei Untergruppen der Ordnung 2 jeweils nur das neutrale Element gemeinsam haben, erzeugen verschiedene Elemente der Ordnung 2 auch verschiedene Untergruppen der Ordnung 2. Folglich gibt es genau neun Untergruppen der Ordnung 2 in der S_4.

Ordnung 3:
Jede Untergruppe der Ordnung 3 ist zyklisch (1.19), wird also von einem Element der Ordnung 3 erzeugt (1.17). Nach obigen Überlegungen kommen als Erzeuger nur 3-Zyklen in Frage. Es gibt genau $\binom{4}{3} \cdot 2! = 8$ verschiedene 3-Zyklen. Eine zyklische Gruppe der Ordnung 3 hat $\varphi(3) = 2$ erzeugende Elemente (1.25, 1.24). Damit erzeugen je zwei 3-Zyklen die gleiche Untergruppe. Somit gibt es genau vier verschiedene Untergruppen der Ordnung 3.

Ordnung 4:
Jede Untergruppe der Ordnung $4 = 2^2$ ist abelsch (1.77). Nach dem Hauptsatz über endliche abelsche Gruppen (1.30) ist also jede Untergruppe eine zyklische Gruppe der Ordnung 4 oder ein direktes Produkt zweier zyklischer Gruppen der Ordnung 2.
Nach obigen Überlegungen kommen für zyklische Untergruppen der Ordnung 4 nur 4-Zyklen in Frage. Es gibt genau $3! = 6$ verschiedene 4-Zyklen. Wegen $\varphi(4) = 2$ (1.25, 1.24) erzeugen je zwei davon die gleiche Untergruppe. Also gibt es genau drei zyklische Untergruppen der Ordnung 4.
Ein direktes Produkt von zwei zyklischen Gruppen der Ordnung 2 enthält nur

Elemente der Ordnung 2. Nach obigen Überlegungen kommen also nur Produkte von 2-Zyklen als Elemente einer solchen Untergruppe in Frage. Zwei verschiedene nicht disjunkte 2-Zyklen erzeugen einen 3-Zyklus, also ein Element der Ordnung 3. Somit kann keine nicht zyklische Untergruppe zwei verschiedene nicht disjunkte 2-Zyklen enthalten. Zwei disjunkte 2-Zyklen erzeugen je eine nicht zyklische Untergruppe der Ordnung 4. Es gibt genau drei disjunkte Paare von 2-Zyklen:

$$(1\ 2), (3\ 4)$$
$$(1\ 3), (2\ 4)$$
$$(1\ 4), (2\ 3)$$

Enthält die Untergruppe genau ein Produkt zweier disjunkter 2-Zyklen, so wird sie von den beiden Faktoren erzeugt. Eine solche Untergruppe liefert also erneut obige Untergruppen. Enthält die Untergruppe zwei verschiedene Produkte disjunkter 2-Zyklen, so enthält sie alle drei. Somit bleibt als einziges weiteres direktes Produkt von zwei zyklischen Gruppen der Ordnung 2 nur noch die Kleinsche Vierergruppe

$$V_4 = \{\mathrm{id}, (1\ 2)(3\ 4), (1\ 3)(2\ 4), (1\ 4)(2\ 3)\}.$$

Damit gibt es genau vier verschiedene nicht zyklische Untergruppen der Ordnung 4 und insgesamt genau sieben Untergruppen der Ordnung 4.

Ordnung 6:
Alle Permutationen in S_4, die die 1 festlassen, bilden eine zu S_3 isomorphe Untergruppe in S_4. Diese hat Ordnung 6. Dasselbe gilt für alle Permutationen, die die 2 bzw. die 3 bzw. die 4 festlassen. Wir haben also bereits vier Untergruppen der Ordnung 6 in S_4 gefunden.

Angenommen, es gibt eine zyklische Untergruppe, also ein Element der Ordnung 6 in S_4. Dann ist dieses nach obiger Überlegung ein disjunktes Produkt eines 2-Zyklus und eines 3-Zyklus oder ein 6-Zyklus. Beides ist in S_4 nicht möglich, also gibt es keine zyklische Untergruppe der Ordnung 6.

Angenommen, U ist eine nicht zyklische Untergruppe der Ordnung 6 von S_4, die nicht isomorph zu S_3 ist. Dann hat U nach den Sylow-Sätzen (1.79) eine Untergruppe H der Ordnung 2 und eine Untergruppe N der Ordnung 3. Da N Index 2 in U hat, ist N Normalteiler von U. Nach dem Ersten Isomorphisatz (1.53) ist HN eine Untergruppe von U. Nach Lagrange schneiden sich H und N nur im neutralen Element. Somit gilt $|HN| = |H| \cdot |N| = 6$ (1.70) und folglich $U = HN$. Also ist U von der Form

$$U = \{\mathrm{id}, a, b, b^2, ab, ab^2\}$$

mit einem Element a der Ordnung 2 und einem Element b der Ordnung 3. Das Element ba ist in U. Von den Elementen in U kommen nur ab und ab^2

in Frage. Aus $ba = ab$ würde folgen, dass U abelsch ist. Dann wäre U aber isomorph zu $\mathbb{Z}/2\mathbb{Z} \times \mathbb{Z}/3\mathbb{Z} \equiv \mathbb{Z}/6\mathbb{Z}$ und damit zyklisch (1.29) im Widerspruch zur Annahme. Folglich ist $ba = ab^2$ und U somit isomorph zur Diedergruppe D_3 (1.94) und damit zu S_3 (1.93) ebenfalls im Widerspruch zur Annahme.

Es gibt also genau vier Untergruppen der Ordnung 6 in S_4.

Ordnung 8:
Jede Untergruppe der Ordnung 8 ist eine 2-Sylow-Untergruppe von S_3 (1.78). Nach den Sylow-Sätzen gilt für die Anzahl s_2 der 2-Sylow-Untergruppen von S_4 $s_2 \in \{1, 3\}$. Identifiziert man die vier Ecken eines Quadrats mit den Zahlen 1,2,3 und 4 in dieser Reihenfolge, so kann man D_4 als eine Untergruppe von S_4 auffassen (1.92). Somit erhält man die zu D_4 isomorphe Untergruppe von S_4, nämlich

$$\{\text{id}, (1\ 2\ 3\ 4), (1\ 3)(2\ 4), (4\ 3\ 2\ 1), (2\ 4), (1\ 4)(2\ 3), (1\ 3), (1\ 2)(3\ 4)\}.$$

Vertauscht man die Nummerierung zweier Ecken des gedachten Vierecks, z. B. die mit 3 und 4 identifizierten Ecken, so erhält man eine weitere zu D_4 isomorphe Untergruppe von S_4, nämlich

$$\{\text{id}, (1\ 2\ 4\ 3), (1\ 4)(2\ 3), (3\ 4\ 2\ 1), (1\ 4), (1\ 3)(2\ 4), (2\ 3), (1\ 2)(3\ 4)\}.$$

Somit gilt $s_2 > 1$ und nach obigen Überlegungen $s_2 = 3$. Es gibt also genau drei Untergruppen der Ordnung 8 in S_4.

Ordnung 12:
Es gibt genau eine Untergruppe der Ordnung 12 in S_4, nämlich A_4 (1.90).

Ordnung 24:
Offensichtlich gibt es nur eine Untergruppe der Ordnung 24, nämlich S_4.

Zusammengefasst ergibt sich folgende Tabelle.

Ordnung	1	2	3	4	6	8	12	24
Anzahl Untergruppen	1	9	4	7	4	3	1	1
Gesamtzahl				30				

FJ08-I-3

Aufgabe

Sei E ein endlicher Körper mit 8 Elementen. Bestimmen Sie alle möglichen Minimalpolynome der Elemente von E über dem Primkörper F von E.

Lösung

Der Körper E hat Charakteristik 2 (3.65), der Primkörper F von E besteht also aus den zwei Elementen 0 und 1. Ihre Minimalpolynome (3.16) sind

$$m_{0,F}(X) = X \text{ und } m_{1,F}(X) = X + 1.$$

Die Körpererweiterung $F \leq E$ hat Grad 3 und keine echten Zwischenkörper (3.69), denn 3 ist eine Primzahl. Die Minimalpolynome der Elemente in $F \setminus E$ über F haben demnach Grad 3 (3.19).

Hat ein Polynom $f \in F[X]$ keinen konstanten Faktor, so ist 0 eine Nullstelle von f. Besteht es aus einer geraden Anzahl von Summanden, so ist 1 eine Nullstelle von f. Als irreduzible Polynome vom Grad 3 über F kommen also nur die Polynome $X^3 + X^2 + 1$ und $X^3 + X + 1$ in Frage. In der Tat haben diese Polynome keine Nullstellen in F und sind als Polynome vom Grad 3 folglich irreduzibel über F. Damit sind $X^3 + X^2 + 1$ und $X^3 + X + 1$ die Minimalpolynome der sechs Elemente in $E \setminus F$.

FJ08-I-4

Aufgabe

Sei E ein endlicher Körper mit 81 Elementen.

a) Wie viele Untergruppen besitzt die multiplikative Gruppe E^*?

b) Sei F Primkörper von E.
Wie viele Elemente $z \in E$ mit $E = F(z)$ gibt es?

Lösung

a) Die multiplikative Gruppe E^* ist zyklisch der Ordnung $80 = 2^4 \cdot 5$ (3.66), also isomorph zu $(\mathbb{Z}/80\mathbb{Z}, +)$ (1.21). Als Ordnungen von Untergruppen kommen nach Lagrange (1.34) nur Teiler der Gruppenordnung in Frage (1.34). In $\mathbb{Z}/80\mathbb{Z}$ gibt es zu jedem Teiler der Gruppenordnung genau eine Untergruppe dieser Ordnung (1.26). Insgesamt gibt es also 10 Untergruppen, jeweils eine der Ordnungen

$$1, 2, 4, 5, 8, 10, 16, 20, 40 \text{ und } 80.$$

b) Der Körper $\mathbb{F}_{3^2}$ ist der größte echte Teilkörper von $\mathbb{F}_{3^4}$ (3.69). Genau für die Elemente $z \in E \setminus \mathbb{F}_{3^2}$ (3.12) gilt also $E = F(z)$. Davon gibt es $81 - 9 = 72$.

FJ08-I-5

Aufgabe

a) Bestimmen Sie die Anzahl der Zahlen $a \in \mathbb{N}$, so dass:

$$1 \leq a < 42$$
$$x^2 \equiv a \mod 42 \text{ für ein } x \in \mathbb{Z}.$$

b) Welche Einheiten des Rings $\mathbb{Z}/42\mathbb{Z}$ kommen als quadratische Reste vor?

Lösung

a) Die Tabelle der quadratischen Reste modulo 42 (4.8)

x	1	2	3	4	5	6	7	8	9	10	11	12
$x^2 \mod 42$	1	4	9	16	25	36	7	22	39	16	37	18

x	13	14	15	16	17	18	19	20	21	22	23	24
$x^2 \mod 42$	1	28	15	4	37	30	25	22	21	22	25	30

ist symmetrisch zu $x = 21$, denn für $k \in \{0, \ldots, 21\}$ gilt

$$(21+k)^2 \equiv 21^2 + 42k + k^2 \equiv 21^2 + k^2 \equiv 21^2 - 42k + k^2 \equiv (21-k)^2 \mod 42.$$

Die gesuchte Anzahl ist also

$$|\{1, 4, 7, 9, 15, 16, 18, 21, 22, 25, 28, 30, 36, 37, 39\}| = 15.$$

b) Einheiten im Ring $\mathbb{Z}/42\mathbb{Z}$ sind genau die Restklassen der zu 42 teilerfremden Zahlen (2.11). Somit sind die gesuchten quadratischen Reste (4.8)

$$\{1, 4, 7, 9, 15, 16, 18, 21, 22, 25, 28, 30, 36, 37, 39\} \cap (\mathbb{Z}/42\mathbb{Z})^\times = \{1, 25, 37\}.$$

FJ08-II-1

Aufgabe

Sei S_n die Gruppe der Permutationen der Menge $M = \{1, 2, \ldots, n\}$. Die Untergruppe G von S_n lasse eine Teilmenge $A \subset M$ der Mächtigkeit k mit $1 \leq k \leq n-1$ invariant. Zeigen Sie:

$$[S_n : G] \geq \binom{n}{k}.$$

Lösung

Die symmetrische Gruppe in n Elementen hat Ordnung $n!$ (1.82). Es gibt $k!$ Permutationen in der S_n, die die Menge A permutieren und $M \setminus A$ elementweise festlassen. Desweiteren gibt es $(n-k)!$ Permutationen in der S_n, die A elementweise festlassen und $M \setminus A$ permutieren. Somit gilt $|G| \leq k!(n-k)!$ und damit

$$[S_n : G] = \frac{n!}{|G|} \geq \frac{n!}{k!(n-k)!} = \binom{n}{k}.$$

FJ08-II-2

Aufgabe

Sei $\mathbb{F}_2$ der Körper mit zwei Elementen, und $V = \mathbb{F}_2^n$ für eine natürliche Zahl $n \geq 1$. Für jedes Polynom $f(X_1, X_2, \ldots, X_n) \in \mathbb{F}_2[X_1, X_2, \ldots, X_n]$ sei $\overline{f}$ die Abbildung $V \to \mathbb{F}_2$, die $(a_1, a_2, \ldots, a_n) \in V$ auf $f(a_1, a_2, \ldots, a_n)$ abbildet.

a) Für $v = (a_1, a_2, \ldots, a_n) \in V$ setze $f_v := \prod_{i=1}^{n}(X_i + a_i + 1)$. Zeigen Sie: $\overline{f}_v(v) = 1$, und $\overline{f}_v(w) = 0$ für alle $v \neq w \in V$.

b) Zeigen Sie: Zu jeder Abbildung $\phi : V \to \mathbb{F}_2$ gibt es ein Polynom $f \in \mathbb{F}_2[X_1, X_2, \ldots, X_n]$ mit $\phi = \overline{f}$.

Lösung

a) Sei $w = (b_1, \ldots, b_n) \neq (a_1, \ldots, a_n) = v$. Dann ist $a_i \neq b_i$ für mindestens ein $i \in \{1, \ldots, n\}$. Falls $b_i = a_i$ ist, gilt $a_i + b_i = 0$. Falls $b_i \neq a_i$ ist, gilt $b_i + a_i = 1 + 0 = 1$ oder $b_i + a_i = 0 + 1 = 1$. Es folgt

$$\overline{f_v}(v) = f_{(a_1, a_2, \ldots, a_n)}(a_1, a_2, \ldots, a_n) = \prod_{i=1}^n (a_i + a_i + 1) = \prod_{i=1}^n (0+1) = 1$$

und

$$\overline{f_v}(w) = f_{(a_1, a_2, \ldots, a_n)}(b_1, b_2, \ldots, b_n) = \prod_{i=1}^n (b_i + a_i + 1) = 0.$$

b) Sei $\phi : V \to \mathbb{F}_2$ eine Abbildung. Seien $V_0 := \{v \in V \mid \phi(v) = 0\}$ und $V_1 := \{v \in V \mid \phi(v) = 1\}$. Betrachte

$$F(X_1, \ldots, X_n) = \sum_{v \in V_1} f_v(X_1, \ldots, X_n) \text{ mit } f_v \text{ wie in a).}$$

Wegen $|V_1| < \infty$ ist $F(X_1, \ldots, X_n) \in \mathbb{F}_2[X_1, \ldots, X_n]$. Zudem gilt

$$\overline{F}(a_1, \ldots, a_n) = \sum_{v \in V_1} \overline{f_v}(a_1, \ldots, a_n) = \begin{cases} 1 & \text{für } (a_1, \ldots, a_n) \in V_1 \\ 0 & \text{für } (a_1, \ldots, a_n) \in V_0, \end{cases}$$

also $\phi = \overline{F}$.

FJ08-II-3

Aufgabe

a) Bestimmen Sie die Automorphismengruppe der additiven Gruppe des Körpers der rationalen Zahlen $\mathbb{Q}$.

b) Geben Sie einen Körper K an, für den die Automorphismengruppe seiner additiven Gruppe nicht kommutativ ist.

Lösung

a) Ein Gruppenhomomorphismus $\phi : (\mathbb{Q},+) \to (\mathbb{Q},+)$ ist durch $\phi(1)$ eindeutig bestimmt, denn falls $\phi(1) = \frac{a}{b}$ ist, folgt für $x \in \mathbb{Z}$ und $y \in \mathbb{N}$:

$$\frac{a}{b} = \phi(1) \stackrel{y\neq 0}{=} \phi\Big(\underbrace{\frac{1}{y} + \ldots + \frac{1}{y}}_{y-\text{mal}}\Big) = \phi\Big(\frac{1}{y}\Big) + \ldots + \phi\Big(\frac{1}{y}\Big) = y\phi\Big(\frac{1}{y}\Big)$$

$$\Rightarrow \phi\Big(\frac{1}{y}\Big) = \frac{a}{yb}$$

$$\Rightarrow \phi\Big(\frac{x}{y}\Big) = x \cdot \frac{a}{yb} = \frac{x}{y} \cdot \frac{a}{b}$$

Außerdem liefert jedes Element von $\mathbb{Q}$ als Bild der 1 einen Homomorphismus. Bis auf $1 \mapsto 0$ sind alle diese Homomorphismen Automorphismen (1.7), denn mit $\phi^{-1}(1) = \frac{b}{a}$ gilt

$$\phi(\phi^{-1}(1)) = \phi\left(\frac{b}{a}\right) = \frac{b}{a} \cdot \frac{a}{b} = 1$$

und

$$\phi^{-1}(\phi(1)) = \phi^{-1}\left(\frac{a}{b}\right) = \frac{a}{b} \cdot \frac{b}{a} = 1.$$

Folglich ist die Automorphismengruppe der additiven Gruppe von $\mathbb{Q}$ isomorph zur Einheitengruppe $(\mathbb{Q}^*, \cdot)$.

b) Sei G die additive Gruppe des Körpers $K := \mathbb{F}_2(x,y)$. Seien

$$\alpha: \begin{array}{rcl} G & \to & G \\ f(x,y) & \mapsto & f(y,x) \end{array}$$

und $\beta = \varphi_{(x+1,y)}$ der zu $(x+1,y)$ gehörige Einsetzhomomorphismus (2.23). Dann gilt für alle $f(x,y), g(x,y) \in G$

$$\begin{aligned} \alpha(f(x,y) + g(x,y)) &= \alpha((f+g)(x,y)) \\ &= (f+g)(y,x) \\ &= f(y,x) + g(y,x) \\ &= \alpha(f(x,y)) + \alpha(g(x,y)), \end{aligned}$$

also ist auch α ein Homomorphismus. Weiter gilt

$$\alpha^2(f(x,y)) = \alpha(f(y,x)) = f(x,y)$$

und

$$\beta^2(f(x,y)) = \beta(f(x+1,y)) = f(x+1+1,y) = f(x,y)$$

für alle $f(x,y) \in G$. Also ist $\alpha^2 = \beta^2 = \text{id}$ und sowohl α als auch β sind Automorphismen auf G.

Wegen

$$(\alpha \circ \beta)(x) = \alpha(x+1) = y + 1 \neq y = \beta(y) = (\beta \circ \alpha)(x)$$

ist $\text{Aut}(G)$ nicht kommutativ.

FJ08-II-4

Aufgabe

Sei $a \in \mathbb{Z}$ beliebig. Zeigen Sie: Es gibt unendlich viele ganze Zahlen $b \in \mathbb{Z}$, so dass das Polynom $f(X) = X^3 + aX + b \in \mathbb{Q}[X]$ in $\mathbb{Q}[X]$ irreduzibel ist.

Lösung

Sei $|a| = 1$, also $f(X) = X^3 \pm X + b$. Das Polynom $g(X) = X^3 + X + 1 \in \mathbb{F}_2[X]$ hat keine Nullstelle in $\mathbb{F}_2$, ist als Polynom vom Grad 3 also irreduzibel in $\mathbb{F}_2[X]$ (2.55). Für alle ungeraden ganzen Zahlen $b \in \mathbb{Z}$ ist wegen $\text{ggT}(1, a, b) = 1$ das Polynom f folglich irreduzibel in $\mathbb{Q}[X]$ (2.56, 2.60).

Sei $a \in \mathbb{Z} \setminus \{\pm 1\}$ und p ein Primteiler von a. Bekanntlich gibt es unendliche viele zu p teilerfremde Zahlen q. Für alle diese Zahlen ist das Polynom

$$X^3 + aX + pq \in \mathbb{Z}[X]$$

irreduzibel in $\mathbb{Q}[X]$. Denn wegen

$$p \mid a, \ p \mid pq, \ p^2 \nmid pq$$

und $\text{ggT}(1, a, b) = 1$ folgt die Irreduzibilität mit Eisenstein und Gauß (2.57, 2.60).

FJ08-III-1

Aufgabe

Sei G eine endliche Gruppe und $H \subset G$ eine Untergruppe. Sei $x \in X := G/H$ und sei $\emptyset \neq U \subset X$ eine Teilmenge. Zeigen Sie, dass die Anzahl

$$|\{g \in G \mid gU \ni x\}|$$

unabhängig von x ist.

Lösung

Sei $U = \{h_1 H, \ldots, h_n H\}$ und $x = lH$ (1.31). Wir wollen zeigen, dass

$$|\{g \in G \mid gU \ni lH\}| = n \cdot |H|$$

gilt.

Betrachte dazu die Gruppenoperation (1.61)

$$\begin{aligned} \gamma : G \times G/H &\to G/H \\ (g, hH) &\mapsto ghH. \end{aligned}$$

Die Bahn von yH unter γ (1.65) ist

$$B_{yH} = \{\gamma(g, yH) \mid g \in G\} = \{gyH \mid g \in G\} = G/H.$$

Damit folgt

$$|G_{yH}| \stackrel{1.66}{=} \frac{|G|}{|B_{yH}|} = \frac{|G|}{|G/H|} \stackrel{1.34}{=} |H|.$$

„$\geq$":
Für $y_i = lh_i^{-1}$ gilt $y_i h_i H = lH$, also $y_i \in \{g \in G \mid gU \ni lH\}$. Ist nun $y \in G_{lH}$, so gilt

$$yy_i h_i H = ylH \stackrel{1.65}{=} lH \Rightarrow yy_i \in \{g \in G \mid gh_i H = lH\}$$

und damit folgt $|\{g \in G \mid gh_i H = lH\}| \geq |H|$.

Wegen $gh_i H = gh_j H \Rightarrow h_i H = h_j H$ gilt

$$\{g \in G \mid gh_i H = lH\} \cap \{g \in G \mid gh_j H = lH\} = \emptyset \text{ für } i \neq j$$

und es folgt

$$\left| \{ g \in G \mid gU \ni lH \} \right| = \left| \overset{\bullet}{\bigcup_{1 \leq i \leq n}} \{ g \in G \mid gh_i H = lH \} \right| \geq n \cdot |H|.$$

„$\leq$":
Ist $yh_i H = lH$, so gilt

$$yy_i^{-1} y_i h_i H = lH \Rightarrow yy_i^{-1} lH = lH \Rightarrow yy_i^{-1} \in G_{lH} \Rightarrow y \in G_{lH} \cdot y_i.$$

Mit $|G_{lH} y_i| = |G_{lH}| = |H|$ folgt

$$|\{ g \in G \mid gh_i H = lH \}| \leq |H|$$
$$\Rightarrow |\{ g \in G \mid gU \ni lH \}| \leq n \cdot |H|.$$

FJ08-III-2

Aufgabe

Ist G eine abelsche Gruppe, dann sei

$$\operatorname{tor}(G) := \{ g \in G \mid \text{es gibt ein } 1 \leq n \in \mathbb{N} \text{ mit } ng = 0 \}.$$

Zeigen Sie:

a) $\operatorname{tor}(G)$ ist eine Untergruppe von G und $\operatorname{tor}(G/\operatorname{tor}(G)) = \{0\}$.

b) Ist $G = G_1 \times \ldots \times G_r$ ein Produkt von abelschen Gruppen G_i ($i \in \mathbb{N}$, $1 \leq i \leq r$), so gilt $\operatorname{tor}(G) = \operatorname{tor}(G_1) \times \ldots \times \operatorname{tor}(G_r)$.

Lösung

a) Das neutrale Element 0 von G ist in $\operatorname{tor}(G)$ enthalten. Also ist $\operatorname{tor}(G)$ nicht leer. Sind $g, h \in \operatorname{tor}(G)$ mit $ng = 0$ und $mh = 0$, so gilt

$$nm(g - h) \overset{G \text{ abelsch}}{=} nmg + nm(-h) = -nmh = 0$$

Also ist $\operatorname{tor}(G)$ eine Untergruppe von G (1.3).

Ist $x + \operatorname{tor}(G)$ Element von

$$\operatorname{tor}(G/\operatorname{tor}(G))$$
$$= \{ g + \operatorname{tor}(G) \in G/\operatorname{tor}(G) : \exists 1 \leq n \in \mathbb{N} : ng + \operatorname{tor}(G) = 0 + \operatorname{tor}(G) \}$$
$$= \{ g + \operatorname{tor}(G) \in G/\operatorname{tor}(G) : \exists 1 \leq n \in \mathbb{N} : ng \in \operatorname{tor}(G) \},$$

so gilt $nx \in \text{tor}(G)$ für ein $1 \leq n \in \mathbb{N}$. Es gibt also ein $1 \leq m \in \mathbb{N}$ mit $m(nx) = (mn)x = 0$. Wegen $1 \leq mn \in \mathbb{N}$ ist $x \in \text{tor}(G)$ und damit $x + \text{tor}(G) = 0$.

b) „$\subseteq$":
Sei $g \in \text{tor}(G)$ und $1 \leq n \in \mathbb{N}$ mit $ng = 0$. Dann gibt es eindeutig bestimmte Elemente $g_1 \in G_1, \ldots, g_r \in G_r$ mit $g = (g_1, \ldots, g_r)$ (1.72). Also ist
$$n(g_1, \ldots, g_r) \stackrel{1.71}{=} (ng_1, \ldots, ng_r) = (0, \ldots, 0).$$
Es folgt $g_1 \in \text{tor}(G_1), \ldots, g_r \in \text{tor}(G_r)$ und damit
$$g = (g_1, \ldots, g_r) \in \text{tor}(G_1) \times \ldots \times \text{tor}(G_r).$$

„$\supseteq$":
Sei $g = (g_1, \ldots, g_r) \in \text{tor}(G_1) \times \ldots \times \text{tor}(G_r)$ und $1 \leq n_1, \ldots, n_r$ mit $n_1 g_1 = 0, \ldots, n_r g_r = 0$. Dann gilt für $1 \leq n_1 \cdot \ldots \cdot n_r \in \mathbb{N}$

$$\begin{aligned}
& n_1 \cdot \ldots \cdot n_r g \\
={} & n_1 \cdot \ldots \cdot n_r (g_1, \ldots, g_r) \\
={} & (n_1 \cdot \ldots \cdot n_r g_1, \ldots, n_1 \cdot \ldots \cdot n_r g_r) \\
={} & (0, \ldots, 0),
\end{aligned}$$

also $g \in \text{tor}(G)$.

FJ08-III-3

Aufgabe

Sei K ein Körper und K_f ein Zerfällungskörper eines Polynoms
$$f(X) = (X - \alpha_1) \cdot \ldots \cdot (X - \alpha_n) \in K[X]$$
mit $\alpha_i \in K_f$. Sei $E_k = K(\alpha_1, \ldots, \alpha_k)$, $k \leq n$. Zeigen Sie, dass $[E_k : K] \leq \frac{n!}{(n-k)!}$.

Lösung

Wir beweisen die Behauptung durch Induktion über k.

Da α_1 Nullstelle von f ist, hat das Minimalpolynom von α_1 über K Grad $\leq n$ (3.16). Somit folgt
$$[E_1 : K] = [K(\alpha_1) : K] \leq n = \frac{n!}{(n-1)!} \quad (3.19).$$

Sei nun $[E_{k-1} : K] \leq \frac{n!}{(n-(k-1))!}$. Dann gilt

$$\begin{aligned}[E_k : K] &= [E_{k-1}(\alpha_k) : E_{k-1}] \cdot [E_{k-1} : K] \\ &\leq [E_{k-1}(\alpha_k) : E_{k-1}] \cdot \frac{n!}{(n-(k-1))!}.\end{aligned}$$

Das Element α_k ist Nullstelle des Polynoms

$$g(X) = (X - \alpha_k)(X - \alpha_{k+1}) \cdots (X - \alpha_n).$$

Dieses hat Grad $n - (k-1)$. Wenn wir zeigen können, das $g \in E_{k-1}[X]$ ist, so sind wir fertig, denn dann folgt

$$\begin{aligned}[E_k : K] &\leq [E_{k-1}(\alpha_k) : E_{k-1}] \cdot \frac{n!}{(n-(k-1))!} \\ &\leq (n-(k-1))\frac{n!}{(n-(k-1))!} \\ &= \frac{n!}{(n-k)!}.\end{aligned}$$

Es gilt $f \in K[X]$, also insbesondere $f \in K(\alpha_1, \ldots, \alpha_{k-1})[X]$ und es ist

$$h(X) = (X - \alpha_1) \ldots (X - \alpha_{k-1}) \in K(\alpha_1, \ldots, \alpha_{k-1})[X].$$

Der Ring $K[X]$ ist euklidisch (2.39). Somit (2.36) gibt es Elemente q und r in $K(\alpha_1, \ldots, \alpha_{k-1})[X]$ mit $\deg(r) < \deg(h)$ und $f = qh + r$.

Offensichtlich gilt auch $f = gh$, woraus folgt, dass h in $K(\alpha_1, \ldots, \alpha_n)[X]$ ein Teiler von r ist. Wegen $\deg(r) < \deg(h)$ ist $r(X) = 0$ und damit

$$g = q \in K(\alpha_1, \ldots, \alpha_{k-1})[X] = E_{k-1}[X].$$

FJ08-III-4

Aufgabe

Sei $\sqrt{5} \in \mathbb{R}$ und $i\sqrt{5} \in \mathbb{C}$, $i^2 = -1$ und $L := \mathbb{Q}(\sqrt{5})$, $K := \mathbb{Q}(i\sqrt{5})$. Sei $E = L \cdot K$ das Kompositum von L und K in $\mathbb{C}$.

a) Zeigen Sie, dass $E/\mathbb{Q}$ galoissch ist und bestimmen Sie den Isomorphietyp der Galoisgruppe G von E über $\mathbb{Q}$.

b) Bestimmen Sie alle Untergruppen U von G.

c) Ist U eine Untergruppe von G, so sei E^U der zugehörige Fixkörper. Finden Sie für jedes $U \subset G$ ein $\beta \in \mathbb{C}$ mit $E^U = \mathbb{Q}(\beta)$.

Lösung

a) Nach Definition (3.49) gilt
$$E = \mathbb{Q}(\sqrt{5}, i\sqrt{5}).$$
Offensichtlich ist $E \subseteq \mathbb{Q}(\sqrt{5}, i)$ und wegen $i\sqrt{5}\sqrt{5}^{-1} = i \in E$ auch $E \supseteq \mathbb{Q}(\sqrt{5}, i)$. Also gilt
$$E = \mathbb{Q}(\sqrt{5}, i).$$
Das Polynom $f = X^4 - 25 \in \mathbb{Q}[X]$ ist separabel mit den Nullstellen $\pm\sqrt{5}, \pm i\sqrt{5}$ (3.27). Also ist E der Zerfällungskörper von f (3.35) und $E/\mathbb{Q}$ folglich galoissch (3.38). Die Galoisgruppe G hat Grad $[E : \mathbb{Q}] = 4$ über $\mathbb{Q}$ und besteht aus den Automorphismen $\varphi_1, \varphi_2, \varphi_3$ und φ_4 mit

φ_j	φ_1	φ_2	φ_3	φ_4
$\varphi_j(\sqrt{5})$	$\sqrt{5}$	$\sqrt{5}$	$-\sqrt{5}$	$-\sqrt{5}$
$\varphi_j(i)$	i	$-i$	i	$-i$
$\mathrm{ord}(\varphi_j)$	1	2	2	2

Einzige Gruppe der Ordnung 4, in der es kein Element der Ordnung 4 gibt, ist die Kleinsche Vierergruppe. Also ist G isomorph zu $\mathbb{Z}/2\mathbb{Z} \times \mathbb{Z}/2\mathbb{Z}$.

b) Als Gruppe der Ordnung 4 hat G neben den trivialen Untergruppen nur zyklische Untergruppen der Ordnung 2 (1.34, 1.19). Die Automorphismen φ_2, φ_3 und φ_4 haben Ordnung 2. Also hat G die Untergruppen
$$U_1 = \{\varphi_1\}, \quad U_2 = \{\varphi_1, \varphi_2\}, \quad U_3 = \{\varphi_1, \varphi_3\},$$
$$U_4 = \{\varphi_1, \varphi_4\}, \quad U_5 = G.$$

c) Für $i \in \{1, \ldots, 5\}$ ist E über dem Fixkörper E^{U_i} galoissch (3.39) und der Grad von E^{U_i} über $\mathbb{Q}$ ist

$$[E^{U_i} : K] \overset{3.14}{=} \frac{[E : K]}{[E : E^{U_i}]} \overset{3.43}{=} \frac{4}{|U_i|}.$$

E^{U_1}: Fixkörper von U_1 ist E (3.41). Die Zahl $\sqrt{5} + i$ ist ein primitives Element der Körpererweiterung $E/\mathbb{Q}$ (3.33), denn:

Keine der Nullstellen des Polynoms

$$x^4 - 8x^2 + 36 = (x - \sqrt{5} - i)(x - \sqrt{5} + i)(x + \sqrt{5} - i)(x + \sqrt{5} + i)$$

liegt in $\mathbb{Q}$. Außerdem ist keines der Produkte

$$(x - \sqrt{5} - i)(x - \sqrt{5} + i) = x^2 - 2\sqrt{5}x + 6$$
$$(x - \sqrt{5} - i)(x + \sqrt{5} - i) = x^2 - 2ix - 6$$
$$(x - \sqrt{5} - i)(x + \sqrt{5} + i) = x^2 - (4 + 2\sqrt{5}i)$$

Element von $\mathbb{Q}[x]$. Das Polynom $x^4 - 8x^2 + 36$ ist also irreduzibel über $\mathbb{Q}$ und somit Minimalpolynom der Nullstelle $\sqrt{5} + i$ (3.16).

Offensichtlich ist $\mathbb{Q}(\sqrt{5}+i) \subseteq E$. Da das Minimalpolynom von $\sqrt{5}+i$ Grad $4 = [E : \mathbb{Q}]$ hat, folgt $E^{U_1} = E = \mathbb{Q}(\sqrt{5} + i)$ (6.4).

E^{U_2}: Es gilt $\varphi_2(\sqrt{5}) = \sqrt{5}$. Also ist $\mathbb{Q}(\sqrt{5})$ Teilkörper des Fixkörpers E^{U_2}. Da außerdem

$$[\mathbb{Q}(\sqrt{5}) : \mathbb{Q}] = 2 = \frac{|G|}{|U_2|}$$

gilt, folgt $E^{U_2} = \mathbb{Q}(\sqrt{5})$.

E^{U_3}: Es gilt $\varphi_3(i) = i$ und $[\mathbb{Q}(i) : \mathbb{Q}] = 2 = \frac{|G|}{|U_3|}$. Also ist $E^{U_3} = \mathbb{Q}(i)$.

E^{U_4}: Es gilt $\varphi_4(i\sqrt{5}) = (-i)(-\sqrt{5}) = i\sqrt{5}$ und

$$[\mathbb{Q}(i\sqrt{5}) : \mathbb{Q}] = \deg(x^2 + 5) = 2 = \frac{|G|}{|U_4|}.$$

Also ist $E^{U_4} = \mathbb{Q}(i\sqrt{5})$.

E^{U_5}: Wegen $\frac{|G|}{|U_5|} = 1$ ist $E^{U_5} = \mathbb{Q} = \mathbb{Q}(\beta)$ für alle $\beta \in \mathbb{Q}$.

17. Prüfungstermin Herbst 2008

H08-I-1

Aufgabe

Sei p eine Primzahl und $\mathbb{F}_p = \mathbb{Z}/p\mathbb{Z}$ der Körper mit p Elementen und multiplikativer Gruppe $\mathbb{F}_p^*$.

a) Sei $p > 2$. Zeigen Sie, dass folgende Aussagen äquivalent sind:

　i) -1 ist ein Quadrat in $\mathbb{F}_p$.

　ii) Das Polynom $X^2 + 1$ hat eine Nullstelle in $\mathbb{F}_p$.

　iii) In $\mathbb{F}_p^*$ gibt es ein Element der Ordnung 4.

　iv) $p \equiv 1 \mod 4$.

b) Sei $p > 3$. Zeigen Sie, dass folgende Aussagen äquivalent sind:

　i) -3 ist ein Quadrat in $\mathbb{F}_p$.

　ii) Das Polynom $X^2 + X + 1$ hat eine Nullstelle in $\mathbb{F}_p$.

　iii) In $\mathbb{F}_p^*$ gibt es ein Element der Ordnung 3.

　iv) $p \equiv 1 \mod 3$.

Lösung

a) i)$\Rightarrow$ii):
Ist -1 ein Quadrat in $\mathbb{F}_p$, so gibt es ein $a \in \mathbb{F}_p$ mit $a^2 = -1$. Das Element a ist dann Nullstelle von $X^2 + 1$ in $\mathbb{F}_p$.

ii)$\Rightarrow$iii):
Sei a Nullstelle von $X^2 + 1$. Da $1 \neq 0$ gilt, ist $a \neq 0$ und somit $a \in \mathbb{F}_p^*$ (3.1). Zudem ist $a^2 = -1$ und damit $a^4 = 1$, woraus folgt, dass $\mathrm{ord}(a)$ ein Teiler von 4 ist (1.18). Da p nach Voraussetzung eine Primzahl > 2 ist, ist $\mathrm{char}(\mathbb{F}_p) > 2$. Damit ist $1 + 1 \neq 0$, also $a \neq 1$ und $\mathrm{ord}(a) \neq 1$. Wegen $a^2 = -1 \neq 1$ ist $\mathrm{ord}(a) \neq 2$. Es folgt $\mathrm{ord}(a) = 4$.

iii)⇒iv):
Hat $\mathbb{F}_p^*$ ein Element der Ordnung 4, so ist 4 ein Teiler der Gruppenordnung $|\mathbb{F}_p^*| \stackrel{3.66}{=} p-1$ (1.34). Es gilt dann $p-1 \equiv 0 \mod 4$, also $p \equiv 1 \mod 4$.

iv)⇒i):
Ist $p \equiv 1 \mod 4$, so ist 4 ein Teiler der Gruppenordnung $p-1$ der zyklischen Gruppe $\mathbb{F}_p^*$ (3.66). Somit gibt es ein Element a der Ordnung 4 in $\mathbb{F}_p^*$ (1.20, 1.26). Für dieses gilt $0 = a^4 - 1 = (a^2-1)(a^2+1)$ mit $a^2 - 1 \neq 0$. Da Körper nullteilerfrei sind, folgt $a^2 + 1 = 0$, also $a^2 = -1$.

b) ii)⇔iii):
Das Polynom $X^2 + X + 1$ hat im Fall $p = \text{char}(\mathbb{F}_p) > 3$ genau dann eine Nullstelle in $\mathbb{F}_p$, wenn $(X^2+X+1)(X-1) = X^3 - 1$ eine Nullstelle $\neq 1$ hat. Dies ist genau dann der Fall, wenn es ein Element $a \in \mathbb{F}_p$ gibt mit $\text{ord}(a) = 3$. In diesem Fall ist $a \neq 0$, denn $0^2 + 0 + 1 = 1 \neq 0$, also $a \in \mathbb{F}_p^*$.

iii)⇔iv):
Die zyklische Gruppe $\mathbb{F}_p^*$ hat genau dann ein Element der Ordnung 3, wenn 3 ein Teiler von $|\mathbb{F}_p^*| = p-1$ ist. Dies ist genau dann der Fall, wenn $p \equiv 1 \mod 3$ gilt (1.20, 1.26).

i)→ii):
Gibt es ein $a \in \mathbb{F}_p$ mit $a^2 = -3$, so gilt

$$\begin{aligned}
& (2^{-1}(a-1))^2 + 2^{-1}(a-1) + 1 \\
&= 2^{-2}(a^2 - 2a + 1) + 2^{-1}a - 2^{-1} + 1 \\
&= 2^{-2}(-3) + 2^{-2} - 2^{-1} + 1 \\
&= -2 \cdot 2^{-2} - 2^{-1} + 1 \\
&= 0.
\end{aligned}$$

Das Polynom X^2+X+1 hat also eine Nullstelle in $\mathbb{F}_p$, nämlich $2^{-1}(a-1)$.

ii)⇒i):
Ist a eine Nullstelle von $X^2 + X + 1$ in $\mathbb{F}_p$, so gilt

$$(2a+1)^2 = 4a^2 + 4a + 4 - 3 = -3.$$

Also ist -3 ein Quadrat in $\mathbb{F}_p$.

H08-I-2

Aufgabe

Sei G eine endliche Gruppe.

a) Sei $Z(G)$ das Zentrum von G.
   Zeigen Sie: Ist $G/Z(G)$ zyklisch, so ist G abelsch.

b) Es operiere G transitiv auf einer Menge M mit $|M| > 2$. Zeigen Sie, dass es ein $g \in G$ gibt mit $gm \neq m$ für alle $m \in M$.

Lösung

a) Das Zentrum einer Gruppe ist Normalteiler (1.35, 1.49). Somit existiert die Faktorgruppe $G/Z(G)$ (1.38). Nach Voraussetzung ist diese zyklisch, es ist also $G/Z(G) = \langle gZ(G) \rangle$ für ein $g \in G$ (1.17).

Seien nun $a, b \in G$. Dann gibt es $k, l \in \mathbb{N}$ und $v, w \in Z(G)$ mit $a = g^k v$ und $b = g^l w$, und es gilt

$$ab = g^k v g^l w = g^l g^{k-l} v g^l w \stackrel{v,w \in Z(G)}{=} g^l w g^{k-l} g^l v = g^l w g^k v = ba.$$

Also ist G abelsch.

b) Angenommen, es gibt zu jedem $g \in G$ ein $m \in M$ mit $gm = m$. Dann ist jedes $g \in G$ Element eines Stabilisators $G_m = \{h \in G \mid hm = m\}$ (1.65) und somit gilt

$$G = \bigcup_{m \in M} G_m.$$

Sei nun $a \in M$ fest gewählt. Da G transitiv auf M operiert, gibt es zu jedem $m \in M$ ein $h \in G$ mit $ha = m$. Nun gilt

$$g \in G_m \Leftrightarrow gm = m \Leftrightarrow gha = ha \Leftrightarrow h^{-1}gha = a \Leftrightarrow h^{-1}gh \in G_a$$

und folglich $hG_a h^{-1} = G_m$. Somit ist

$$G = \bigcup_{m \in M} G_m = \bigcup_{h \in G} h G_a h^{-1}.$$

Die Untergruppen der Form $hG_a h^{-1}$ haben alle $|G_a|$ viele Elemente. Alle enthalten das neutrale Element, sind also nicht disjunkt. Außerdem operiert G durch $(h, X) \mapsto hXh^{-1}$ auf der Potenzmenge von M. Bezeichnet A die Anzahl der verschiedenen Untergruppen der Form $hG_a h^{-1}$, so ist

$$B_{G_a} = \{hG_a h^{-1} \mid h \in G\} = A$$

und
$$|G_{G_a}| = |\{h \in G \mid hG_ah^{-1} = G_a\}| \geq |G_a|.$$
Außerdem gilt $|G| = A \cdot |G_{G_a}|$ (1.66), woraus
$$A = \frac{|G|}{|G_{G_a}|} \leq \frac{|G|}{|G_a|}$$
folgt. Insgesamt ergibt sich
$$|G| = \left|\bigcup_{h \in G} hG_ah^{-1}\right| < A \cdot |G_a| \leq \frac{|G|}{|G_a|} \cdot |G_a| = |G|.$$
Widerspruch.

H08-I-3

Aufgabe

Sei $P(T) := T^4 + 1 \in \mathbb{Z}[T]$.

a) Zerlegen Sie P im Ring $\mathbb{R}[T]$ in irreduzible Faktoren.

b) Sei $\alpha \in \mathbb{C}$ eine Wurzel von P. Zeigen Sie, dass $\mathbb{Q}(\alpha)$ eine abelsche Galois-Erweiterung von $\mathbb{Q}$ ist und geben Sie den Isomorphie-Typ ihrer Galoisgruppe an.

c) Geben Sie alle Teilkörper $E \subset \mathbb{Q}(\alpha)$ mit $[E : \mathbb{Q}] = 2$ explizit als $E = \mathbb{Q}(\beta)$ an.

Lösung

a) Alle Nullstellen von $T^4 + 1$
$$e^{\frac{\pi i}{4}} =: \zeta_8, \zeta_8^3, \zeta_8^5 \text{ und } \zeta_8^7$$
liegen in $\mathbb{C} \setminus \mathbb{R}$. Daher können Faktoren vom Grad 2 in $\mathbb{R}[T]$ nicht weiter zerlegt werden und
$$T^4 + 1 = (T^2 - \sqrt{2}T + 1)(T^2 + \sqrt{2}T + 1)$$
ist eine Zerlegung in irreduzible Faktoren in $\mathbb{R}[T]$.

b) Sei nun $\alpha = \zeta_8^k$ für ein $k \in \{1,3,5,7\}$. Die Nullstellenmenge von T^4+1 lässt sich schreiben als
$$\{\alpha, -\alpha, \alpha^{-1}, -\alpha^{-1}\}.$$

Wegen $\mathbb{Q}(\alpha, -\alpha, \alpha^{-1}, -\alpha^{-1}) = \mathbb{Q}(\alpha)$ ist $\mathbb{Q}(\alpha)$ Zerfällungskörper (3.35) des separablen Polynoms $T^4+1 \in \mathbb{Q}[T]$ (3.27). Somit ist $\mathbb{Q}(\alpha)|\mathbb{Q}$ eine Galoiserweiterung (3.38).

Die Elemente der Galoisgruppe $G = \text{Gal}(\mathbb{Q}(\alpha)|\mathbb{Q})$ sind gegeben durch (3.24)

φ_j	φ_1	φ_2	φ_3	φ_4
$\varphi_j(\alpha)$	α	$-\alpha$	α^{-1}	$-\alpha^{-1}$
$\text{ord}(\varphi_j)$	1	2	2	2

Als Gruppe der Ordnung 4 ist G abelsch (1.77) und da G kein Element der Ordnung 4 enthält, ist G isomorph zur Kleinschen Vierergruppe $\mathbb{Z}/2\mathbb{Z} \times \mathbb{Z}/2\mathbb{Z}$ (1.30).

c) Die Untergruppen der Ordnung 2 von G sind
$$U_1 = \{\text{id}, \varphi_2\}, \quad U_2 = \{\text{id}, \varphi_3\} \quad \text{und} \quad U_3 = \{\text{id}, \varphi_4\}.$$

Nach dem Hauptsatz der Galoistheorie (3.44) entsprechen die Untergruppen von G bijektiv den Zwischenkörpern von $\mathbb{Q}(\alpha)|\mathbb{Q}$. Für $i = 1,2,3$ sei L_{U_i} der Fixkörper von U_i (3.41). Der Grad von L_{U_i} über $\mathbb{Q}$ ist

$$[L_{U_i} : \mathbb{Q}] \overset{3.14}{=} \frac{[\mathbb{Q}(\alpha) : \mathbb{Q}]}{[\mathbb{Q}(\alpha) : L_{U_i}]} \overset{3.43}{=} \frac{4}{2} = 2.$$

Die beiden Automorphismen in U_1 lassen den Körper $\mathbb{Q}(\alpha^2)$ elementweise fest, also ist $\mathbb{Q}(\alpha^2) \subseteq L_{U_1}$. Die beiden Automorphismen in U_2 lassen den Körper $\mathbb{Q}(\alpha + \alpha^{-1})$ elementweise fest, also ist $\mathbb{Q}(\alpha + \alpha^{-1}) \subseteq L_{U_2}$. Die beiden Automorphismen in U_3 lassen den Körper $\mathbb{Q}(\alpha - \alpha^{-1})$ elementweise fest, also ist $\mathbb{Q}(\alpha - \alpha^{-1}) \subseteq L_{U_3}$.

Zudem gilt
$$\alpha^2, \alpha + \alpha^{-1}, \alpha - \alpha^{-1} \notin \mathbb{Q}$$
und damit folgt $L_{U_1} = \mathbb{Q}(\alpha^2)$, $L_{U_2} = \mathbb{Q}(\alpha + \alpha^{-1})$ und $L_{U_3} = \mathbb{Q}(\alpha - \alpha^{-1})$ (6.4). Somit sind

$$\mathbb{Q}(\alpha^2) = \mathbb{Q}(i),$$
$$\mathbb{Q}(\alpha + \alpha^{-1}) = \mathbb{Q}(\sqrt{2}) \text{ und}$$
$$\mathbb{Q}(\alpha - \alpha^{-1}) = \mathbb{Q}(\sqrt{2}i)$$

alle Teilkörper von $\mathbb{Q}(\alpha)$ vom Grad 2 über $\mathbb{Q}$.

H08-I-4

Aufgabe

Sei p eine Primzahl und $\mathbb{F}_p[X]$ der Ring der Polynome mit Koeffizienten im Körper $\mathbb{F}_p$ mit p Elementen.

a) Sei $\tau : \mathbb{F}_p[X] \to \mathbb{F}_p[X]$ der durch $X \mapsto X+1$ gegebene Ringisomorphismus. Zeigen Sie, dass τ die Ordnung p hat und dass jedes nicht konstante τ-invariante Polynom aus $\mathbb{F}_p[X]$ mindestens den Grad p hat.

b) Zeigen Sie, dass $X^p - X - 1 \in \mathbb{F}_p[X]$ irreduzibel ist (etwa durch Operation von τ auf einer Primfaktorzerlegung von $X^p - X - 1$).

Lösung

a) Für alle $X \in \mathbb{F}_p$ gilt:

$$\begin{aligned} \tau^p(X) &= \tau^{p-1}(X+1) = \tau^{p-1}(X) + \tau^{p-1}(1) = \tau^{p-2}(X+1) + 1 \\ &= \tau^{p-2}(X) + 2 \cdot 1 = \ldots = \tau(X) + (p-1)1 = X + p \cdot 1 \\ &= X \end{aligned}$$

Also ist $\tau^p = \mathrm{id}$ und damit folgt:

$$\mathrm{ord}(\tau) \mid p \Rightarrow \mathrm{ord}(\tau) \in \{1, p\} \stackrel{\tau \neq \mathrm{id}}{\Rightarrow} \mathrm{ord}(\tau) = p \qquad (1.18)$$

Sei $F \in \mathbb{F}_p[X] \setminus \mathbb{F}_p$ mit $\tau(F) = F$. Angenommen, es ist $\deg(F) = k < p$, also $F = a_0 + a_1 X + \ldots + a_k X^k$. Dann gilt

$$\begin{aligned} \tau(F) &= a_0 + a_1(X+1) + \ldots + a_k(X+1)^k \\ &= \sum_{j=0}^{k} a_j + \left(\sum_{j=1}^{k} \binom{j}{1} a_j \right) X + \left(\sum_{j=2}^{k} \binom{j}{2} a_j \right) X^2 + \\ &\quad \ldots + (a_{k-1} + k a_k) X^{k-1} + a_k X^k. \end{aligned}$$

Aus $\tau(F) = F$ folgt mit Koeffizientenvergleich $a_{k-1} + k a_k = a_{k-1}$, also $k a_k = 0$, und somit $k = 0$ oder $a_k = 0$.

Im Fall $k = 0$ wäre $F \in \mathbb{F}_p$, der Fall $a_k = 0$ würde $\deg(F) < k$ bedeuten, beides im Widerspruch zu den Voraussetzungen. Es folgt $\deg(F) \geq p$.

b) Aus

$$(X+1)^p - (X+1) - 1 \stackrel{3.67}{=} X^p + 1 - X - 1 - 1 = X^p - X - 1$$

folgt, dass das Polynom $f := X^p - X - 1$ τ-invariant ist. Für jeden echten (nicht konstanten) Primteiler P von f gilt nach Teilaufgabe a) $\tau(P) \neq P$.

Angenommen, f ist nicht irreduzibel in $\mathbb{F}_p[X]$. Dann gibt es eine Primfaktorzerlegung $f = P_1 \cdots P_l$ von f mit $l > 1$ und es gilt

$$P_1 \cdots P_l = f = \tau(f) = \tau(P_1 \cdots P_l) = \tau(P_1) \cdots \tau(P_l).$$

mit $\tau(P_i) \neq P_i$ für $i \in \{1, \ldots, l\}$. Die Abbildung τ bewirkt also eine nichttriviale Permutation der Primfaktoren.

Die einzigen Elemente der Primzahlordnung p in $S_l \setminus \{\mathrm{id}\}$ sind p-Zykel (1.82), woraus $l = p$ folgt. Die Polynome vom Grad 0 in $\mathbb{F}_p[X]$ sind Einheiten (2.50) und damit nicht prim. Somit gilt $\deg(P_i) \geq 1$ und aus

$$p = \deg(f) = \sum_{i=1}^{p} \deg(P_i)$$

folgt $\deg(P_i) = 1$ für alle $i \in \{1, \ldots, p\}$. Also zerfällt f über $\mathbb{F}_p$ in Linearfaktoren.

Mit jeder Nullstelle a ist auch $\tau(a) = a + 1$ eine Nullstelle. Folglich zerfällt f über $\mathbb{F}_p$ in verschiedene Linearfaktoren und jedes Element von $\mathbb{F}_p$ ist Nullstelle von f. Damit ist auch 1 Nullstelle von f. Widerspruch, da $1^p - 1 - 1 = p - 1 \neq 0$.

H08-II-1

Aufgabe

Sei S_n die Gruppe der Permutationen von $n \geq 1$ Elementen. Für welche Zahlen $1 \leq j \in \mathbb{N}$ gibt es Elemente der Ordnung j in S_n und $n \in \{3, 4, 5, 6, 7\}$?

Lösung

Jede Permutation lässt sich als Produkt disjunkter Zyklen schreiben. Zyklen in der S_n haben höchstens Länge und damit Ordnung höchstens n. Die Ordnung eines Produkts disjunkter Zyklen ist das kleinste gemeinsame Vielfache der Ordnungen der Faktoren (1.82). Damit ergibt sich das Folgende.

$n = 3$:
Es gibt Zyklen der Länge 1, 2 und 3 in S_3. Zwei Zyklen der Länge 2 und 3 sind nicht disjunkt. Also gibt es Permutationen der Ordnung 1, 2 und 3.

$n = 4$:
Es gibt Zyklen der Länge 1, 2, 3 und 4 in S_4. Zwei Zyklen der Länge 2 und 3, oder 3 und 4, sind nicht disjunkt. Also gibt es Permutationen der Ordnung 1, 2, 3 und 4.

$n = 5$:
Es gibt Zyklen der Länge 1, 2, 3, 4 und 5 in S_5. Zwei disjunkte Zyklen der Länge 2 und 3 liefern eine Permutation der Ordnung 6. Also gibt es Permutationen der Ordnung 1, 2, 3, 4, 5 und 6.

$n = 6$:
Es gibt Zyklen der Länge 1, 2, 3, 4, 5 und 6 in S_6. Zwei Zyklen der Länge 3 und 4 sind nicht disjunkt. Also gibt es Permutationen der Ordnung 1, 2, 3, 4, 5 und 6.

$n = 7$:
Es gibt Zyklen der Länge 1, 2, 3, 4, 5, 6 und 7 in S_7. Zwei disjunkte Zyklen der Länge 3 und 4 liefern eine Permutation der Ordnung 12. Zwei disjunkte Zyklen der Länge 2 und 5 liefern eine Permutation der Ordnung 10. Also gibt es Permutationen der Ordnung 1, 2, 3, 4, 5, 6, 7, 10 und 12.

H08-II-2

Aufgabe

Sei G die abelsche Gruppe $\mathbb{Z}/9\mathbb{Z} \times \mathbb{Z}/35\mathbb{Z} \times \mathbb{Z}/49\mathbb{Z}$. Der Gruppenhomomorphismus $\phi : \mathbb{Z} \to G$ sei für $n \in \mathbb{Z}$ durch $\phi(n) = (n \mod 9, n \mod 35, n \mod 49)$ gegeben.
Geben Sie eine zyklische Gruppe H an und einen Gruppenhomomorphismus $\psi : G \to H$, so dass ψ einen Isomorphismus $G/\mathrm{im}(\phi) \xrightarrow{\sim} H$ induziert.

Lösung

Der Kern von ϕ ist die Menge

$$\begin{aligned}
&\{n \in \mathbb{Z} : \ n \equiv 0 \mod k \text{ für } k \in \{9, 35, 49\}\} \\
= &\{n \in \mathbb{Z} : \ 9 \mid n \wedge 35 \mid n \wedge 49 \mid n\} \\
= &\{n \in \mathbb{Z} : \ 2205 = \mathrm{kgV}(9, 35, 49) \mid n\} \\
= &\ 2205\mathbb{Z}.
\end{aligned}$$

Nach dem Homomorphiesatz (1.52) ist im(ϕ) folglich isomorph zu

$$\mathbb{Z}/\ker(\phi) = \mathbb{Z}/2205\mathbb{Z}.$$

Ist $\overline{\psi}$ ein Isomorphismus $G/\mathrm{im}(\phi) \to H$, so hat H die Ordnung

$$|G/\mathrm{im}(\phi)| \stackrel{1.39}{=} \frac{|G|}{|\mathrm{im}(\phi)|} = \frac{9 \cdot 35 \cdot 49}{2205} = 7.$$

Wir betrachten das Element $(0 \mod 9, 1 \mod 35, 0 \mod 49) \in G$. Angenommen, es liegt im Bild von ϕ. Dann gibt es ein $n \in \mathbb{Z}$ mit $n \equiv 0 \mod 49$ und $n \equiv 1 \mod 35$. Also existiert ein $m \in \mathbb{Z}$ mit $n = 49m$ und es folgt

$$49m \equiv 1 \mod 35$$
$$\Rightarrow 14m \equiv 1 \mod 35$$
$$\Rightarrow \mathrm{ggT}(35, 14m) = 1.$$

Es ist aber 7 ein Teiler von 35 und $14m$ und damit von $\mathrm{ggT}(35, 14m)$. Widerspruch. Somit ist

$$(0 \mod 9, 1 \mod 35, 0 \mod 49) + \mathrm{im}(\phi) \neq 0 + \mathrm{im}(\phi).$$

Da $G/\mathrm{im}(\phi)$ Ordnung 7 hat, ist $G/\mathrm{im}(\phi)$ zyklisch (1.19) und wird von jedem Element außer $0 + \mathrm{im}(\phi)$ erzeugt (1.25). Folglich gilt

$$G/\mathrm{im}(\phi) = \langle (0 \mod 9, 1 \mod 35, 0 \mod 49) + \mathrm{im}(\phi) \rangle$$

und mit $H = \langle (0 \mod 9, 1 \mod 35, 0 \mod 49) + \mathrm{im}(\phi) \rangle$ ist

$$\psi: \quad G \quad \to \quad H$$
$$(\overline{a}, \overline{b}, \overline{c}) \mapsto (\overline{a}, \overline{b}, \overline{c}) + \mathrm{im}(\phi)$$

ein Homomorphismus, der wegen $\ker(\psi) = \mathrm{im}(\phi)$ nach dem Homomorphiesatz einen Isomorphismus $G/\mathrm{im}(\phi) \to H$ induziert.

H08-II-3

Aufgabe

Sei $L/\mathbb{Q}$ eine galoissche Erweiterung vom Grad 3. Sei $\alpha \in L$ und $L = \mathbb{Q}(\alpha)$. Zeigen Sie:

a) Es ist α Nullstelle eines Polynoms $f_\alpha(X) = X^3 + aX^2 + bX + c \in \mathbb{Q}[X]$, für das $b \neq a^2/3$ gilt.

b) Ist $\beta \in \mathbb{C}$ eine Nullstelle von $f_\alpha(X)$, so gilt $\beta \in \mathbb{R}$.

Lösung

a) Ist $[\mathbb{Q}(\alpha) : \mathbb{Q}] = 3$, so hat das Minimalpolynom von α über $\mathbb{Q}$ Grad 3 (3.19). Also ist α Nullstelle eines normierten irreduziblen Polynoms

$$f_\alpha(X) = X^3 + aX^2 + bX + c \in \mathbb{Q}[X].$$

Nun gilt (2.53)

$$\begin{aligned} f_\alpha\left(X - \frac{a}{3}\right) &= \left(X - \frac{a}{3}\right)^3 + a\left(X - \frac{a}{3}\right)^2 + b\left(X - \frac{a}{3}\right) + c \\ &= X^3 - \left(\frac{a^2}{3} - b\right)X + \frac{2}{27}a^3 - \frac{ab}{3} + c. \end{aligned}$$

Angenommen, es ist $b = \frac{a^2}{3}$. Dann folgt

$$f_\alpha\left(X - \frac{a}{3}\right) = X^3 + \frac{2}{27}a^3 - \frac{a^3}{9} + c = X^3 - \frac{a^3}{27} + c$$

und die Nullstellen von f_α sind

$$\sqrt[3]{\frac{a^3}{27} - c} - \frac{a}{3}, \quad \sqrt[3]{\frac{a^3}{27} - c} \cdot \zeta_3 - \frac{a}{3} \quad \text{und} \quad \sqrt[3]{\frac{a^3}{27} - c} \cdot \zeta_3^2 - \frac{a}{3}$$

mit $\zeta_3 = e^{\frac{2}{3}\pi i}$. Da $L|\mathbb{Q}$ galoissch, also insbesondere normal ist, enthält L alle Nullstellen von f_α (3.37) und damit auch

$$\left(\sqrt[3]{\frac{a^3}{27} - c} - \frac{a}{3} + \frac{a}{3}\right)^{-1}\left(\sqrt[3]{\frac{a^3}{27} - c} \cdot \zeta_3 - \frac{a}{3} + \frac{a}{3}\right) = \zeta_3.$$

Also ist $\mathbb{Q}(\zeta_3)$ ein Teilkörper von L. Aus der Gradformel (3.14) folgt, dass $[\mathbb{Q}(\zeta_3) : \mathbb{Q}] = \deg(x^2 + x + 1) = 2$ (3.58, 3.62, 3.18, 3.19) ein Teiler von $[L : \mathbb{Q}] = 3$ ist. Widerspruch.

b) Da f_α Grad 3 hat, besitzt f_α mindestens eine reelle Nullstelle β_1. Es ist $\mathbb{Q}(\beta_1)$ ein Teilkörper von L und es gilt $[\mathbb{Q}(\beta_1) : \mathbb{Q}] = 3$, da f_α Minimalpolynom von β_1 über $\mathbb{Q}$ ist. Damit folgt $L = \mathbb{Q}(\beta_1)$ (6.4). Wegen $\mathbb{Q}(\beta_1) \subseteq \mathbb{R}$ liegt demnach jede Nullstelle β von f_α in $\mathbb{R}$.

H08-II-4

Aufgabe

Sei $f(X) = X^5 - X - \frac{1}{16} \in \mathbb{Q}[X]$. Zeigen Sie:

a) $f(X)$ ist irreduzibel in $\mathbb{Q}[X]$.

b) $f(X)$ hat genau drei reelle Nullstellen.

c) Die Galoisgruppe eines Zerfällungskörpers von $f(X)$ über $\mathbb{Q}$ besitzt eine Einbettung in die Gruppe S_5 der Permutationen von 5 Elementen und enthält dann eine Transposition.

Lösung

a) Da $\frac{1}{16}$ eine Einheit in $\mathbb{Q}$ ist, ist $f(X) = \frac{1}{16}(16X^5 - 16X - 1)$ irreduzibel in $\mathbb{Q}[X]$, falls $g = 16X^5 - 16X - 1$ irreduzibel ist (2.49). Das Polynom g hat teilerfremde Koeffizienten, ist also irreduzibel in $\mathbb{Q}[X]$, falls das Polynom $\overline{g} = x^5 + 2x + 2 \in \mathbb{F}_3[x]$ irreduzibel in $\mathbb{F}_3[x]$ ist (2.56).

Es gilt $\overline{g}(0) = \overline{g}(1) = \overline{g}(2) = 2 \neq 0$. Also hat $\overline{g}$ keine Nullstelle in $\mathbb{F}_3$. Von den $3 \cdot 3$ normierten Polynomen zweiten Grades in $\mathbb{F}_3[x]$

$$x^2, x^2+1, x^2+2, x^2+x, x^2+x+1, x^2+x+2,$$
$$x^2+2x, x^2+2x+1, x^2+2x+2$$

sind nur die Polynome

$$x^2+1, x^2+x+2, \text{ und } x^2+2x+2$$

nullstellenfrei und damit irreduzibel (2.55). Es gilt:

$$\begin{aligned} x^5 + 2x + 2 &= (x^3 + 2x)(x^2+1) + 2 \\ x^5 + 2x + 2 &= (x^3 + 2x^2 + 2x)(x^2+x+2) + x + 2 \\ x^5 + 2x + 2 &= (x^3 + x^2 + x)(x^2+2x+2) + x + 2 \end{aligned}$$

Folglich ist keines der irreduziblen Polynome vom Grad 2 ein Teiler von $\overline{g}$. Also ist $\overline{g}$ irreduzibel.

Insgesamt folgt, dass f irreduzibel über $\mathbb{Q}$ ist.

b) Es ist $f''(x) = 20x^3$, f hat also genau einen Wendepunkt und damit höchstens 3 reelle Nullstellen. Aus

$$f(-1) < 0,$$
$$f\left(-\frac{1}{2}\right) > 0,$$
$$f(0) < 0 \text{ und}$$
$$f(2) > 0$$

folgt mit dem Zwischenwertsatz, dass f mindestens 3 reelle Nullstellen hat. Insgesamt hat f also genau 3 reelle Nullstellen.

c) Die Galoisgruppe eines Zerfällungskörpers von f ist eine Permutationsgruppe der Nullstellen von f (3.47), also isomorph zu einer Untergruppe von S_5. Folglich gibt es eine Einbettung der Galoisgruppe nach S_5.

Die Abbildung $z \mapsto \bar{z}$ ist ein Automorphismus des Zerfällungskörpers von f, also Element der Galoisgruppe. Er lässt $\mathbb{Q}$ und die 3 reellen Nullstellen fest und permutiert die beiden komplexen Nullstellen. Die Galoisgruppe von f enthält also eine Transposition.

H08-III-1

Aufgabe

R sei ein endlicher kommutativer Ring. Beweisen oder widerlegen Sie:

a) $r \in R$ ist genau dann eine Einheit, wenn es eine positive ganze Zahl n gibt mit $r^n = 1$.

b) $r \in R$ ist genau dann ein Nullteiler, wenn es eine positive ganze Zahl n gibt mit $r^n = 0$.

Lösung

a) Ist R ein endlicher Ring, so ist insbesondere die Einheitengruppe (2.5) endlich. Ist r eine Einheit, so erzeugt r also eine endliche Untergruppe in der Einheitengruppe. Damit gilt $r^n = 1$ für ein $n \in \mathbb{N}$.
Gibt es umgekehrt eine positive ganze Zahl n mit $r^n = 1$, so ist r eine Einheit, denn es gilt $r \cdot r^{n-1} = 1$.

b) Diese Aussage ist falsch: Beispielsweise ist 2 ein Nullteiler in dem endlichen kommutativen Ring $\mathbb{Z}/6\mathbb{Z}$, da $2 \cdot 3 = 0$ mit $2 \neq 0$ und $3 \neq 0$. Es gilt aber $2^n \in \{2,4\}$ für alle $n \in \mathbb{Z}_+$ und $0 \notin \{2,4\}$.

H08-III-2

Aufgabe

G sei eine Gruppe, $n \in \mathbb{N}$, und P_n bezeichne die von der Menge $\{g^n; g \in G\}$ erzeugte Untergruppe in G. Zeigen Sie:

a) P_n ist ein Normalteiler in G.

b) Für jeden Normalteiler N in G gilt: Es ist $P_n \subseteq N$ genau dann, wenn $y^n = 1$ für alle Nebenklassen $y \in G/N$ ist.

c) Die Kommutatorgruppe G' von G ist Untergruppe von P_2.

Lösung

a) Seien $a \in G$ und $b \in P_n$. Dann gibt es $g_1, \ldots, g_l \in G$ mit $b = g_1^n \cdots g_l^n$ und es gilt

$$aba^{-1} = ag_1^n \cdots g_l^n a^{-1}$$
$$= \underbrace{(ag_1a^{-1})(ag_1a^{-1})\cdots(ag_1a^{-1})}_{n-\text{mal}} \cdots \underbrace{(ag_la^{-1})(ag_la^{-1})\cdots(ag_la^{-1})}_{n-\text{mal}}$$
$$= h_1^n \cdots h_l^n \in P_n$$

mit $ag_ja^{-1} = h_j$ für $j \in \{1, \ldots, l\}$. Also ist P_n ein Normalteiler von G (1.35).

b) Sei N ein Normalteiler von G. Zu zeigen ist:

$$P_n \subseteq N \Leftrightarrow \forall yN \in G/N : (yN)^n = 1_{G/N}.$$

Wegen $1_{G/N} = N$ und $(yN)^n = y^nN$ (1.38) ist dies gleichbedeutend mit

$$P_n \subseteq N \Leftrightarrow \forall yN \in G/N : y^nN = N.$$

Nun ist $y^nN = N$ für alle $y \in G$ genau dann, wenn $y^n \in N$ für alle $y \in G$ gilt. Dies ist genau dann der Fall, wenn $\{g^n : g \in G\}$ Teilmenge von N ist, also wenn $\langle\{g^n : g \in G\}\rangle = P_n \subseteq N$ gilt.

c) Die Kommutatorgruppe G' wird erzeugt von allen Elementen $ghg^{-1}h^{-1}$ mit $g, h \in G$ (1.15). Nach Teilaufgabe a) ist P_2 ein Normalteiler, also insbesondere Untergruppe von G. Somit ist G' Untergruppe von P_2, falls $ghg^{-1}h^{-1} \in P_2$ für alle $g, h \in G$ gilt. Dies ist der Fall, denn

$$(gh)^2 P_2 = P_2 \Rightarrow (gh)^2 P_2 \cdot hP_2 = hP_2 \overset{h^2 \in P_2}{\Rightarrow} ghgP_2 = hP_2$$
$$\Rightarrow ghg^2 P_2 = hgP_2 \Rightarrow ghg^{-1}h^{-1}P_2 = P_2$$
$$\Rightarrow ghg^{-1}h^{-1} \in P_2.$$

H08-III-3

Aufgabe

G sei eine Gruppe der Ordnung $p^2 q$, wobei p und q Primzahlen mit $p < q$ sind. Zeigen Sie:

a) Ist G einfach, so folgt mit dem Satz von Sylow: $q = p + 1$.

b) G ist nicht einfach.

c) Frage: Ist G auch dann nicht einfach, wenn $p = q$ ist?

Lösung

a) Sei G eine einfache Gruppe und s_j die Anzahl der j-Sylow-Untergruppen von G. Nach den Sylow-Sätzen (1.79) gilt

$$s_q \equiv 1 \mod q \quad \text{und} \quad s_q \mid p^2$$
$$s_p \equiv 1 \mod p \quad \text{und} \quad s_p \mid q.$$

Folglich ist $s_p \in \{1, q\}$. Da G keinen nichttrivialen Normalteiler hat, gilt $s_p = q$ und damit $q \equiv 1 \mod p$ (1.41, 1.43). Auch s_q kann nicht 1 sein, also folgt $s_q \in \{p, p^2\}$ und damit $p \equiv 1 \mod q$ oder $p^2 \equiv 1 \mod q$.

Wäre $p \equiv 1 \mod q$, so würde aus $p < q$ folgen, dass $p = 1$ ist. Also ist $p^2 \equiv 1 \mod q$ und damit $p^2 = kq + 1$ für ein $k \in \mathbb{N}$. Es folgt

$$p^2 - 1 = kq \Rightarrow (p-1)(p+1) = kq \overset{p \leq q}{\Rightarrow} q \mid (p+1) \overset{p \leq q}{\Rightarrow} q = p + 1.$$

b) Angenommen, G ist einfach. Dann folgt $q = p+1$ mit Teilaufgabe a). Eine der beiden Primzahlen ist also gerade. Einzige gerade Primzahl ist 2 und folglich gilt $p = 2$ und $q = 3$. Wie in Teilaufgabe a) erläutert gilt wegen der Einfachheit von G nach den Sylow-Sätzen $s_2 = 3$ und $s_3 = 4$. Da 4 und 3 teilerfremd sind, haben die 3-Sylow-Untergruppen und die 2-Sylow-Untergruppen nach Lagrange nur das neutrale Element gemeinsam. Die vier 3-Sylow-Untergruppen der Ordnung 3 enthalten $4 \cdot 2 = 8$ Elemente, die nicht in den 2-Sylow-Untergruppen liegen können. Zwei verschiedene Gruppen der Ordnung 4 haben mindestens zwei verschiedene Elemente. Die drei verschiedenen 2-Sylow-Untergruppen der Ordnung 4 enthalten also mindestens $3 \cdot 2 = 6$ Elemente, die nicht in den 3-Sylow-Untergruppen liegen können. Widerspruch, da $8 + 6 > 12$.

c) Ist $p = q$, so gilt $|G| = p^3$. Bekanntlich hat G also ein nichttriviales Zentrum (1.77). Dieses kann Ordnung p, p^2 oder p^3 haben.
Hätte das Zentrum Ordnung p^3, so wäre G abelsch. Dann wäre jede Untergruppe Normalteiler (1.37) und nach den Sylow-Sätzen gäbe es einen Normalteiler der Ordnung p^2. Also wäre G nicht einfach.
Das Zentrum ist ein Normalteiler von G (1.49). Hat das Zentrum Ordnung p oder p^2, so ist G folglich ebenfalls nicht einfach.

H08-III-4

Aufgabe

p sei eine Primzahl, $\alpha := \sqrt[p]{2} \in \mathbb{R}$ und $\zeta := e^{2\pi i/p} \in \mathbb{C}$.

a) Zeigen Sie, dass der Grad von α über $\mathbb{Q}$ gleich p ist, und geben Sie das Minimalpolynom P von α über $\mathbb{Q}$ an.

b) Zeigen Sie, dass $L := \mathbb{Q}[\alpha, \zeta]$ der Zerfällungskörper von P ist. Geben Sie den Grad von ζ über $\mathbb{Q}$ an und beweisen Sie:

$$[L : \mathbb{Q}] = p(p-1).$$

c) Zeigen Sie, dass die Galoisgruppe der Erweiterung $L|\mathbb{Q}$ isomorph ist zur Gruppe der bijektiven Abbildungen

$$\tau_{a,b} : \mathbb{F}_p \to \mathbb{F}_p, \quad \tau_{a,b}(x) := ax + b \quad (a \in \mathbb{F}_p^*, b \in \mathbb{F}_p)$$

des Körpers $\mathbb{F}_p$.

Lösung

a) Das Polynom $f := X^p - 2$ in $\mathbb{Q}[X]$ hat α als Nullstelle. Außerdem ist f normiert und als Eisenstein-Polynom irreduzibel über $\mathbb{Q}$ (2.57, 2.60). Also ist $f = P$ (3.18) und der Grad von α über $\mathbb{Q}$ ist gleich p (3.19).

b) Die Nullstellen von P sind $\alpha, \alpha\zeta, \alpha\zeta^2, \ldots, \alpha\zeta^{p-1}$. Damit ist

$$\mathbb{Q}(\alpha, \alpha\zeta, \alpha\zeta^2, \ldots, \alpha\zeta^{p-1})$$

der Zerfällungskörper von P (3.35).

Da α und ζ algebraisch über $\mathbb{Q}$ sind, gilt

$$L \stackrel{3.12}{=} \mathbb{Q}(\alpha)[\zeta] = \mathbb{Q}(\alpha, \zeta).$$

Offensichtlich ist $\mathbb{Q}(\alpha, \alpha\zeta, \alpha\zeta^2, \ldots, \alpha\zeta^{p-1}) \subseteq L$ und wegen

$$\alpha \in \mathbb{Q}(\alpha, \alpha\zeta, \alpha\zeta^2, \ldots, \alpha\zeta^{p-1}) \text{ und}$$
$$\alpha^{-1} \cdot \alpha\zeta = \zeta \in \mathbb{Q}(\alpha, \alpha\zeta, \alpha\zeta^2, \ldots, \alpha\zeta^{p-1})$$

auch $\mathbb{Q}(\alpha, \alpha\zeta, \alpha\zeta^2, \ldots, \alpha\zeta^{p-1}) \supseteq L$, also

$$\mathbb{Q}(\alpha, \alpha\zeta, \alpha\zeta^2, \ldots, \alpha\zeta^{p-1}) = L.$$

Die Einheitswurzel ζ hat bekanntlich Grad $p-1$ über $\mathbb{Q}$ und ihr Minimalpolynom ist

$$X^{p-1} + X^{p-2} + \ldots + X + 1 \quad (3.55, 3.58).$$

Mit der Gradformel (3.14) gilt

$$[L : \mathbb{Q}(\alpha)] \cdot [\mathbb{Q}(\alpha) : \mathbb{Q}] = [L : \mathbb{Q}] = [L : \mathbb{Q}(\zeta)] \cdot [\mathbb{Q}(\zeta) : \mathbb{Q}],$$

also

$$p \cdot [L : \mathbb{Q}(\alpha)] = [L : \mathbb{Q}] = (p-1) \cdot [L : \mathbb{Q}(\zeta)].$$

Da p nicht $p-1$ teilt, ist p ein Teiler von $[L : \mathbb{Q}(\zeta)]$. Da $X^p - 2$ ein Polynom in $\mathbb{Q}(\zeta)[X]$ ist mit Nullstelle α, ist $[L : \mathbb{Q}(\zeta)] \leq p$. Damit folgt $[L : \mathbb{Q}(\zeta)] = p$ und insgesamt $[L : \mathbb{Q}] = p(p-1)$.

c) Die Automorphismen der Galoisgruppe sind eindeutig festgelegt durch die Bilder von ζ und α. Die Galoisgruppe besteht aus den $p(p-1)$ Automorphismen der Gestalt (3.24)

$$\zeta \mapsto \zeta^a, \quad \alpha \mapsto \alpha\zeta^b \text{ mit } a \in \{1, \ldots, p-1\} \text{ und } b \in \{0, \ldots, p-1\}.$$

Bezeichnet T die Gruppe der bijektiven Abbildungen $\tau_{a,b}$, so betrachte

$$\varphi : \text{Gal}(L|\mathbb{Q}) \to T$$
$$\begin{pmatrix} \zeta \mapsto \zeta^a \\ \alpha \mapsto \alpha\zeta^b \end{pmatrix} \mapsto \tau_{a,b}.$$

Sei σ_1 definiert durch $\zeta \mapsto \zeta^a$ und $\alpha \mapsto \alpha\zeta^b$ und σ_2 definiert durch $\zeta \mapsto \zeta^c$ und $\alpha \mapsto \alpha\zeta^d$. Es gilt:

$$\sigma_1 \circ \sigma_2(\zeta) = \sigma_1(\zeta^c) = \zeta^{ac}$$
$$\sigma_1 \circ \sigma_2(\alpha) = \sigma_1(\alpha\zeta^d) = \alpha\zeta^b\zeta^{ad} = \alpha\zeta^{b+ad}$$
$$\Rightarrow \varphi(\sigma_1 \circ \sigma_2) = \tau_{ac,b+ad}$$

$$\tau_{a,b} \circ \tau_{c,d}(x) = \tau_{a,b}(cx+d) = a(cx+d)+b = acx+ad+b$$
$$\Rightarrow \varphi(\sigma_1) \circ \varphi(\sigma_2) = \tau_{ac,b+ad}$$

$$\Rightarrow \varphi(\sigma_1 \circ \sigma_2) = \varphi(\sigma_1) \circ \varphi(\sigma_2)$$

Also ist φ ein Homomorphismus (1.6). Offensichtlich ist er surjektiv und wegen $|\mathrm{Gal}(L|\mathbb{Q})| = |T|$ auch injektiv. Damit ist φ ein Isomorphismus.

18. Prüfungstermin Frühjahr 2009

FJ09-I-1

Aufgabe

Sei A eine endliche abelsche Gruppe. Sei weiter $B \subseteq A$ eine Untergruppe mit $B \cong \mathbb{Z}/2\mathbb{Z}$ und $A/B \cong \mathbb{Z}/8\mathbb{Z}$.

a) Bestimmen Sie die Ordnung von A.

b) Zeigen Sie, dass A höchstens 4 Elemente der Ordnung ≤ 2 hat.

c) Zeigen Sie, dass A entweder zyklisch ist oder $A \cong A_1 \times A_2$ mit A_1, A_2 zyklisch.

d) Bestimmen Sie nun alle Möglichkeiten für A.

Lösung

a) Die Gruppe A ist abelsch, jede Untergruppe von A ist also Normalteiler von A (1.37). Somit ist A/B eine Gruppe (1.38) und es gilt

$$|A/B| = 8 \overset{1.39}{\Rightarrow} \frac{|A|}{|B|} = 8 \Rightarrow |A| = 8 \cdot 2 = 16.$$

b) Die Gruppe A/B ist zyklisch der Ordnung 8. Sie hat also zwei Elemente der Ordnung 4 und vier Elemente der Ordnung 8.

Seien $B = \{0, a\}$ und $x \in A$ mit $\operatorname{ord}(x+B) \in \{4, 8\}$. Angenommen, x hat Ordnung < 4 in A. Da A Ordnung 16 hat, hat x nach Lagrange (1.34) Ordnung 1 oder 2. Es gilt also $2x + B = 0 + B$ und damit $\operatorname{ord}(x+B) \leq 2$. Widerspruch.

Nun gilt

$$x + B \overset{1.31}{=} \{x, x+a\} \overset{\operatorname{ord}(a)=2}{=} \{x+a+a, x+a\} = x+a+B,$$

also hat mit x auch $x+a$ Ordnung ≥ 4 in A, falls $x+B$ Ordnung 4 oder 8 hat. Außerdem sind die sechs Nebenklassen paarweise disjunkt (1.33). Damit haben wir zwölf Elemente der Ordnung ≥ 4 in A gefunden.

Also hat A höchstens vier Elemente der Ordnung ≤ 2.

c) Angenommen, A ist nicht zyklisch. Da A/B isomorph zu $\mathbb{Z}/8\mathbb{Z}$ ist, gibt es ein Element $x \in A$ mit $\langle x + B\rangle = A/B$. Das Element $x \in A$ hat also Ordnung 8 oder Ordnung 16. Da A nicht zyklisch ist, gilt $\mathrm{ord}(x) = 8$. Da $x + B \neq 0 + B$ ist, gilt $x \notin B$ und damit $B \cap \langle x\rangle = \{0\}$. Es folgt $|\langle x, B\rangle| = 8 \cdot 2$ (1.70), also $A = \langle x, B\rangle$. Mit $A_1 = \langle x\rangle$ und $A_2 = B$ folgt $A \cong A_1 \times A_2$ (1.72).

d) Nach Teilaufgabe c) gilt $A \cong \mathbb{Z}/16\mathbb{Z}$ oder $A \cong \mathbb{Z}/2\mathbb{Z} \times \mathbb{Z}/8\mathbb{Z}$ (1.21).

Alternative Lösung

a) wie oben

b) Nach dem Hauptsatz über endliche abelsche Gruppen (1.30) ist A zu einer der Gruppen

$$\mathbb{Z}/16\mathbb{Z}, \quad \mathbb{Z}/2\mathbb{Z} \times \mathbb{Z}/8\mathbb{Z}, \quad \mathbb{Z}/2\mathbb{Z} \times \mathbb{Z}/2\mathbb{Z} \times \mathbb{Z}/4\mathbb{Z},$$
$$\mathbb{Z}/2\mathbb{Z} \times \mathbb{Z}/2\mathbb{Z} \times \mathbb{Z}/2\mathbb{Z} \times \mathbb{Z}/2\mathbb{Z}, \quad \mathbb{Z}/4\mathbb{Z} \times \mathbb{Z}/4\mathbb{Z}$$

isomorph. Da $A/B \cong \mathbb{Z}/8\mathbb{Z}$, gibt es ein $n \in A$ mit $A/B = \langle n + B\rangle$. Daraus folgt, dass das Element $n \in A$ Ordnung ≥ 8 hat. Somit kommen von den angeführten Gruppen nur die ersten beiden in Frage.
Die zyklische Gruppe $\mathbb{Z}/16\mathbb{Z}$ hat ein Element der Ordnung 1 und ein Element der Ordnung 2 (1.26). Die Gruppe $\mathbb{Z}/2\mathbb{Z} \times \mathbb{Z}/8\mathbb{Z}$ hat ein Element der Ordnung 1 und drei Elemente der Ordnung 2. Also hat A höchstens vier Elemente der Ordnung ≤ 2.

c) Wie in Teilaufgabe b) erläutert, ist A isomorph zur zyklischen Gruppe $\mathbb{Z}/16\mathbb{Z}$ oder zum direkten Produkt der beiden zyklischen Gruppen $\mathbb{Z}/2\mathbb{Z}$ und $\mathbb{Z}/8\mathbb{Z}$.

d) Siehe Teilaufgabe b).

FJ09-I-2

Aufgabe

Für ein Element g einer Gruppe G sei $\iota_g \in \operatorname{Aut}(G)$ der zugehörige innere Automorphismus: $\iota_g(h) = ghg^{-1}$. Die Gruppe G heiße vollständig, wenn die Abbildung $G \to \operatorname{Aut}(G) : g \mapsto \iota_g$ bijektiv ist.

a) Zeigen Sie, dass G genau dann vollständig ist, wenn folgende zwei Bedingungen erfüllt sind:

   i) Das Zentrum von G ist trivial.

   ii) Jeder Automorphismus von G ist ein innerer.

b) Sei G eine Gruppe und $N \subseteq G$ ein Normalteiler. Angenommen N ist vollständig. Zeigen Sie, dass N ein direkter Faktor von G ist.

Lösung

a) „$\Rightarrow$"

Angenommen, es gibt ein Element $g \in Z(G) \setminus \{e\}$ (1.48). Dann ist

$$\iota_g(h) = ghg^{-1} = h$$

für alle $h \in G$ und somit $\iota_g = \operatorname{id}$ im Widerspruch zur Injektivität der Abbildung $G \to \operatorname{Aut}(G), g \mapsto \iota_g$. Das Zentrum ist also trivial.
Die Abbildung ist bijektiv, also insbesondere surjektiv. Also ist jeder Automorphismus von G ein innerer.

„$\Leftarrow$"

Das Zentrum von G sei trivial. Es gelte $\iota_g(h) = \iota_{g'}(h)$ für alle $h \in G$. Aus

$$ghg^{-1} = g'hg'^{-1} \Rightarrow g'^{-1}gh = hg'^{-1}g$$

folgt $g'^{-1}g \in Z(G)$, also $g'^{-1}g = e$ und damit $g = g'$. Die Abbildung $G \to \operatorname{Aut}(G), g \mapsto \iota_g$ ist also injektiv.
Ist jeder Automorphismus ein innerer, so ist die Abbildung offensichtlich auch surjektiv.

Sind i) und ii) erfüllt, so ist G also vollständig.

b) Um zu zeigen, dass N ein direkter Faktor von G ist, suchen wir eine Untergruppe U von G mit $G = N \times U$ und verwenden, dass $G = N \times U$ zu zeigen äquivalent dazu ist, die folgenden drei Bedingungen nachzuprüfen (1.72):

i) $G = \langle N, U \rangle$

ii) $N \cap U = \{e\}$

iii) Für alle $n \in N$ und $u \in U$ gilt $nu = un$.

Der erste Schritt besteht darin, eine geeignete Untergruppe $U \subseteq G$ zu finden.

Da N ein Normalteiler ist, ist für jedes $g \in G$ die Abbildung

$$\kappa_g : N \to N$$
$$m \mapsto gmg^{-1}$$

ein Automorphismus von N. Nach Voraussetzung ist N vollständig, d.h. jeder Automorphismus von N ist ein innerer. Deshalb gibt es zu jedem $g \in G$ ein $n_g \in N$, so dass für alle $m \in N$ gilt

$$gmg^{-1} = n_g m n_g^{-1}.$$

Dabei ist für festes g das Element n_g eindeutig bestimmt, denn für $n, n' \in N$ gilt

$$nmn^{-1} = n'mn'^{-1} \Rightarrow n'^{-1}nm = mn'^{-1}n \Rightarrow n'n^{-1} \in Z(N)$$

und nach Teilaufgabe a) gilt ja $Z(N) = \{e\}$, woraus nun $n'n^{-1} = e$ und somit $n' = n$ folgt.

Damit ist die Abbildung

$$\varphi : G \to G$$
$$g \mapsto n_g^{-1} g$$

wohldefiniert.

Wir zeigen nun, dass φ ein Homomorphismus ist.

Für alle $m \in N$ ist

$$\begin{aligned} n_g n_h m (n_g n_h)^{-1} &= n_g n_h m n_h^{-1} n_g^{-1} = g n_h m n_h^{-1} g^{-1} \\ &= g(hmh^{-1})g^{-1} = ghm(gh)^{-1} = n_{gh} m n_{gh}^{-1}. \end{aligned}$$

Also ist $n_{gh} = n_g n_h$ und es folgt

$$\begin{aligned} \varphi(gh) &= n_{gh}^{-1} gh = (n_g n_h)^{-1} gh = n_h^{-1} n_g^{-1} gh = n_g^{-1} n_g n_h^{-1} n_g^{-1} gh \\ &= n_g^{-1} g n_h^{-1} g^{-1} gh = n_g^{-1} g n_h^{-1} h = \varphi(g)\varphi(h). \end{aligned}$$

Somit ist φ ein Homomorphismus und $U := \operatorname{im}(\varphi) = \{n_g^{-1} g \mid g \in G\}$ eine Untergruppe von G (1.12). Für die Untergruppe U weisen wir nun die Eigenschaften i)-iii) nach:

i) Es ist $G = \langle U \cup N \rangle$, denn für alle $g \in G$ gilt $g = n_g n_g^{-1} g \in \langle U \cup N \rangle$.

ii) Betrachten wir ein Element aus $N \cap U$. Es ist von der Form $n_g^{-1} g$ und in N. Aus $n_g^{-1} g \in N$ folgt nun $g = n_g n_g^{-1} g \in N$. Aus der Definition von n_g folgt $g = n_g$. Somit ist $n_g^{-1} g = e$, d.h. $U \cap N = \{e\}$.

iii) Für alle $n \in N$ und $n_g^{-1} g \in U$ gilt

$$n n_g^{-1} g = n_g^{-1} n_g (n n_g^{-1} g) = n_g^{-1}(n_g n n_g^{-1}) g = n_g^{-1}(g n g^{-1}) g = n_g^{-1} g n.$$

Damit sind die drei Bedingungen gezeigt und es folgt, dass

$$G = U \times N$$

gilt.

Alternative Lösung für b):

Da N Normalteiler ist, operiert G auf N mittels Konjugation (1.61)

$$\gamma : G \times N \to N$$
$$(g, n) \mapsto g n g^{-1}$$

Für $g \in G$ gilt $\gamma(g, \cdot) = \iota_g$. Also induziert γ eine Homomorphismus (1.62)

$$\Phi : G \to S_N = \mathrm{Aut}(N)$$
$$g \mapsto \iota_g$$

Da N vollständig ist, ist die Abbildung $\Phi_{|N}$ bijektiv, also ein Isomorphismus. Insbesondere ist Φ surjektiv. Nach dem Homomorphiesatz (1.52) gilt somit

$$G/\ker(\Phi) \cong \mathrm{Aut}(N) \cong N$$

Sei $n \in \ker(\Phi) \cap N$. Dann gilt $\Phi(n) = \mathrm{id}$ und deshalb $n = e$ wegen der Bijektivität von $\Phi_{|N}$. Also ist $\ker(\Phi) \cap N = \{e\}$. Da $\ker(\Phi)$ Normalteiler in G ist (1.50), folgt mit dem ersten Isomorphiesatz (1.53)

$$N \ker(\Phi)/\ker(\Phi) \cong N/(\ker(\Phi) \cap N) = N/\{e\} \cong N \cong G/\ker(\Phi)$$

und somit $G = N \ker(\Phi)$, also insbesondere $G = \langle N \cup \ker(\Phi) \rangle$. Da N und $\ker(\Phi)$ Normalteiler in G sind, folgt $G = N \times \ker(\Phi)$ (1.72) und N ist ein direkter Faktor von G (1.71).

FJ09-I-3

Aufgabe

Für den Ring $A = \mathbb{Z}/8\mathbb{Z}$ betrachten wir Einheiten im Polynomring $A[t]$.

a) Zeigen Sie, dass $p(t) = 1 + 5t$ keine Einheit in $A[t]$ ist.

b) Zeigen Sie, dass $q(t) = 1 + 6t$ eine Einheit in $A[t]$ ist.

Lösung

a) Angenommen, $p(t)$ ist eine Einheit (2.5). Dann gibt es ein $f(t) \in A[t]$ mit
$$(1 + 5t)f(t) = 1.$$
Bezeichnet l den Leitkoeffizienten von f, so folgt $5 \cdot l = 0$ mit $l \in A \setminus \{0\}$. Somit ist 5 Nullteiler in A (2.7). Es ist aber $5^2 = 1$, also 5 eine Einheit in A. Widerspruch, da Nullteiler keine Einheiten sind (2.8).

b) Es gilt
$$(1 + 6t)(1 + 2t + 4t^2) = 1 + (2 + 6)t + (4 + 4)t^2 = 1,$$
somit ist $q(t)$ eine Einheit.

FJ09-I-4

Aufgabe

Man gebe ein normiertes, quadratisches und irreduzibles Polynom $f(x) \in \mathbb{Z}[x]$ an, so dass $f(x+d)$ für keine Wahl von $d \in \mathbb{Z}$ ein Eisenstein-Polynom ist.

Lösung

Sei $f(x) = x^2 + 4$. Dann ist $f \in \mathbb{Z}[x]$ normiert, irreduzibel und quadratisch. Wir zeigen, dass $f(x+d) = x^2 + 2dx + d^2 + 4$ für kein $d \in \mathbb{N}$ ein Eisenstein-Polynom (2.57) ist.

Für $d = 0$ ist $f(x + d) = f(x)$ offensichtlich kein Eisenstein-Polynom. Sei nun $d \neq 0$ und p ein Primteiler von $2d$.

Ist $p = 2$ und d gerade, so ist p^2 Teiler von $d^2 + 4$. Ist $p = 2$ und d ungerade, so teilt p nicht $d^2 + 4$. Ist p eine ungerade Primzahl, so ist p Teiler von d, aber nicht von $d^2 + 4$. In allen Fällen ist $f(x + d)$ kein Eisenstein-Polynom.

Alternative Lösung:

Sei $f = x^2 + 4x + 8 \in \mathbb{Z}[x]$. Die beiden Nullstellen von f in $\mathbb{C}$ sind $-2 + 2i$ und $-2 - 2i$. Also hat f keine Nullstellen in $\mathbb{Z}$ und ist somit irreduzibel über $\mathbb{Z}$ (2.55).

Sei $d \in \mathbb{Z}$. Dann gilt
$$f(x + d) = x^2 + (2d + 4)x + (d^2 + 4d + 8).$$

Angenommen, $f(x + d)$ ist ein Eisensteinpolynom (2.58). Dann existiert ein Primelement $p \in \mathbb{Z}$ mit
$$p \mid 2(d + 2)$$
$$p \mid (d + 2)^2 + 4$$
$$p^2 \nmid (d + 2)^2 + 4.$$

Ist $|p| = 2$, so ist p ein Teiler von 4. Wegen $p \mid (d+2)^2 + 4$ folgt damit $p \mid (d+2)^2$. Dies ist nur möglich, wenn d gerade ist, denn ist $d = 2k + 1$ für $k \in \mathbb{Z}$, so ist $(d+2)^2 = (2k+3)^2 = 4k^2 + 12k + 9$ nicht durch p teilbar. Sei also $d = 2k$ mit $k \in \mathbb{Z}$. Dann gilt $(d+2)^2 = (2k+2)^2 = 4k^2 + 8k + 4$ und somit $p^2 \mid (d+2)^2 + 4$ im Widerspruch dazu, dass $f(x + d)$ ein Eisensteinpolynom ist.

Ist $|p| \neq 2$, so gilt wegen $p \mid 2(d + 2)$ auch $p \mid (d + 2)$. Wegen $p \mid (d + 2)^2 + 4$ und $p \mid d + 2$ gilt auch $p \mid 4$ im Widerspruch zu $|p| \neq 2$.

Das Polynom $f(x+d)$ ist folglich für keine Wahl von d ein Eisenstein-Polynom.

FJ09-II-1

Aufgabe

Mit S_n sei die symmetrische Gruppe auf n Elementen bezeichnet und mit Z_4 eine zyklische Gruppe der Ordnung 4.

a) Wieviele Untergruppen in $S_3 \times Z_4$ sind isomorph zu Z_4?

b) Wieviele 5-Sylow-Gruppen und wieviele 3-Sylow-Gruppen gibt es in der S_5?

Lösung

a) Ein Element der Ordnung 4 erzeugt eine zyklische Gruppe der Ordnung 4 (1.17) und diese besitzt genau ein weiteres Element der Ordnung 4. Dieses zweite Element erzeugt die gleiche zyklische Gruppe. Ist also x die Anzahl der Elemente der Ordnung 4 einer Gruppe G, so hat G genau $\frac{x}{2}$ Untergruppen, die isomorph zu Z_4 sind.

Die symmetrische Gruppe S_3 enthält drei Elemente der Ordnung 2 und ein Element der Ordnung 1. Nach Lagrange (1.34) hat sie kein Element der Ordnung 4, denn 4 ist kein Teiler von $|S_3| = 2 \cdot 3 = 6$. Die zyklische Gruppe Z_4 hat zwei Elemente der Ordnung 4. In $S_3 \times Z_4$ gibt es somit $(3+1) \cdot 2 = 8$ Elemente der Ordnung 4 und nach obiger Überlegung vier zu Z_4 isomorphe Untergruppen (1.71).

b) Die symmetrische Gruppe S_5 hat die Ordnung $5! = 5 \cdot 3 \cdot 2^3$ (1.82). Sowohl die 5-Sylow-Untergruppen als auch die 3-Sylow-Untergruppen (1.78) haben Primzahlordnung und sind somit zyklisch (1.19).

Nach den Sylow-Sätzen (1.79) gilt für die Anzahl s_5 der 5-Sylow-Untergruppen

$$s_5 \equiv 1 \mod 5,$$
$$s_5 \mid 24$$

und folglich $s_5 \in \{1, 6\}$. Nun ist

$$U = \langle (1,2,3,4,5) \rangle$$
$$= \{\mathrm{id}, (1,2,3,4,5), (1,3,5,2,4), (1,4,2,5,3)(1,5,4,3,2)\}$$

eine Untergruppe der Ordnung 5. Da das Element $(2,1,3,4,5)$ nicht in U liegt, erzeugt $(2,1,3,4,5)$ eine weitere Untergruppe der Ordnung 5. Es ist also $s_5 \geq 2$ und damit $s_5 = 6$.

Die 3-Sylow-Untergruppen von S_5 haben Ordnung 3, sind also zyklisch. Es gibt $\binom{5}{3}$ Möglichkeiten, ohne Zurücklegen und ohne Beachtung der Reihenfolge drei Zahlen aus fünf zu ziehen. Mit drei Zahlen können zwei verschiedene 3-Zyklen gebildet werden. Die Zahlen $1, 2$ und 3 liefern beispielsweise die Zyklen $(1\ 2\ 3)$ und $(1\ 3\ 2)$. Somit besitzt die Gruppe S_5 genau

$$\binom{5}{3} \cdot 2 = 5 \cdot 4 = 20$$

Zyklen der Länge 3 und damit 20 Elemente der Ordnung 3. Jede Untergruppe der Ordnung 3 enthält zwei Elemente der Ordnung 3 und zwei verschiedene 3-Sylow-Untergruppen haben nur die identische Abbildung gemeinsam. Folglich hat S_5 zehn 3-Sylow-Untergruppen.

FJ09-II-2

Aufgabe

Sei G eine Gruppe mit einer Untergruppe vom Index 4. Zeigen Sie, dass G einen Normalteiler vom Index 2 oder 3 hat.

Lösung

Sei U eine Untergruppe vom Index 4 in G (1.31), d.h. $|G/U| = 4$. Die Gruppe G operiert transitiv auf den Linksnebenklassen G/U von G mittels Linksmultiplikation (1.61, 1.65)

$$\gamma : G \times G/U \to G/U$$
$$(g, hU) \mapsto ghU,$$

denn für $h_1U, h_2U \in G/U$ und $g = h_2 h_1^{-1} \in G$ gilt $\gamma(g, h_1U) = gh_1U = h_2U$ (1.68). Weiter induziert γ einen Homomorphismus (1.62)

$$\varphi : G \to S_{G/U} \cong S_4$$
$$g \mapsto \gamma_g$$

mit $\gamma_g : G/U \to G/U$, $hU \mapsto ghU$. Der Kern von φ ist ein Normalteiler von G und $\mathrm{im}(\varphi)$ ist eine Untergruppe von S_4 (1.50). Nach dem Homomorphiesatz (1.52) ist $G/\ker(\varphi) \cong \mathrm{im}(\varphi)$ und wegen $|S_4| = 4! = 24 < \infty$ gilt auch $|G/\ker(\varphi)| = |\mathrm{im}(\varphi)|$ (1.12, 1.34). Nach Lagrange (1.34) ist $|G/\ker(\varphi)|$ ein Teiler von 24, also $|G/\ker(\varphi)| \in \{1, 2, 3, 4, 6, 8, 12, 24\}$.

Angenommen, $|G/\ker(\varphi)| = 1$. Dann ist $G = \ker(\varphi)$. Seien $h_1U, h_2U \in G/U$ mit $h_1U \neq h_2U$ und sei $g \in G$ mit $\gamma(g, h_1U) = h_2U$. Wegen $g \in G = \ker(\varphi)$ ist $\varphi(g) = \gamma_g = \mathrm{id}$. Also gilt

$$\gamma(g, h_1U) = \gamma_g(h_1U) = h_1U \neq h_2U = \gamma(g, h_1U),$$

Widerspruch.

Ist $|G/\ker(\varphi)| \in \{2, 3\}$, so ist $\ker(\varphi)$ ein Normalteiler vom Index 2 oder 3 von G (1.50). Für alle anderen Fälle der möglichen Gruppenordnungen von $G/\ker(\varphi)$ reicht es, einen Normalteiler $H/\ker(\varphi)$ von $G/\ker(\varphi)$ vom Index 2 oder 3 zu finden. Der Korrespondenzsatz (1.56) und der zweite Isomorphiesatz (1.54) liefern dann, dass H Normalteiler von G ist und

$$(G/\ker(\varphi))/(H/\ker(\varphi)) \cong G/H$$

gilt, also dass H ein Normalteiler vom Index 2 oder 3 in G ist.

Ist $|G/\ker(\varphi)| \in \{4,6,8\}$, so hat $G/\ker(\varphi)$ nach den Sylow-Sätzen (1.79) eine Untergruppe $H/\ker(\varphi)$ der Ordnung $\frac{|G/\ker(\varphi)|}{2}$. Diese ist ein Normalteiler vom Index 2 in $G/\ker(\varphi)$ (1.44).

Ist $|G/\ker(\varphi)| = 12$, so ist $G/\ker(\varphi)$ isomorph zu A_4, da dies die einzige Untergruppe der Ordnung 12 von S_4 ist (1.95). Die Kleinsche Vierergruppe $V_4 = \{\text{id}, (1\ 2)(3\ 4), (1\ 3)(2\ 4), (1\ 4)(2\ 3)\}$ ist ein Normalteiler vom Index 3 in A_4 (1.34, 1.84). Also hat auch $G/\ker(\varphi)$ einen zu V_4 isomorphen Normalteiler $H/\ker(\varphi)$ vom Index 3.

Ist $|G/\ker(\varphi)| = 24$, so ist $G/\ker(\varphi)$ isomorph zu S_4. Die alternierende Gruppe A_4 ist ein Normalteiler vom Index 2 in S_4 (1.90). Also hat auch $G/\ker(\varphi)$ einen zu A_4 isomorphen Normalteiler $H/\ker(\varphi)$ vom Index 2.

FJ09-II-3

Aufgabe

Sei R ein kommutativer Ring mit Eins, $I \subset R$ ein Ideal, das nur nilpotente Elemente enthält, und $\pi : R \to R/I$ sei die kanonische Projektion. Zeigen Sie: Ist $x \in R$ ein Element, so dass $\pi(x)$ eine Einheit in R/I ist, dann ist x eine Einheit in R.

Lösung

Ist $\pi(x) = x + I$ eine Einheit in R/I (2.5, 2.21), so gibt es ein $y + I \in R/I$ mit
$$(x+I)(y+I) = 1 + I \Rightarrow xy + I = 1 + I.$$
Es gibt also ein Element $a \in I$ mit $xy = 1 + a$. Da I nur nilpotente Elemente enthält (2.7), gibt es ein $n \in \mathbb{N}$ mit $a^n = 0$. Folglich ist
$$(xy - a)^n = 1^n$$
$$\Rightarrow \sum_{j=0}^{n} \binom{n}{j}(-1)^j (xy)^{n-j} a^j = 1$$
$$\Rightarrow (-1)^n a^n + \sum_{j=0}^{n-1} \binom{n}{j}(-1)^j (xy)^{n-j} a^j = 1$$
$$\Rightarrow x \cdot \sum_{j=0}^{n-1} \binom{n}{j}(-1)^j x^{n-j-1} y^{n-j} a^j = 1$$

und x damit Einheit in R.

FJ09-II-4

Aufgabe

Betrachten Sie den Körper $K := \mathbb{Q}(\sqrt[5]{3}, \sqrt{7})$.

a) Zeigen Sie, dass $K = \mathbb{Q}(\alpha)$ für $\alpha = \sqrt[5]{3} \cdot \sqrt{7}$.

b) Bestimmen Sie den Grad der Körpererweiterung $\mathbb{Q} \subset K$.

c) Bestimmen Sie das Minimalpolynom von α über $\mathbb{Q}$.

Lösung

a) Offensichtlich ist $\mathbb{Q}(\alpha) \subseteq \mathbb{Q}(\sqrt[5]{3}, \sqrt{7})$. Zudem ist
$$\frac{1}{3 \cdot 49} \alpha^5 = \frac{1}{49} \sqrt{7}^5 = \sqrt{7}$$
Element von $\mathbb{Q}(\alpha)$, also auch $\frac{1}{\sqrt{7}} \alpha = \sqrt[5]{3}$. Es folgt $\mathbb{Q}(\alpha) \supseteq \mathbb{Q}(\sqrt[5]{3}, \sqrt{7})$ und damit Gleichheit.

b) Nach der Gradformel (3.14) gilt
$$[K : \mathbb{Q}] = [K : \mathbb{Q}(\sqrt[5]{3})] \cdot [\mathbb{Q}(\sqrt[5]{3}) : \mathbb{Q}] = [K : \mathbb{Q}(\sqrt{7})] \cdot [\mathbb{Q}(\sqrt{7}) : \mathbb{Q}].$$

Das Polynom $f = x^5 - 3$ ist als Eisenstein-Polynom irreduzibel über $\mathbb{Z}$ (2.57), somit nach Gauß irreduzibel über $\mathbb{Q}$ (2.60) und hat $\sqrt[5]{3}$ als Nullstelle. Also ist f das Minimalpolynom von $\sqrt[5]{3}$ über $\mathbb{Q}$ (3.18) und es gilt
$$[\mathbb{Q}(\sqrt[5]{3}) : \mathbb{Q}] \stackrel{3.19}{=} \deg(f) = 5.$$

Der Körper $\mathbb{Q}(\sqrt{7})$ hat Grad 2 über $\mathbb{Q}$, denn $\sqrt{7}$ ist Nullstelle des Eisenstein-Polynoms $x^2 - 7$ (3.18). Wegen $\mathrm{ggT}(2,5) = 1$ folgt
$$[K : \mathbb{Q}] = 2 \cdot 5 = 10 \quad (3.21).$$

c) Nach den Teilaufgaben a) und b) hat das Minimalpolynom $m_{\alpha,\mathbb{Q}}$ von α über $\mathbb{Q}$ Grad 10. Sobald wir ein normiertes Polynom vom Grad 10 gefunden haben, das α als Nullstelle hat, sind wir fertig (3.17). Man findet es leicht, denn es ist $\alpha^{10} = 3^2 \cdot 7^5$. Folglich gilt
$$m_{\alpha,\mathbb{Q}}(x) = x^{10} - 3^2 \cdot 7^5.$$

FJ09-III-1

Aufgabe

a) Wieviele Gruppenhomomorphismen $\mathbb{Z}/3\mathbb{Z} \to S_5$ gibt es?

b) Sei $f(X)$ das Polynom
$$f(X) = (X+1)^5 - 6(X+1)^3 + 2X + 8 \in \mathbb{Z}[X].$$
Wieviele Ringhomomorphismen $\mathbb{Q}[X]/(f) \to \mathbb{C}$ gibt es?

Die Antworten sind zu begründen.

Lösung

a) Da $\mathbb{Z}/3\mathbb{Z}$ zyklisch ist, ist ein Gruppenhomomorphismus $\mathbb{Z}/3\mathbb{Z} \to S_5$ durch das Bild der 1 bereits eindeutig festgelegt. Dieses ist ein Element der Ordnung 1 oder der Ordnung 3 in S_5 (1.50, 1.34).

In S_5 gibt es ein Element der Ordnung 1 und $\binom{5}{3} \cdot 2 = 20$ Elemente der Ordnung 3. Die verschiedenen Elemente liefern auch verschiedene Homomorphismen. Also gibt es genau 21 Gruppenhomomorphismen $\mathbb{Z}/3\mathbb{Z} \to S_5$.

b) Das Polynom $f(X-1) = X^5 - 6X^3 + 2X + 6$ ist nach Eisenstein und Gauß irreduzibel über $\mathbb{Q}$ (2.57, 2.60). Also ist das Ideal (f) maximal in $\mathbb{Q}[X]$ (2.39, 2.37, 2.34) und $\mathbb{Q}[X]/(f)$ ist ein Körper (2.29). Sei $\alpha \in L$ eine Nullstelle von f. Dann ist f das Minimalpolynom von α über $\mathbb{Q}$ (3.18) und $\mathbb{Q}[X]/(f) \cong \mathbb{Q}(\alpha)$ (3.19).

Alternative 1: Der Primkörper von $\mathbb{Q}(\alpha)$ ist $\mathbb{Q}$ und jeder Körperhomomorphismus $\sigma : \mathbb{Q}(\alpha) \to \mathbb{C}$ lässt den Primkörper elementweise fest (3.10), setzt also die Identität $\mathrm{id} : \mathbb{Q} \to \mathbb{C}$ fort. Nach dem Hauptlemma der elementaren Körpertheorie (3.24) ist somit die Anzahl der Körperhomomorphismen $\sigma : \mathbb{Q}(\alpha) \to \mathbb{C}$ gleich der Anzahl der verschiedenen Nullstellen von f. Da f irreduzibel ist und $\mathbb{Q}$ vollkommen ist (3.31), ist f separabel (3.29) und hat somit genau $\deg(f) = 5$ verschiedene Nullstellen (3.27) im algebraisch abgeschlossenen Körper $\mathbb{C}$ (3.22, 3.23). Folglich gibt es genau fünf verschiedene Ringhomomorphismen $\mathbb{Q}[X]/(f) \to \mathbb{C}$.

Alternative 2: Jeder Ringhomomorphismus $\mathbb{Q}[X]/(f) \to \mathbb{C}$ ist also ein Körperhomomorphismus. Der Körper $\mathbb{Q}$ lässt sich mittels $a \mapsto a + (f)$ als Unterkörper von $\mathbb{Q}[X]/(f)$ auffassen. Körperhomomorphismen lassen den Primkörper elementweise fest (3.10), also gilt $\varphi(a+(f)) = a$ für alle Körperhomomomorphismen $\varphi : \mathbb{Q}[X]/(f) \to \mathbb{C}$ und alle $a \in \mathbb{Q}$. Es folgt, dass φ durch das Bild von $X + (f)$ eindeutig festgelegt ist.

Angenommen, φ bildet $X + (f)$ auf ein $y \in \mathbb{C}$ ab, für das $f(y) \neq 0$ gilt. Dann folgt

$$
\begin{aligned}
0 \stackrel{3.10}{=} & \varphi(0 + (f)) = \varphi(f(X) + (f)) \\
= & \varphi((X+1)^5 - 6(X+1)^3 + 2X + 8 + (f)) \\
= & (y+1)^5 - 6(y+1)^3 + 2y + 8 = f(y) \neq 0.
\end{aligned}
$$

Widerspruch. Als Bilder von $X + (f)$ kommen also nur komplexe Nullstellen von f in Frage.

Nun ist $\mathbb{Q}$ ein vollkommener Körper (3.31), das irreduzible Polynom f ist also separabel (3.29, 3.27). Da $\mathbb{C}$ algebraisch abgeschlossen ist (3.22), enthält $\mathbb{C}$ alle 5 Nullstellen von f.

Insgesamt folgt, dass es genau fünf Ringhomomorphismen $\mathbb{Q}[X]/(f) \to \mathbb{C}$ gibt.

FJ09-III-2

Aufgabe

Zeigen Sie: Das von 5 und $4 + \sqrt{11}$ erzeugte Ideal im Ring

$$\mathbb{Z}[\sqrt{11}] = \{a + b\sqrt{11} \mid a, b \in \mathbb{Z}\}$$

ist ein maximales Ideal.

Lösung

Sei I das von 5 und $4 + \sqrt{11}$ erzeugte Ideal in $R := \mathbb{Z}[\sqrt{11}]$. Sei $a + b\sqrt{11} + I$ ein Element in R/I mit $a, b \in \mathbb{Z}$ und $a + b\sqrt{11} + I \neq 0 + I$. Dann gilt

$$a + b\sqrt{11} + I = (a + b\sqrt{11} + I) + (-b(4 + \sqrt{11}) + I) = a - 4b + I.$$

Es ist $a - 4b \not\equiv 0 \mod 5$, denn sonst wäre $a - 4b$ durch 5 teilbar und damit ein Element von I, was $a + b\sqrt{11} + I = 0 + I$ bedeuten würde. Also ist $a - 4b$ invertierbar in $\mathbb{Z}/5\mathbb{Z}$, d.h. es gibt ein $c \in \mathbb{Z}$ mit $(a - 4b) \cdot c \equiv 1 \mod 5$. Damit gilt dann

$$(a + b\sqrt{11} + I)(c + I) = (a - 4b)c + I = 1 + I.$$

Also ist jedes Element $\neq 0$ in R/I invertierbar. Somit ist R/I ein Körper und I demnach ein maximales Ideal (2.29).

FJ09-III-3

Aufgabe

Seien $n \geq 3$ eine ungerade natürliche Zahl und $(\mathbb{Z}/n\mathbb{Z})^*$ die Gruppe der invertierbaren Elemente im Ring $\mathbb{Z}/n\mathbb{Z}$. Die multiplikative Gruppe $(\mathbb{Z}/n\mathbb{Z})^*$ operiert auf der additiven Gruppe $\mathbb{Z}/n\mathbb{Z}$ durch Multiplikation im Ring $\mathbb{Z}/n\mathbb{Z}$. Sei $G = \mathbb{Z}/n\mathbb{Z} \ltimes (\mathbb{Z}/n\mathbb{Z})^*$ das zugehörige semidirekte Produkt mit der Verknüpfungsvorschrift

$$(\overline{x}_1, \overline{s}_1) \circ (\overline{x}_2, \overline{s}_2) = (\overline{x}_1 + \overline{s}_1 \cdot \overline{x}_2, \overline{s}_1 \cdot \overline{s}_2)$$

für alle $(\overline{x}_1, \overline{s}_1), (\overline{x}_2, \overline{s}_2) \in G$, und $H \subset G$ die Untergruppe aller Elemente in G mit erster Komponente 0.

Zeigen Sie: Es gibt genau n zu H konjugierte Untergruppen in G.

Lösung

Im Folgenden seien die Elemente des Rings $\mathbb{Z}/n\mathbb{Z}$ mit x statt mit $\overline{x}$ bezeichnet.

Das neutrale Element der Gruppe G ist $(0, 1)$, denn für $(x, s) \in G$ gilt

$$(x, s) \circ (0, 1) = (x + s \cdot 0, s \cdot 1) = (x, s)$$
$$(0, 1) \circ (x, s) = (0 + 1 \cdot x, 1 \cdot s) = (x, s).$$

Das zu $(x, s) \in G$ inverse Element bzgl. $\circ$ ist $(-xs^{-1}, s^{-1})$, denn

$$(x, s) \circ (-xs^{-1}, s^{-1}) = (x + s(-xs^{-1}), s \cdot s^{-1}) = (0, 1)$$
$$(-xs^{-1}, s^{-1}) \circ (x, s) = (-xs^{-1} + s^{-1}x, s^{-1} \cdot s) = (0, 1)$$

Die zu H konjugierten Untergruppen sind die Untergruppen $(a, b) \circ H \circ (a, b)^{-1}$ mit $(a, b) \in G$ (1.79).

Da $(\mathbb{Z}/n\mathbb{Z})^*$ die Ordnung $\varphi(n)$ (2.11) hat, wobei φ die Eulersche Phi-Funktion bezeichnet, ist $H = \{(0, s_1), \ldots, (0, s_{\varphi(n)})\}$ mit $s_i \in (\mathbb{Z}/n\mathbb{Z})^*$. Es gilt

$$\begin{aligned}(a, b) \circ (0, s_i) \circ (a, b)^{-1} &= (a, bs_i) \circ (-ab^{-1}, b^{-1}) \\ &= (a + bs_i(-ab^{-1}), bs_ib^{-1}) \\ &= (a - as_i, s_i),\end{aligned}$$

die zu H konjugierten Untergruppen sind also von der Form

$$V_a = \{(a - as_1, s_1), \ldots, (a - as_{\varphi(n)}, s_{\varphi(n)})\}$$

mit $a \in \mathbb{Z}/n\mathbb{Z}$. Es gibt n verschiedene Elemente $a \in \mathbb{Z}/n\mathbb{Z}$. Außerdem folgt aus

$$a - as_1 = a' - a's_1 \Rightarrow a - a' = (a - a')s_1,$$

dass $s_1 = 1$ oder $a = a'$ gilt. Somit sind die Untergruppen V_a und $V_{a'}$ verschieden für $a \neq a'$ und insgesamt folgt, dass es genau n zu H konjugierte Untergruppen in G gibt.

FJ09-III-4

Aufgabe

a) Berechnen Sie das Minimalpolynom von $\zeta_{15} = e^{\frac{2\pi i}{15}}$ über $\mathbb{Q}$.

b) Seien M der Zerfällungskörper von $X^{15} - 10$ über $\mathbb{Q}$ und G die Automorphismengruppe von M über $\mathbb{Q}$. Bestimmen Sie die Gruppe G und zeigen Sie, dass G nicht isomorph zur symmetrischen Gruppe S_5 ist.

Lösung

a) Die komplexe Zahl ζ_{15} ist eine primitive 15-te Einheitswurzel über $\mathbb{Q}$ (3.55). Das 15-te Kreisteilungspolynom $\Phi_{15}(x)$ über $\mathbb{Q}$ ist Minimalpolynom von ζ_{15} über $\mathbb{Q}$ (3.62). Es gilt

$$x^{15} - 1 \stackrel{3.60}{=} \Phi_{15}(x) \prod_{\substack{1 \leq d < 15 \\ d | 15}} \Phi_d(x) = \Phi_{15}(x)\Phi_1(x)\Phi_3(x)\Phi_5(x)$$

und damit (3.58)

$$\begin{aligned}
\Phi_{15}(x) &= \frac{x^{15} - 1}{(x-1)(x^2 + x + 1)(x^4 + x^3 + x^2 + x + 1)} \\
&= \frac{x^{14} + x^{13} + \ldots + x + 1}{(x^2 + x + 1)(x^4 + x^3 + x^2 + x + 1)} \\
&= \frac{x^{10} + x^5 + 1}{x^2 + x + 1} \\
&= x^8 - x^7 + x^5 - x^4 + x^3 - x + 1.
\end{aligned}$$

Also ist $x^8 - x^7 + x^5 - x^4 + x^3 - x + 1$ das Minimalpolynom von ζ_{15} über $\mathbb{Q}$.

b) Es ist

$$M \stackrel{3.35}{=} \mathbb{Q}(\sqrt[15]{10}, \sqrt[15]{10}\zeta_{15}, \ldots, \sqrt[15]{10}\zeta_{15}^{14}) = \mathbb{Q}(\sqrt[15]{10}, \zeta_{15}).$$

Die Zahl $\sqrt[15]{10}$ hat Grad 15 über $\mathbb{Q}$, denn $x^{15} - 10$ ist als Eisenstein-Polynom irreduzibel (2.57, 2.60) und hat $\sqrt[15]{10}$ als Nullstelle (3.18). Der Körper $\mathbb{Q}(\zeta_{15})$ hat Grad 8 über $\mathbb{Q}$ (1.24, 3.62, 3.56, 3.18). Da 8 und 15 teilerfremd sind, gilt

$$[M : \mathbb{Q}] = 8 \cdot 15 = 120 \ (3.21).$$

Die Gruppe G besteht aus den $15 \cdot \varphi(15)$ Automorphismen

$$\varphi_{(k,l)} : \begin{cases} \sqrt[15]{10} \mapsto \sqrt[15]{10}\zeta_{15}^{k} \\ \zeta_{15} \mapsto \zeta_{15}^{l} \end{cases}$$

mit $0 \leq k \leq 14$, $1 \leq l < 15$ und $\mathrm{ggT}(15, l) = 1$.

Der Automorphismus

$$\begin{aligned} \varphi_{(1,1)} : M &\to M \\ \sqrt[15]{10} &\mapsto \sqrt[15]{10}\zeta_{15} \\ \zeta_{15} &\mapsto \zeta_{15} \end{aligned}$$

ist ein Element von G und hat Ordnung 15, denn es gilt

$$\varphi_{(1,1)}^{15}(\sqrt[15]{10}) = \sqrt[15]{10}\zeta_{15}^{15} = \sqrt[15]{10} \text{ und}$$
$$\varphi_{(1,1)}^{k}(\sqrt[15]{10}) = \sqrt[15]{10}\zeta_{15}^{k} \neq \sqrt[15]{10}$$

für $0 < k < 15$ (3.53). Die symmetrische Gruppe S_5 besitzt kein Element der Ordnung 15, denn S_5 enthält weder einen Zyklus der Länge 15 noch zwei disjunkte Zyklen der Länge 3 und 5 (1.82). Folglich ist G nicht isomorph zu S_5.

19. Prüfungstermin Herbst 2009

H09-I-1

Aufgabe

Sei n eine natürliche Zahl mit $n \geq 2$. Zeigen Sie: $1 + 2 + 3 + \cdots + n$ ist Teiler von $n!$ genau dann, wenn $n + 1$ keine Primzahl ist.

Lösung

„$\Rightarrow$"
Sei $n \geq 2$ und $n + 1$ eine Primzahl. Dann ist n eine gerade Zahl und folglich $\frac{n}{2}$ eine natürliche Zahl. Die Primzahl $n + 1$ ist größer als der größte Primteiler von $n \cdot (n-1) \cdot (n-2) \cdots 1 = n!$. Somit ist $n+1$ kein Teiler von $n!$ und damit ist auch
$$1 + 2 + \ldots + n = \frac{n}{2} \cdot (n+1)$$
kein Teiler von $n!$.

„$\Leftarrow$"
Sei $n + 1$ keine Primzahl.

1. Fall:
Ist $n + 1$ eine gerade Zahl, so ist $\frac{n+1}{2}$ eine natürliche Zahl echt kleiner n. Es folgt:

$$\begin{aligned}
& \frac{n+1}{2} \mid (n-1)! \\
\Rightarrow \quad & n \cdot \frac{n+1}{2} \mid n \cdot (n-1)! \\
\Rightarrow \quad & \frac{n(n+1)}{2} \mid n! \\
\Rightarrow \quad & 1 + 2 + 3 + \ldots + n \mid n!
\end{aligned}$$

2. Fall:
Ist $n+1$ eine ungerade Zahl, so ist $\frac{n}{2}$ eine natürliche Zahl. Ist $n+1$ nicht prim, so gibt es zwei natürliche Zahlen $a, b < n+1$ mit $n + 1 = a \cdot b$. Zudem gibt es

eine natürliche Zahl c mit $n = 2 \cdot c$. Da $\operatorname{ggT}(n, n+1) = 1$ ist, gilt $c \neq a$ und $c \neq b$. Ist zusätzlich $a \neq b$ so folgt:

$$a \cdot b \cdot c \mid n!$$
$$\Rightarrow (n+1) \cdot \tfrac{n}{2} \mid n!$$
$$\Rightarrow 1 + 2 + 3 + \ldots + n \mid n!$$

Ist hingegen $a = b$, also $n + 1 = a^2$, so folgt wegen $2a < a^2$:

$$a \cdot a \mid 1 \cdot 2 \cdots (a-1) \cdot a \cdot (a+1) \cdots 2a \cdots (a^2 - 1)$$
$$\Rightarrow n + 1 \mid n!$$
$$\stackrel{a \neq c}{\Rightarrow} (n+1) \cdot c \mid n!$$
$$\Rightarrow 1 + 2 + 3 + \ldots + n \mid n!$$

H09-I-2

Aufgabe

Sei $n \geq 1$ und $M_n(K)$ der K-Vektorraum der $n \times n$-Matrizen über einem Körper K und $V \subseteq M_n(K)$ ein Untervektorraum mit $\dim V > n$. Zeigen Sie: Es gibt eine Matrix $0 \neq A \in V$ mit $\det A = 0$.

Lösung

Wir identifizieren die Zeilen einer Matrix in kanonischer Weise mit Vektoren im K^n.

Sei $\dim V = m > n$. Dann existiert eine Basis $B = \{B_1, \ldots, B_m\} \subseteq M_n(K)$ von V (6.2), wobei

$$B_k = \begin{pmatrix} v_{k,1} \\ \vdots \\ v_{k,n} \end{pmatrix}$$

mit $v_{k,i} \in K^n$ für $1 \leq i \leq n$ und $1 \leq k \leq m$. Die Dimension von K^n ist $n < m$, also sind die Vektoren $v_{1,1}, \ldots, v_{m,1}$ linear abhängig in K^n (6.3). Seien $c_1, \ldots, c_m \in K$ mit $c_i \neq 0$ für mindestens ein $i \in \{1, \ldots, m\}$, so dass

$$c_1 v_{1,1} + \cdots + c_m v_{m,1} = 0$$

gilt. Da $B_1, \ldots, B_m$ eine Basis von V bilden, gilt wegen $c_i \neq 0$ für mindestens ein $i \in \{1, \ldots, m\}$

$$c_1 B_1 + \cdots + c_m B_m \neq 0.$$

Für die Determinante gilt aber

$$\det(c_1 B_1 + \cdots + c_m B_m) = \det \begin{pmatrix} c_1 v_{1,1} + \cdots + c_m v_{m,1} \\ w_2 \\ \vdots \\ w_m \end{pmatrix} = \det \begin{pmatrix} 0 \\ w_2 \\ \vdots \\ w_m \end{pmatrix} = 0$$

mit Vektoren $w_2, \ldots, w_m \in K^n$.

H09-I-3

Aufgabe

G sei eine endliche Gruppe, und p bezeichne den kleinsten Primteiler der Gruppenordnung von G. Zeigen Sie: Jede Untergruppe U von G mit Index p ist normal.

Lösung

Sei U eine Untergruppe von G vom Index p, d.h. $[G:U] = |G/U| = p$ (1.31). Da $p \geq 2$ ist, gilt $|G| \geq 2$ und $G \neq U$.

Die Gruppe G operiert auf der Menge der Linksnebenklassen G/U mittels Linksmultiplikation (1.61)

$$\begin{aligned} \gamma : G \times G/U &\to G/U \\ (g, hU) &\mapsto ghU \end{aligned}$$

und die Operation γ induziert einen Homomorphismus (1.62)

$$\begin{aligned} \varphi : G &\to S_{G/U} \cong S_p \\ g &\mapsto \gamma_g \end{aligned}$$

mit $\gamma_g : G/U \to G/U$, $hU \mapsto ghU$.

Sei $g \in \ker(\varphi)$. Dann gilt $\varphi(g) = \gamma_g = \mathrm{id}$, also

$$ghU = \gamma_g(hU) = \mathrm{id}(hU) = hU$$

für alle $h \in G$. Insbesondere folgt mit $h = e$ auch $gU = U$, also $g \in U$ und somit $\ker(\varphi) \subseteq U$. Weiter ist $\ker(\varphi)$ Normalteiler in G (1.50), also insbesondere Untergruppe von U (1.35).

Das Bild von φ ist isomorph zu einer Untergruppe von S_p (1.50) und mit dem Homomorphiesatz (1.52) folgt $G/\ker(\varphi) \cong \operatorname{im}(\varphi)$. Also ist $G/\ker(\varphi)$ isomorph zu einer Untergruppe von S_p und es gilt $|G/\ker(\varphi)| = |\operatorname{im}(\varphi)|$.

Nach Lagrange (1.34) teilt $|G/\ker(\varphi)|$ die Gruppenordnung $|G|$ und die Ordnung von S_p, also $p!$ (1.82). Folglich ist $|G/\ker(\varphi)|$ ein Teiler von $\operatorname{ggT}(|G|, p!)$. Weiter gilt $\operatorname{ggT}(|G|, p!) = p$, da p der kleinste Primteiler der Gruppenordnung $|G|$ ist. Somit ist
$$|G/\ker(\varphi)| = [G : \ker(\varphi)] \in \{1, p\}.$$

Wiederum nach Lagrange (1.34) folgt
$$|\ker(\varphi)| \cdot [G : \ker(\varphi)] = |G| = |U| \cdot [G : U].$$

Da $\ker(\varphi)$ Untergruppe von U ist, ist $|\ker(\varphi)|$ ein Teiler von $|U|$. Somit folgt
$$[G : \ker(\varphi)] = \frac{|U|}{|\ker(\varphi)|} \cdot [G : U] = \frac{|U|}{|\ker(\varphi)|} \cdot p \geq p$$

Insgesamt folgt also
$$[G : \ker(\varphi)] = p = [G : U]$$

und damit $U = \ker(\varphi)$. Insbesondere ist U Normalteiler in G (1.50).

H09-I-4

Aufgabe

Zeigen Sie: Es gibt kein Polynom $P \in \mathbb{Z}[X]$ derart, dass $P^3 - P + 2$ durch $X^4 - 7$ teilbar ist.

Lösung

Angenommen, es existiert ein Polynom $P \in \mathbb{Z}[X]$, so dass $P^3 - P + 2$ durch $X^4 - 7$ teilbar ist. Dann existiert ein $f \in \mathbb{Z}[X]$ mit $P^3 - P + 2 = f \cdot (X^4 - 7)$. Seien $P = \sum_{i=0}^{n} a_i X^i$ und $f = \sum_{i=0}^{m} b_i X^i$ mit $n, m \in \mathbb{N}$, $a_0, \ldots, a_n \in \mathbb{Z}$ und $b_0, \ldots, b_m \in \mathbb{Z}$. Dann gilt

$$\left(\sum_{i=0}^{n} a_i X^i\right)^3 - \left(\sum_{i=0}^{n} a_i X^i\right) + 2 = \left(\sum_{i=0}^{m} b_i X^i\right) \cdot (X^4 - 7)$$

und Koeffizientenvergleich liefert für das konstante Glied die Gleichung

$$a_0^3 - a_0 + 2 = b_0 \cdot (-7)$$

über $\mathbb{Z}$. In $\mathbb{Z}/7\mathbb{Z}$ gilt aber:

$\overline{a}_0$	$\overline{0}$	$\overline{1}$	$\overline{2}$	$\overline{3}$	$\overline{4}$	$\overline{5}$	$\overline{6}$
$\overline{a}_0^3 - \overline{a}_0 + \overline{2}$	$\overline{2}$	$\overline{2}$	$\overline{1}$	$\overline{5}$	$\overline{6}$	$\overline{3}$	$\overline{2}$

Es gibt also keine Lösung $\overline{a}_0 \in \mathbb{Z}/7\mathbb{Z}$, so dass $\overline{a}_0^3 - \overline{a}_0 + \overline{2} = \overline{0}$ gilt. Widerspruch.

H09-II-1

Aufgabe

Sei I das von einer Primzahl p und X im Polynomring $\mathbb{Z}[X]$ erzeugte Ideal. Zeigen Sie, dass I ein maximales Ideal in $\mathbb{Z}[X]$ ist.

Lösung

Sei $a + I \in \mathbb{Z}[X]/I$ mit $a + I \neq 0 + I$. Schreibe $a = a_0 + a_1 X + \ldots + a_n X^n$ mit $a_0, \ldots, a_n \in \mathbb{Z}$. Dann gilt

$$a + I = a_0 + a_1 X + \ldots + a_n X^n + I = a_0 + I.$$

Wegen $0 + I \neq a + I = a_0 + I$ ist $a_0 \not\equiv 0 \bmod p$. Da p prim ist, ist $\mathrm{ggT}(a_0, p) = 1$ und nach dem Lemma von Bézout (4.3) existieren $k, l \in \mathbb{Z}$ mit $1 = k \cdot a_0 + l \cdot p$. Es gilt dann

$$(a + I)(k + I) = (a_0 + I)(k + I) = a_0 k + I = (1 - lp) + I = 1 + I$$

und somit ist $a + I$ invertierbar in $\mathbb{Z}[X]/I$. Jedes von $0 + I$ verschiedene Element von $\mathbb{Z}[X]/I$ besitzt also ein Inverses in $\mathbb{Z}[X]/I$. Folglich ist $\mathbb{Z}[X]/I$ ein Körper (3.1) und $I = \langle p, X \rangle$ damit ein maximales Ideal in $\mathbb{Z}[X]$ (2.29).

H09-II-2

Aufgabe

Eine echte Untergruppe U einer Gruppe G heißt maximal, wenn für jede Untergruppe V von G mit $U \subset V \subset G$ gilt $V = U$ oder $V = G$. Sei G eine endliche abelsche Gruppe. Zeigen Sie: G enthält dann und nur dann genau zwei (verschiedene) maximale Untergruppen, wenn G zu $\mathbb{Z}/p^a\mathbb{Z} \times \mathbb{Z}/q^b\mathbb{Z}$ isomorph ist mit verschiedenen Primzahlen p, q und $1 \leq a, b \in \mathbb{N}$.

Lösung

Lemma 1: Sei G eine abelsche Gruppe der Ordnung $|G| = p_1^{k_1} \cdots p_n^{k_n}$ mit paarweise verschiedenen Primzahlen $p_1, \ldots, p_n$ und $1 \leq k_1, \ldots, k_n \in \mathbb{N}$. Dann gibt es für jedes $j \in \{1, \ldots, n\}$ eine Untergruppe M_j der Ordnung

$$|M_j| = \frac{p_1^{k_1} \cdots p_n^{k_n}}{p_j}$$

von G und diese Untergruppen M_j sind maximale Untergruppe von G.

Beweis: Die abelsche Gruppe G hat bekanntlich zu jedem Teiler der Gruppenordnung eine Untergruppe dieser Ordnung (1.26). Sie also M_j eine Untergruppe der Ordnung $|M_j| = \frac{p_1^{k_1} \cdots p_n^{k_n}}{p_j}$. Sei V eine Untergruppe von G mit $M_j \subset V \subset G$ und $V \neq M_j$. Nach Lagrange ist die Ordnung von V ein Teiler von $p_1^{k_1} \cdots p_n^{k_n}$. Da $M_j \subset V$ und $V \neq M_j$ gilt, ist die Ordnung von V echt größer als $|M_j| = \frac{p_1^{k_1} \cdots p_n^{k_n}}{p_j}$. Es folgt

$$|G| = p_1^{k_1} \cdots p_n^{k_n} \geq |V| > \frac{p_1^{k_1} \cdots p_n^{k_n}}{p_j} = |M_j|$$
$$\Rightarrow |V| = |G|$$
$$\Rightarrow V = G$$

und damit ist M_j eine maximale Untergruppe von G.

$\square$

Lemma 2: Sei G eine zyklische Gruppe der Ordnung $|G| = p_1^{k_1} \cdots p_n^{k_n}$ mit paarweise verschiedenen Primzahlen $p_1, \ldots, p_n$ und $1 \leq k_1, \ldots, k_n \in \mathbb{N}$. Dann gibt es für jedes $j \in \{1, \ldots, n\}$ genau eine Untergruppe M_j der Ordnung $|M_j| = \frac{p_1^{k_1} \cdots p_n^{k_n}}{p_j}$ von G und diese Untergruppen M_j sind genau die maximalen Untergruppe von G.

Beweis: Die zyklische Gruppe G hat bekanntlich zu jedem Teiler der Gruppenordnung genau eine Untergruppe dieser Ordnung (1.26). Also gibt es für jedes $j \in \{1, \ldots, n\}$ genau eine Untergruppe M_j der Ordnung $|M_j| = \frac{p_1^{k_1} \cdots p_n^{k_n}}{p_j}$ von G. Nach Lemma 1 sind diese Untergruppen maximale Untergruppen von G.

Bleibt zu zeigen, dass es keine weiteren maximalen Untergruppen von G gibt. Angenommen, es gibt eine weitere maximale Untergruppe M von G. Nach Lagrange teilt $|M|$ die Gruppenordnung. Da für jeden Teiler der Gruppenordnung genau eine Untergruppe dieser Ordnung existiert (1.26), ist $|M|$ ein echter Teiler von $\frac{p_1^{k_1} \cdots p_n^{k_n}}{p_j}$ für ein $j \in \{1, \ldots, n\}$. Da auch M_j zyklisch ist (1.20) und $|M|$ ein Teiler von $|M_j|$ ist, hat M_j ebenfalls genau eine Untergruppe U

der Ordnung $|M|$. Da M_j Untergruppe von G ist, ist U auch eine Untergruppe von G der Ordnung $|M|$. Da es genau eine Untergruppe der Ordnung $|M|$ in G gibt, folgt $U = M$ und es gilt $M \subsetneq M_j \subsetneq G$ im Widerspruch zur Maximalität von M.

$\square$

„$\Leftarrow$"

Sei G eine endliche abelsche Gruppe mit $G \cong \mathbb{Z}/p^a\mathbb{Z} \times \mathbb{Z}/q^b\mathbb{Z}$ und verschiedenen Primzahlen $p, q \in \mathbb{N}$ und $1 \leq a, b \in \mathbb{N}$.

Wegen $\mathrm{ggT}(p, q) = 1$ gilt $G \cong \mathbb{Z}/p^a q^b \mathbb{Z}$ (1.29). Die Gruppe G ist also zyklisch und hat nach Lemma 2 genau zwei verschiedene maximale Untergruppen.

„$\Rightarrow$"

Sei G eine endliche abelsche Gruppe mit genau zwei verschiedenen maximalen Untergruppen. Nach dem Hauptsatz über endliche abelsche Gruppen (1.30) ist G ein direktes Produkt zyklischer Gruppen.

1. Fall: $|G|$ hat mehr als zwei verschiedene Primteiler. Nach Lemma 1 gibt es mehr als zwei maximale Untergruppen von G. Widerspruch.

2. Fall: $|G|$ hat nur einen Primteiler und ist zyklisch. Nach Lemma 2 gibt es genau eine maximale Untergruppe von G. Widerspruch.

3. Fall: $|G|$ hat nur einen Primteiler und ist nicht zyklisch. Nach dem Hauptsatz über endliche abelsche Gruppen ist $G \cong \mathbb{Z}/p^{a_1}\mathbb{Z} \times \mathbb{Z}/p^{a_2}\mathbb{Z} \times \ldots \times \mathbb{Z}/p^{a_l}\mathbb{Z}$ mit $a_1, \ldots, a_l \geq 1$ und $l \geq 2$. Wenn wir für $l = 2$ beweisen können, dass G mehr als zwei maximale Untergruppen besitzt, so gilt dies offenbar auch für $l > 2$. Sei also $G \cong \mathbb{Z}/p^a\mathbb{Z} \times \mathbb{Z}/p^b\mathbb{Z}$ mit $a, b \geq 1$.

Wir betrachten die Untergruppen $M_1 = \langle (\overline{1}, \overline{0}), (\overline{0}, \overline{p}) \rangle$, $M_2 = \langle (\overline{0}, \overline{1}), (\overline{p}, \overline{0}) \rangle$ und $M_3 = \langle (\overline{1}, \overline{1}), (\overline{0}, \overline{p}), (\overline{p}, \overline{0}) \rangle$ von $\mathbb{Z}/p^a\mathbb{Z} \times \mathbb{Z}/p^b\mathbb{Z}$ und zeigen, dass diese maximale Untergruppen sind:

Genau dann gilt $(\overline{i}, \overline{j}) \in M_1$, wenn $\overline{j}$ die Restklasse einer ganzen Zahl j ist, die von p geteilt wird. Also ist $(\overline{1}, \overline{1}) \notin M_1$ und M_1 eine echte Untergruppe von $\mathbb{Z}/p^a\mathbb{Z} \times \mathbb{Z}/p^b\mathbb{Z}$. Angenommen, M_1 ist keine maximale Untergruppe von $\mathbb{Z}/p^a\mathbb{Z} \times \mathbb{Z}/p^b\mathbb{Z}$. Dann existieren $i, j \in \mathbb{Z}$ mit $(\overline{i}, \overline{j}) \in (\mathbb{Z}/p^a\mathbb{Z} \times \mathbb{Z}/p^b\mathbb{Z}) \setminus M_1$, $p \nmid j$ und

$$M_1 \subsetneq \langle M_1 \cup \{(\overline{i}, \overline{j})\} \rangle \subsetneq \mathbb{Z}/p^a\mathbb{Z} \times \mathbb{Z}/p^b\mathbb{Z}. \qquad (*)$$

Es gilt dann $\mathrm{ggT}(j, p) = 1 = \mathrm{ggT}(j, p^b)$ und es existiert ein $k \in \mathbb{Z}$ mit $\overline{kj} = \overline{1}$ (2.11). Folglich gilt

$$k \cdot (\overline{i}, \overline{j}) = (\overline{ki}, \overline{1}) \in \langle M_1 \cup \{(\overline{i}, \overline{j})\} \rangle$$

und deshalb

$$\langle M_1 \cup \{(\overline{i}, \overline{j})\} \rangle \supseteq \langle (\overline{1}, \overline{0}), (\overline{ki}, \overline{1}) \rangle = \mathbb{Z}/p^a\mathbb{Z} \times \mathbb{Z}/p^b\mathbb{Z}$$

im Widerspruch zu (∗). Die Untergruppe M_1 ist also eine maximale Untergruppe von $\mathbb{Z}/p^a\mathbb{Z} \times \mathbb{Z}/p^b\mathbb{Z}$.

Ganz analog zeigt man, dass M_2 maximale Untergruppe von $\mathbb{Z}/p^a\mathbb{Z} \times \mathbb{Z}/p^b\mathbb{Z}$ ist.

Bleibt noch die Maximalität von $M_3 = \langle (\overline{1},\overline{1}), (\overline{0},\overline{p}), (\overline{p},\overline{0}) \rangle$ zu beweisen. Genau dann gilt $(\overline{i},\overline{j}) \in M_3$, wenn $\overline{i}$ und $\overline{j}$ Restklassen zweier ganzer Zahlen i und j sind, so dass p ein Teiler von $i - j$ ist. Also ist $(\overline{1},\overline{0}) \notin M_3$ und M_3 eine echte Untergruppe von $\mathbb{Z}/p^a\mathbb{Z} \times \mathbb{Z}/p^b\mathbb{Z}$. Angenommen, M_3 ist keine maximale Untergruppe von $\mathbb{Z}/p^a\mathbb{Z} \times \mathbb{Z}/p^b\mathbb{Z}$. Dann existieren $i, j \in \mathbb{Z}$ mit

$$(\overline{i},\overline{j}) \in \mathbb{Z}/p^a\mathbb{Z} \times \mathbb{Z}/p^b\mathbb{Z} \setminus M_3,$$

$p \nmid i - j$ und
$$M_3 \subsetneq \langle M_3 \cup \{(\overline{i},\overline{j})\}\rangle \subsetneq \mathbb{Z}/p^a\mathbb{Z} \times \mathbb{Z}/p^b\mathbb{Z}. \qquad (\dagger)$$

Es gilt dann $\mathrm{ggT}(i-j, p) = 1 = \mathrm{ggT}(i-j, p^b)$ und es existiert ein $k \in \mathbb{Z}$ mit $\overline{k(i-j)} = \overline{1}$ (2.11). Folglich gilt

$$k \cdot (\overline{i},\overline{j}) = (\overline{ki},\overline{kj}) = (\overline{kj},\overline{kj}) + (\overline{ki - kj}, \overline{0}) = kj \cdot (\overline{1},\overline{1}) + (\overline{1},\overline{0}) \in M_3$$

und deshalb $(\overline{1},\overline{0}) \in M_3$. Weiter gilt

$$-k \cdot (\overline{i},\overline{j}) = (\overline{-ki},\overline{-kj}) = (\overline{-ki},\overline{-ki}) + (\overline{0},\overline{ki - kj}) = -ki \cdot (\overline{1},\overline{1}) + (\overline{0},\overline{1}) \in M_3$$

und deshalb $(\overline{0},\overline{1}) \in M_3$. Somit ist

$$\langle M_3 \cup \{(\overline{i},\overline{j})\}\rangle \supseteq \langle (\overline{1},\overline{0}), (\overline{0},\overline{1}) \rangle = \mathbb{Z}/p^a\mathbb{Z} \times \mathbb{Z}/p^b\mathbb{Z}$$

im Widerspruch zu (†). Die Untergruppe M_3 ist also eine maximale Untergruppe von $\mathbb{Z}/p^a\mathbb{Z} \times \mathbb{Z}/p^b\mathbb{Z}$.

Offensichtlich sind M_1, M_2, M_3 paarweise verschieden. Also gibt es mindestens drei verschiedene maximale Untergruppen von $\mathbb{Z}/p^a\mathbb{Z} \times \mathbb{Z}/p^b\mathbb{Z}$.

Insgesamt folgt
$$G \cong \mathbb{Z}/p^a\mathbb{Z} \times \mathbb{Z}/q^b\mathbb{Z}$$

mit verschiedenen Primzahlen p, q und $1 \leq a, b \in \mathbb{N}$.

H09-II-3

Aufgabe

Sei S_n die symmetrische Gruppe der Permutationen $\{1, 2, \ldots, n\}$ und p eine Primzahl mit $p \leq n < p^2$. Zeigen Sie, dass jede p-Sylow-Untergruppe von S_n abelsch ist.

Lösung

Bekanntlich gibt es natürliche Zahlen m, r mit $n = m \cdot p + r$ und $r < p$ (4.2). Da p prim ist, ist p^m ein Teiler von $n!$, jedoch p^{m+1} nicht. Die p-Sylow-Untergruppen von S_n sind also die Untergruppen der Ordnung p^m (1.78).

Da $m \cdot p \leq n$ ist, existieren paarweise disjunkte p-Zyklen $\sigma_1, \ldots, \sigma_m \in S_n$. Betrachte $S = \langle \sigma_1, \ldots, \sigma_m \rangle$. Diese disjunkten Zyklen kommutieren und für $i = 1, \ldots, m$ ist die Ordnung von σ_i als p-Zyklus p (1.82). Folglich ist jedes Element in S von der Form $\sigma_1^{i_1} \cdots \sigma_m^{i_m}$ mit $i_1, \ldots, i_m \in \{0, \ldots, p-1\}$ und S ist abelsch. Insbesondere gibt es genau p^m verschiedene Elemente in S und S ist eine p-Sylow-Untergruppe von S_n.

Sei S' eine weitere p-Sylow-Untergruppe von S_n. Nach den Sylow-Sätzen ist S' konjugiert zu S (1.79), d.h. es existiert ein $\pi \in S_n$ mit $S' = \pi S \pi^{-1}$. Seien $\alpha = \pi \tilde{\alpha} \pi^{-1} \in S'$ und $\beta = \pi \tilde{\beta} \pi^{-1} \in S'$ mit $\tilde{\alpha}, \tilde{\beta} \in S$. Da S abelsch ist, gilt dann

$$\alpha \beta = (\pi \tilde{\alpha} \pi^{-1})(\pi \tilde{\beta} \pi^{-1}) = \pi(\tilde{\alpha}\tilde{\beta})\pi^{-1} = \pi(\tilde{\beta}\tilde{\alpha})\pi^{-1} = (\pi \tilde{\beta} \pi^{-1})(\pi \tilde{\alpha} \pi^{-1}) = \beta \alpha$$

und somit ist auch S' abelsch.

H09-II-4

Aufgabe

Im Polynomring $\mathbb{Q}[X, Y]$ in den Variablen X, Y über $\mathbb{Q}$ sei I das von $X^3 - 7$ und $(X + Y)^2 + (X + Y) + 1$ erzeugte Ideal. Zeigen Sie:

a) $\mathbb{Q}[X, Y]/I =: K$ ist ein Körper.

b) K enthält genau eine quadratische Erweiterung L von $\mathbb{Q}$.

(Hinweis: $K \cong \mathbb{Q}(\sqrt[3]{7}, \zeta_3)$, ζ_3 ist 3-te Einheitswurzel).

Lösung

a) Das Polynom $X^3 - 7$ ist nach Eisenstein irreduzibel über $\mathbb{Z}$ (2.57) und nach Gauß irreduzibel über $\mathbb{Q}$ (2.60). Weiter ist $\sqrt[3]{7}$ Nullstelle von $X^3 - 7$. Somit ist $m_{\sqrt[3]{7}, \mathbb{Q}} = X^3 - 7$ das Minimalpolynom von $\sqrt[3]{7}$ über $\mathbb{Q}$ (3.16, 3.18) und es gilt

$$\mathbb{Q}[X]/\langle X^3 - 7 \rangle \stackrel{3.19}{\cong} \mathbb{Q}(\sqrt[3]{7}).$$

Sei $\zeta_3 = e^{\frac{2\pi i}{3}}$ eine dritte Einheitswurzel (3.51). Das dritte Kreisteilungpolynom ist $\Phi_3 = Y^2 + Y + 1$ (3.56, 3.58). Also ist ζ_3 eine Nullstelle von Φ_3 und Φ_3 ist irreduzibel über $\mathbb{Q}$ (3.62). Somit ist Φ_3 das Minimalpolynom von ζ_3 über $\mathbb{Q}$ (3.16, 3.18) und es gilt

$$\mathbb{Q}[Y]/\langle Y^2 + Y + 1\rangle \stackrel{3.19}{\cong} \mathbb{Q}(\zeta_3).$$

Zusammen ergibt sich

$$\begin{aligned}
\mathbb{Q}(\sqrt[3]{7}, \zeta_3) &= \mathbb{Q}(\zeta_3)(\sqrt[3]{7}) \\
&\cong (\mathbb{Q}[Y]/\langle Y^2 + Y + 1\rangle)(\sqrt[3]{7}) \\
&= \mathbb{Q}(\sqrt[3]{7})[Y]/\langle Y^2 + Y + 1\rangle \\
&\cong (\mathbb{Q}[X]/\langle X^3 - 7\rangle)[Y]/\langle Y^2 + Y + 1\rangle \\
&= \mathbb{Q}[X,Y]/(\langle X^3 - 7\rangle + \langle Y^2 + Y + 1\rangle) \\
&\stackrel{2.17}{=} \mathbb{Q}[X,Y]/\langle X^3 - 7, Y^2 + Y + 1\rangle,
\end{aligned}$$

Also ist $\mathbb{Q}[X,Y]/\langle X^3 - 7, Y^2 + Y + 1\rangle$ ein Körper.

Nun sei $I' = \langle X^3 - 7, Y^2 + Y + 1\rangle$. Es seien $\varepsilon_{I'}$ der kanonische Epimorphismus von $\mathbb{Q}[X,Y]$ auf $\mathbb{Q}[X,Y]/I'$ und $\varphi_{(X, Y-X)}$ der zu $(X, Y-X)$ gehörige Einsetzhomomorphismus (2.23). Dann ist

$$\varepsilon_{I'} \circ \varphi_{(X,Y-X)} =: \phi : \mathbb{Q}[X,Y] \to \mathbb{Q}[X,Y]/I'$$
$$f \mapsto f(X, Y-X) + I'$$

ein Homomorphismus.

Für $g + I' \in \mathbb{Q}[X,Y]/I'$ gilt

$$\phi(g(X, Y+X)) = g(X, (Y-X)+X) + I' = g(X,Y) + I',$$

also ist ϕ surjektiv. Weiter gilt:

$\quad f \in \ker(\phi)$
$\Leftrightarrow f(X, Y-X) \in I'$
$\Leftrightarrow \exists\, g_1(X,Y), g_2(X,Y) \in \mathbb{Q}[X,Y]:$
$\quad f(X, Y-X) = g_1(X,Y) \cdot (X^3 - 7) + g_2(X,Y) \cdot (Y^2 + Y + 1)$
$\Leftrightarrow \exists\, g_1(X,Y), g_2(X,Y) \in \mathbb{Q}[X,Y]:$
$\quad f(X,Y) = g_1(X, Y+X) \cdot (X^3 - 7)$
$\quad\quad + g_2(X, Y+X) \cdot ((Y+X)^2 + (Y+X) + 1)$
$\Leftrightarrow f(X,Y) \in \langle X^3 - 7, (X+Y)^2 + (X+Y) + 1\rangle$

Der Kern von ϕ ist also $I := \langle X^3 - 7, (X+Y)^2 + (X+Y) + 1\rangle$ und mit dem Homomorphiesatz (2.25) gilt

$$\mathbb{Q}[X,Y]/I = \mathbb{Q}[X,Y]/\ker(\phi) \cong \mathbb{Q}[X,Y]/I' \cong \mathbb{Q}(\sqrt[3]{7}, \zeta_3).$$

Folglich ist $\mathbb{Q}[X,Y]/I$ ein Körper.

b) Sei $K' = \mathbb{Q}(\sqrt[3]{7}, \zeta_3)$. Nach Teilaufgabe a) gilt $K \cong K'$. Der Körper K enthält also genau dann eine quadratische Erweiterung L von $\mathbb{Q}$, wenn K' eine solche enthält.

Sei $f = (X^3-7)(X^2+X+1)$. Die Nullstellen von f sind $\sqrt[3]{7}, \sqrt[3]{7}\zeta_3, \sqrt[3]{7}\zeta_3^2$, ζ_3 und ζ_3^2, also ist f separabel (3.27). Weiter ist der Zerfällungskörper (3.35) von f über $\mathbb{Q}$

$$Z_f = \mathbb{Q}(\sqrt[3]{7}, \sqrt[3]{7}\zeta_3, \sqrt[3]{7}\zeta_3^2, \zeta_3, \zeta_3^2) = \mathbb{Q}(\sqrt[3]{7}, \zeta_3) = K',$$

also ist $K'/\mathbb{Q}$ normal (3.38) und somit galoissch (3.37).

Nach Teilaufgabe a) ist $X^2 + X + 1$ das Minimalpolynom von ζ_3 und $X^3 - 7$ das Minimalpolynom von $\sqrt[3]{7}$ über $\mathbb{Q}$. Somit ist $[\mathbb{Q}(\sqrt[3]{7}) : \mathbb{Q}] = 3$ und $[\mathbb{Q}(\zeta_3) : \mathbb{Q}] = 2$ (3.19) und damit $[\mathbb{Q}(\sqrt[3]{7}, \zeta_3) : \mathbb{Q}] = 6$ (3.21). Also ist $|\operatorname{Gal}(K'|\mathbb{Q})| = 6$ (3.43) und die sechs Elemente von $\operatorname{Gal}(K'|\mathbb{Q})$ sind durch die Permutationen der Nullstellen der irreduziblen Teiler von f gegeben (3.24):

φ_j	φ_1	φ_2	φ_3	φ_4	φ_5	φ_6
$\varphi_j(\sqrt[3]{7})$	$\sqrt[3]{7}$	$\sqrt[3]{7}\zeta_3$	$\sqrt[3]{7}\zeta_3^2$	$\sqrt[3]{7}$	$\sqrt[3]{7}\zeta_3$	$\sqrt[3]{7}\zeta_3^2$
$\varphi_j(\zeta_3)$	ζ_3	ζ_3	ζ_3	ζ_3^2	ζ_3^2	ζ_3^2
$\operatorname{ord}(\varphi_j)$	1	3	3	2	6	6

Sei $U = \langle \varphi_2 \rangle$. Dann gilt $|U| = \operatorname{ord}(\varphi_2) = 3$. Außerdem ist $\varphi_2^2 = \varphi_3$, denn $\varphi_2^2(\sqrt[3]{7}) = \sqrt[3]{7}\zeta_3^2$ und $\varphi_2^2(\zeta_3) = \zeta_3$. Somit ist

$$U = \langle \varphi_2 \rangle = \langle \varphi_3 \rangle$$

ist die einzige Untergruppe der Ordnung 3 von $\operatorname{Gal}(K'|\mathbb{Q})$.

Nach dem Hauptsatz der Galoistheorie (3.44) kann man die Untergruppen $\operatorname{Gal}(K'|\mathbb{Q})$ bijektiv den Zwischenkörpern von $K'/\mathbb{Q}$ zuordnen. Desweiteren ist $U = \operatorname{Gal}(K'|L_U)$, K'/L_U galoissch (3.39) und es gilt

$$[L_U : \mathbb{Q}] \stackrel{3.14}{=} \frac{[K' : \mathbb{Q}]}{[K' : L_U]} \stackrel{3.43}{=} \frac{|\operatorname{Gal}(K'|\mathbb{Q})|}{|\operatorname{Gal}(K'|L_U)|} = \frac{6}{3} = 2.$$

Da U die einzige Untergruppe der Ordnung 3 ist, ist L_U die einzige quadratische Erweiterung von $\mathbb{Q}$, die in K' enthalten ist. Wegen $K \cong K'$ enthält auch K genau eine quadratische Erweiterung von $\mathbb{Q}$.

H09-III-1

Aufgabe

a) Geben Sie bis aus Isomorphie alle abelschen Gruppen der Ordnung 24 an.

b) Zeigen Sie, dass es bis auf Isomorphie genau eine nichtabelsche Gruppe der Ordnung 155 gibt.

Lösung

a) Nach dem Hauptsatz über endliche abelsche Gruppen (1.30) und Satz 1.29 gibt bis auf Isomorphie genau drei abelsche Gruppen der Ordnung $24 = 2^3 \cdot 3$. Diese sind

$$\mathbb{Z}/2\mathbb{Z} \times \mathbb{Z}/2\mathbb{Z} \times \mathbb{Z}/2\mathbb{Z} \times \mathbb{Z}/3\mathbb{Z}$$
$$\mathbb{Z}/2\mathbb{Z} \times \mathbb{Z}/4\mathbb{Z} \times \mathbb{Z}/3\mathbb{Z}$$
$$\mathbb{Z}/8\mathbb{Z} \times \mathbb{Z}/3\mathbb{Z}$$

b) Sei G eine nichtabelsche Gruppe der Ordnung $155 = 5 \cdot 31$. Nach den Sylow-Sätzen (1.79) gilt für die Anzahl s_5 der 5-Sylow-Untergruppen und für die Anzahl s_{31} der 31-Sylow-Untergruppen:

$$s_5 \equiv 1 \mod 5 \quad \wedge \quad s_5 \mid 31 \quad \Rightarrow \quad s_5 \in \{1, 31\}$$
$$s_{31} \equiv 1 \mod 31 \quad \wedge \quad s_{31} \mid 5 \quad \Rightarrow \quad s_{31} = 1$$

Da es genau eine 31-Sylow-Untergruppe H_{31} gibt, ist diese Normalteiler von G (1.43). Sei H_5 eine 5-Sylow-Untergruppe von G. Die Gruppen H_5 und H_{31} haben Primzahlordnung (1.78), sind also zyklisch (1.19), d.h. $H_5 \cong \mathbb{Z}/5\mathbb{Z}$ und $H_{31} \cong \mathbb{Z}/31\mathbb{Z}$. Außerdem gilt aus Ordnungsgründen $H_5 \cap H_{31} = \{e\}$ und somit $H_{31} H_5 = G$, also $\langle H_5 \cup H_{31} \rangle = G$ (1.69). Die Gruppe G ist also semidirektes Produkt von H_{31} und H_5 (1.71, 1.73).

Wir zeigen nun, dass dieses semidirekte Produkt bis auf Isomorphie eindeutig ist, da G als nichtabelsch vorausgesetzt ist. Da die Gruppe als semidirektes Produkt darstellbar ist, gibt es in diesem Fall genau eine nichtabelsche Gruppe der Ordnung 155.

Sei $G = H_{31} \rtimes_\varphi H_5$ mit

$$\varphi : H_5 \to \operatorname{Aut}(H_{31}) \overset{1.28}{\cong} \mathbb{Z}/30\mathbb{Z}$$

Da G nicht abelsch ist, ist φ ein nichtkonstanter Homomorphismus (1.74) und da $\mathrm{Aut}(H_{31})$ zyklisch ist, existiert genau eine zyklische Untergruppe U_5 der Ordnung 5 in $\mathrm{Aut}(H_{31})$ (1.26, 1.20).

Seien $H_{31} = \langle g \rangle$, $H_5 = \langle h \rangle$ und $U_5 = \langle \alpha \rangle$. Die Untergruppe U_5 hat vier erzeugende Elemente (1.25), nämlich $\alpha, \alpha^2, \alpha^3$ und α^4. Damit gilt $\varphi = \phi_i$ für ein $i \in \{1, \ldots, 4\}$, wobei $\phi_i : H_5 \to \mathrm{Aut}(H_{31})$ durch lineare Fortsetzung von $h \mapsto \alpha^i$ definiert ist.

Sei $G_i = H_{31} \rtimes_{\phi_i} H_5$ für $i = 1, \ldots, 4$. Dann sind $G_1, \ldots, G_4$ per Konstruktion nichtabelsche Untergruppen der Ordnung 155. Für $i \in \{1, \ldots, 4\}$ existiert wegen $\mathrm{ggT}(i, 5) = 1$ ein $j \in \mathbb{Z} \setminus \{0\}$ mit $i \cdot j \equiv 1 \bmod 5$ (2.11).

Betrachte nun die Abbildung

$$\begin{aligned} \Psi_i : G_1 &\to G_i \\ (g^k, h^l) &\mapsto (g^k, h^{jl}). \end{aligned}$$

Dies ist ein Homomorphismus, denn für $(g^k, h^l), (g^r, h^s) \in G_1$ gilt

$$\begin{aligned} \Psi_i((g^k, h^l) \circ (g^r, h^s)) &= \Psi_i(g^k \phi_1(h^l)(g^r), h^l h^s) \\ &= \Psi_i(g^k \alpha^l(g^r), h^{l+s}) \\ &= (g^k \alpha^l(g^r), h^{j(l+s)}) \\ &= (g^k \alpha^l(g^r), h^{jl} h^{js}) \end{aligned}$$

und

$$\begin{aligned} \Psi_i(g^k, h^l) \circ \Psi_i(g^r, h^s) &= (g^k, h^{jl}) \circ (g^r, h^{js}) \\ &= (g^k \phi_i(h^{jl})(g^r), h^{jl} h^{js}) \\ &= (g^k \alpha^{i \cdot j \cdot l}(g^r), h^{jl} h^{js}) \\ &= (g^k \alpha^l(g^r), h^{jl} h^{js}) \end{aligned}$$

Für $(g^k, h^l) \in G_i$ gilt $\Psi_i(g^k, h^{il}) = (g^k, h^{ijl}) = (g^k, h^l)$, also ist Ψ_i surjektiv. Sei $(g^k, h^l) \in \ker(\Psi_i)$. Dann gilt

$$\Psi_i(g^k, h^l) = (g^k, h^{jl}) = (e, e) = (g^0, h^0).$$

Wegen $j \neq 0$ ist $k = l = 0$ und damit $(g^k, h^l) = (e, e)$. Also ist der Kern von Ψ_i trivial, Ψ_i damit injektiv (1.11) und insgesamt bijektiv.

Somit gilt $G \cong G_1 \cong G_2 \cong G_3 \cong G_4$ und es existiert bis auf Isomorphie genau eine nicht abelsche Gruppe der Ordnung 155.

H09-III-2

Aufgabe

a) Zeigen Sie, dass $\mathbb{Z} + \mathbb{Z}\sqrt{-2}$ bezüglich der komplexen Norm
$$\varphi(x + y\sqrt{-2}) = x^2 + 2y^2$$
ein euklidischer Ring ist.

b) Geben Sie eine Produktzerlegung von $1 + 4\sqrt{-2}$ in irreduzible Elemente aus $\mathbb{Z} + \mathbb{Z}\sqrt{-2}$ an und begründen Sie das Ergebnis.

Lösung

a) Als Unterring von $\mathbb{C}$ ist der Ring $\mathbb{Z} + \mathbb{Z}\sqrt{-2}$ ein Integritätsring (2.9). Seien $r, r' \in \mathbb{Z} + \mathbb{Z}\sqrt{-2}$ mit $r' \neq 0$. Dann ist $\frac{r}{r'}$ von der Form
$$\frac{r}{r'} = a + b\sqrt{-2}$$
mit $a, b \in \mathbb{Q}$. Wähle $x, y \in \mathbb{Z}$ so, dass $|a - x| \leq \frac{1}{2}$ und $|b - y| \leq \frac{1}{2}$ gilt, setze $s = x + y\sqrt{-2}$ und $t = r - sr'$. Dann sind $s, t \in \mathbb{Z} + \mathbb{Z}\sqrt{-2}$ und es gilt $r = sr' + t$. Weiter gilt

$$\begin{aligned}
\frac{\varphi(t)}{\varphi(r')} &= \varphi\left(\frac{t}{r'}\right) \\
&= \varphi\left(\frac{r}{r'} - s\right) \\
&= \varphi\left(a + b\sqrt{-2} - x - y\sqrt{-2}\right) \\
&= \varphi\left((a - x) + (b - y)\sqrt{-2}\right) \\
&= |a - x|^2 + 2|b - y|^2 \\
&\leq \frac{1}{4} + \frac{2}{4} = \frac{3}{4} < 1
\end{aligned}$$

und damit $\varphi(t) < \varphi(r')$.

Also ist $\mathbb{Z} + \mathbb{Z}\sqrt{-2}$ ein euklidischer Ring mit Normfunktion φ (2.36).

b) Die Zahlen 1 und -1 sind Einheiten in $\mathbb{Z} + \mathbb{Z}\sqrt{-2}$ (2.5), denn
$$1 \cdot 1 = (-1) \cdot (-1) = 1.$$

Ist x eine Einheit in $\mathbb{Z}+\mathbb{Z}\sqrt{-2}$, so gibt es ein $y \in \mathbb{Z}+\mathbb{Z}\sqrt{-2}$ mit $xy = 1$. Wegen $\varphi(r) \in \mathbb{N}$ für alle $r \in \mathbb{Z}+\mathbb{Z}\sqrt{-2}$ gilt dann

$$\varphi(xy) = \varphi(1) \Rightarrow \varphi(x)\varphi(y) = 1 \Rightarrow \varphi(x) = 1 \Rightarrow x = \pm 1.$$

Damit sind ± 1 die einzigen Einheiten in $\mathbb{Z}+\mathbb{Z}\sqrt{-2}$.

Es gilt $1 + 4\sqrt{-2} = (1+\sqrt{-2})(3+\sqrt{-2})$. Angenommen, $1+\sqrt{-2}$ ist reduzibel (2.7). Dann existieren Nichteinheiten $a, b \in \mathbb{Z}+\mathbb{Z}\sqrt{-2}$ mit $ab = 1 + \sqrt{-2}$. Weiter gilt

$$\varphi(a)\varphi(b) = \varphi(ab) = \varphi(1+\sqrt{-2}) = 3$$

und somit $\varphi(a) = 1$ oder $\varphi(b) = 1$, da 3 eine Primzahl ist. Also ist a oder b eine Einheit im Widerspruch zu obiger Annahme. Folglich ist $1+\sqrt{-2}$ irreduzibel in $\mathbb{Z}+\mathbb{Z}\sqrt{-2}$. Da $\varphi(3+\sqrt{-2}) = 11$ ebenfalls eine Primzahl ist, ist analog auch $3+\sqrt{-2}$ irreduzibel über $\mathbb{Z}+\mathbb{Z}\sqrt{-2}$. Somit ist

$$1 + 4\sqrt{-2} = (1+\sqrt{-2})(3+\sqrt{-2})$$

eine Produktzerlegung in irreduzible Elemente aus $\mathbb{Z}+\mathbb{Z}\sqrt{-2}$.

H09-III-3

Aufgabe

Bestimmen Sie die Struktur der Galoisgruppe der normalen Hülle N von $\mathbb{Q}\left(\sqrt{8+3\sqrt{7}}\right)/\mathbb{Q}$ und alle Zwischenkörper von $N/\mathbb{Q}$.

Lösung

Seien $\alpha = \sqrt{8+3\sqrt{7}}$ und $\beta = \sqrt{8-3\sqrt{7}}$. Dann ist $\alpha \cdot \beta = \sqrt{64 - 9 \cdot 7} = 1$, d.h. $\beta = \alpha^{-1}$ und damit $\beta \in \mathbb{Q}(\alpha)$.

Sei $f = (X+\alpha)(X-\alpha)(X+\beta)(X-\beta) = X^4 - 16X^2 + 1 \in \mathbb{Q}[X]$. Als Nullstellen von f über $\mathbb{Z}$ kommen nur 1 und -1 in Frage (2.51). Es ist aber $f(1) = -14 \neq 0$ und $f(-1) = 18 \neq 0$ und f hat somit keine Nullstelle in $\mathbb{Z}$. Angenommen, f ist reduzibel über $\mathbb{Z}$. Dann existieren irreduzible quadratische Polynome $X^2 + aX + b, X^2 + cX + d \in \mathbb{Z}[X]$ mit $a, b, c, d \in \mathbb{Z}$, so dass

$$f = X^4 + (a+c)X^3 + (ac+b+d)X^2 + (ad+bc)X + bd.$$

Koeffizientenvergleich liefert folgende Gleichungen:

$$\begin{aligned} a+c &= 0 & &\Rightarrow\ a=-c \\ ac+b+d &= 0 \\ ad+bc &= -16 \\ bd &= 1 & &\Rightarrow\ b=d=1 \vee b=d=-1 \end{aligned}$$

Somit gilt für die dritte Gleichung

$$-16 = ad+bc = ab+b(-a) = 0,$$

Widerspruch. Also ist f irreduzibel über $\mathbb{Z}$ und nach dem Satz von Gauß auch irreduzibel über $\mathbb{Q}$ (2.60).

Da f normiert und irreduzibel über $\mathbb{Q}$ ist und α als Nullstelle hat, ist f das Minimalpolynom von α über $\mathbb{Q}$ (3.18). Damit gilt $[\mathbb{Q}(\alpha):\mathbb{Q}] = \deg(f) = 4$ (3.19). Wegen $\beta \in \mathbb{Q}(\alpha)$ ist $\mathbb{Q}(\alpha)$ der Zerfällungskörper von f über $\mathbb{Q}$ (3.35). Damit ist $\mathbb{Q}(\alpha)/\mathbb{Q}$ normal (3.38) und insbesondere ist $N = \mathbb{Q}(\alpha)$ eine normale Hülle von $\mathbb{Q}$ (3.40).

Da f keine mehrfachen Nullstellen besitzt, ist f separabel (3.27) und $N/\mathbb{Q}$ folglich galoissch. Damit hat $\mathrm{Gal}(N|\mathbb{Q})$ die Ordnung

$$|\,\mathrm{Gal}(N|\mathbb{Q})| = [N:\mathbb{Q}] = 4$$

(3.43) und die Elemente der Galoisgruppe sind durch folgende Elemente gegeben (3.24):

φ_j	φ_1	φ_2	φ_3	φ_4
$\varphi_j(\alpha)$	α	$-\alpha$	β	$-\beta$
$\mathrm{ord}(\varphi_j)$	1	2	2	2

Da $|\,\mathrm{Gal}(N|\mathbb{Q})| = 4$ ist, ist $\mathrm{Gal}(N|\mathbb{Q})$ abelsch (1.77). Da $\mathrm{Gal}(N|\mathbb{Q})$ kein Element der Ordnung 4 enthält, ist nach dem Hauptsatz über endliche abelsche Gruppen $\mathrm{Gal}(N|\mathbb{Q}) \cong \mathbb{Z}/2\mathbb{Z} \times \mathbb{Z}/2\mathbb{Z}$ (1.30).

Die Galoisgruppe hat folglich genau drei Untergruppen der Ordnung 2, nämlich

$$U_2 = \{\mathrm{id}, \varphi_2\}, \qquad U_3 = \{\mathrm{id}, \varphi_3\} \quad \text{und} \quad U_4 = \{\mathrm{id}, \varphi_4\}.$$

Nach dem Hauptsatz der Galoistheorie (3.44) entsprechen die Untergruppen von $\mathrm{Gal}(N|\mathbb{Q})$ bijektiv den Zwischenkörpern von $N/\mathbb{Q}$. Ist U eine Untergruppe von $\mathrm{Gal}(N|\mathbb{Q})$, so ist $N|L_U$ ist galoissch (3.39) und für den Grad des zu U gehörenden Fixkörpers über $\mathbb{Q}$ gilt

$$[L_U:\mathbb{Q}] \stackrel{3.14}{=} \frac{[N:\mathbb{Q}]}{[N:L_U]} \stackrel{3.43}{=} \frac{4}{|U|}.$$

Die Menge $\{1, \alpha, \alpha^2, \alpha^3\}$ ist eine $\mathbb{Q}$-Basis von N und mit Satz 3.45 gilt

$$\begin{aligned} \text{Sp}_{U_2}(\alpha^2) &= \text{id}(\alpha^2) + \varphi_2(\alpha^2) = \alpha^2 + (-\alpha)^2 = 2\alpha^2 \in L_{U_2} \\ \text{Sp}_{U_3}(\alpha) &= \text{id}(\alpha) + \varphi_3(\alpha) = \alpha + \beta \in L_{U_3} \\ \text{Sp}_{U_4}(\alpha) &= \text{id}(\alpha) + \varphi_4(\alpha) = \alpha - \beta \in L_{U_4} \end{aligned}$$

Es gilt $2\alpha^2 = 16 + 6\sqrt{7}$, also ist $\sqrt{7} \in L_{U_2}$. Das Polynom $g_2 = X^2 - 7 \in \mathbb{Q}[X]$ hat $\sqrt{7}$ als Nullstelle, also ist $[\mathbb{Q}(\sqrt{7}) : \mathbb{Q}] \leq 2$ (3.16, 3.19). Wegen $\sqrt{7} \notin \mathbb{Q}$ ist somit $[\mathbb{Q}(\sqrt{7}) : \mathbb{Q}] = 2$, also $\mathbb{Q}(\sqrt{7}) = L_{U_2}$ (6.4).

Es gilt $\alpha + \beta \notin \mathbb{Q}$, also $[\mathbb{Q}(\alpha + \beta) : \mathbb{Q}] \geq 2$. Weiter ist $\alpha + \beta$ Nullstelle des Polynoms $X^2 - 18$, also ist $[\mathbb{Q}(\alpha + \beta) : \mathbb{Q}] = 2$ (3.16, 3.19) und somit $\mathbb{Q}(\alpha + \beta) = L_{U_3}$ (6.4).

Analog gilt $\alpha - \beta \notin \mathbb{Q}$, also $[\mathbb{Q}(\alpha - \beta) : \mathbb{Q}] \geq 2$. Weiter ist $\alpha - \beta$ Nullstelle des Polynoms $X^2 - 14$, also ist $[\mathbb{Q}(\alpha + \beta) : \mathbb{Q}] = 2$ (3.16, 3.19) und somit $\mathbb{Q}(\alpha - \beta) = L_{U_4}$ (6.4).

Nach obigen Überlegungen zum Grad der Zwischenkörper ist $L_{\{\text{id}\}} = N$ und $L_{\text{Gal}(N|\mathbb{Q})} = \mathbb{Q}$.

Somit hat $N/\mathbb{Q}$ folgende Zwischenkörper:

$$\mathbb{Q}, \ \mathbb{Q}(\sqrt{7}), \ \mathbb{Q}(\alpha + \alpha^{-1}), \ \mathbb{Q}(\alpha - \alpha^{-1}), \ N$$

H09-III-4

Aufgabe

Zeigen Sie, dass die Galoisgruppe von $X^5 - 777X + 7$ über $\mathbb{Q}$ zur symmetrischen Gruppe S_5 isomorph ist.

Lösung

Sei $f = X^5 - 777X + 7 \in \mathbb{Q}[X]$. Dann ist f nach Eisenstein mit $p = 7$ irreduzibel über $\mathbb{Z}$ (2.57) und somit nach Gauß auch über $\mathbb{Q}$ (2.60). Da $\mathbb{Q}$ vollkommen ist (3.31, 3.29), ist f separabel (3.27). Da f fünf verschiedene Nullstellen besitzt, ist die Galoisgruppe von f über $\mathbb{Q}$ (3.46) eine Untergruppe von S_5 (3.47).

Sei Z_f der Zerfällungskörper von f über $\mathbb{Q}$ (3.35) und sei α eine Nullstelle von f. Da f normiert und irreduzibel ist und α als Nullstelle besitzt, ist f das

Minimalpolynom von α über $\mathbb{Q}$ (3.18) und der Grad der Körpererweiterung $\mathbb{Q}(\alpha)|\mathbb{Q}$ ist
$$[\mathbb{Q}(\alpha) : \mathbb{Q}] = \deg(f) = 5 \quad (3.19).$$
Weiter ist α als Nullstelle von f ein Element des Zerfällungskörpers Z_f und $\mathbb{Q}(\alpha)$ somit ein Zwischenkörper von $\mathbb{Q}(\alpha)|\mathbb{Q}$.

Als Zerfällungskörper des separablen Polynoms f über $\mathbb{Q}$ ist Z_f eine Galoiserweiterung von $\mathbb{Q}$ (3.38) und die Galoisgruppe von f über $\mathbb{Q}$ hat die Ordnung

$$\begin{aligned}|\operatorname{Gal}(f, \mathbb{Q})| &\stackrel{3.46}{=} |\operatorname{Gal}(Z_f|\mathbb{Q})| \stackrel{3.43}{=} [Z_f : \mathbb{Q}] \stackrel{3.14}{=} [Z_f : \mathbb{Q}(\alpha)] \cdot [\mathbb{Q}(\alpha) : \mathbb{Q}] \\ &= [Z_f : \mathbb{Q}(\alpha)] \cdot 5.\end{aligned}$$

Nach den Sylow-Sätzen (1.79) hat $\operatorname{Gal}(f, \mathbb{Q})$ somit eine Untergruppe der Ordnung 5, die zyklisch ist (1.19). Folglich existiert ein Element der Ordnung 5 in $\operatorname{Gal}(f, \mathbb{Q})$ (1.17). Einzige Elemente der Ordnung 5 in S_5 sind 5-Zyklen (1.82).

Die zweite Ableitung von f ist $f'' = 20X^3$. Also hat f genau einen Wendepunkt und somit höchstens drei Nullstellen in $\mathbb{R}$. Weiter gilt $f(-10) = -92223 < 0$, $f(-1) = 783 > 0$, $f(1) = 783 > 0$ und $f(10) = 92237 > 0$. Nach dem Zwischenwertsatz der Analysis hat f somit mindestens je eine reelle Nullstelle in den Intervallen $[-10, -1]$, $[-1, 1]$ und $[1, 10]$. Insgesamt folgt, dass f exakt drei reelle Nullstellen besitzt und nach dem Fundamentalsatz der Algebra (3.23) zwei nichtreelle Nullstellen.

Die komplexe Konjugation ist ein $\mathbb{R}$-Automorphismus über $\mathbb{C}$ (3.7), der die drei reellen Nullstellen von f festlässt und die beiden nichtreellen Nullstellen von f vertauscht (3.24). Also ist die komxplexe Konjugation ein Element der Galoisgruppe $\operatorname{Gal}(f, \mathbb{Q})$ (3.42) und entspricht einer Transposition der beiden nichtreellen Nullstellen. Die Galoisgruppe $\operatorname{Gal}(f, \mathbb{Q})$ von f über $\mathbb{Q}$ enthält also einen 5-Zyklus und eine Transposition und ist damit isomorph zu S_5 (1.83).

Literaturvorschläge

Bosch, Siegfried: **Algebra**
Springer-Verlag Berlin Heidelberg NewYork.

Holz, Michael: **Repetitorium der Algebra**
Binomi Verlag Springe.

Kunz, Ernst: **Algebra**
Vieweg Verlag Braunschweig/ Wiesbaden.

Lüneburg, Heinz: **Gruppen, Ringe, Körper**
Oldenbourg Verlag.

Wüstholz, Gisbert: **Algebra**
Vieweg Verlag Wiesbaden.

Index

Gruppen
    k-Zykel, **15**
    p-Gruppe, **14**, 104, 149
    abelsche Gruppe, **5**, 135, 138, 236, 248, 259, 279, 286
    alternierende Gruppe, **16**, 50, 55, 88, 91, 117, 118, 193, 268
    auflösbar, **11**, 56, 175
    Automorphismengruppe, **8**, 53, 62, 79, 98, 135, 188, 219, 233
    Automorphismus, **5**
    Bahn, **12**, 54, 83, 96, 117, 139, 235
    Bahnengleichung, **12**
    Bild eines Homomorphismus, **6**
    Diedergruppe, **16**, 88, 91, 109, 134, 156, 170, 192, 195, 228
    direkte Summe, 152
    direktes Produkt, **13**, 60, 135, 139, 155, 172, 194, 196, 203, 260, 261
    einfach, **9**, 118, 155, 254
    endliche Gruppe, **5**
    Endomorphismus, **5**
    Erzeugendensystem, **6**, 71
    Eulersche Phi-Funktion, **7**, 135, 272
    Existenzsatz für Normalteiler, **9**, 119
    Exponent, 148
    Faktorgruppe, **9**, 56, 62, 71, 73, 75, 149, 175, 188, 243, 253, 259
    Gruppe, **5**
    Gruppenhomomorphismus, **5**, 49, 55, 71, 159, 181, 233, 248, 270
    Gruppenoperation, **11**, 53, 96, 119, 139, 187, 235, 267, 277
    Gruppenordnung, **5**
    Gruppentafel, 56, 91, 160, 215, 220
    Halbgruppe, **5**
    Hauptsatz über endliche abelsche Gruppen, **8**, 98, 135, 138, 260, 281, 286, 290
    Homomorphiesatz, **10**, 55, 62, 135, 159, 249, 263, 267, 278
    Index, **8**, 49, 56, 62, 71, 118, 148, 156, 161, 227, 267, 277
    innerer Automorphismus, 261
    inverses Element, **5**
    isomorph, **6**
    Isomorphiesätze, **11**, 50, 118, 149, 227, 263, 267
    Isomorphismus, **5**
    kanonischer Epimorphismus, **9**, 10, 11
    Kern, **6**
    Kleinsche Vierergruppe, 56, 91, 117, 194, 212, 227, 239, 245, 268
    Kommutatorgruppe, **6**, 254
    Komplexprodukt, **13**, 98
    Konjugation, 62, 187, 263
    konjugiert, **14**, 76, 119, 272, 283
    Korrespondenzsatz, **11**, 75, 188, 267
    maximale Untergruppe, **5**, 149, 208
    minimaler Normalteiler, 71
    Nebenklasse, **8**, 50, 118, 152, 235,

253, 259, 267, 277
neutrales Element, **5**, 66, 154, 156, 173, 226, 236, 255, 272
Normalisator, **9**, 149, 172
Normalteiler, **8**, 49, 71, 128, 134, 148, 160, 163, 173, 187, 253, 267, 277
Ordnung einer Gruppe, **5**
Partition, **8**, 50, 54, 96
Permutation, **15**, 49, 55, 88, 115, 129, 155, 173, 194, 247
Permutationsgruppe, **15**, 49, 55, 75, 78, 91, 107, 118, 155, 195, 226, 231, 248, 266, 283, 291
Satz von Cayley, **12**, 49
Satz von Lagrange, **8**, 98, 104, 117, 123, 134, 156, 159, 173, 194, 235, 255, 280
semidirektes Produkt, **13**, 79, 88, 98, 134, 173, 213, 219, 272, 286
Signum, **15**, 55, 116, 119
Stabilisator, **12**, 243
Sylow-Sätze, **14**, 50, 74, 98, 104, 107, 119, 138, 149, 187, 212, 214, 218, 227, 228, 254, 266, 283, 286, 292
Sylow-Untergruppe, **14**, 63, 71, 75, 91, 98, 104, 119, 138, 172, 187, 194, 218, 254, 266, 268, 282, 283, 286
symmetrische Gruppe, **15**
Torsionsgruppe, 236
transitive Operation, **12**, 139, 243, 267
Transposition, **15**, 50, 55, 76, 107, 174, 194, 195, 223, 252, 292
triviale Operation, **12**, 188
trivialer Automorphismus, **6**, 135, 219
trivialer Normalteiler, **9**, 72, 98, 104, 155, 254
triviales Zentrum, **10**, 104, 149, 255, 261

universelle Eigenschaft der Faktorgruppe, **10**, 73, 188
Untergruppe, **5**, 174, 253
Urbild von X unter φ, **6**
vollständig, 261
Zentralisator, **10**, 139
Zentrum, **10**, 63, 104, 135, 149, 155, 188, 243, 255, 261
Zornsches Lemma, 72
zyklische Gruppe, **7**, 60, 62, 98, 123, 135, 149, 156, 172, 183, 187, 194, 201, 203, 204, 208, 213, 219, 226, 243, 248, 259, 266, 286, 292

Körper
    K-Automorphismus, **31**, 67, 68, 83
    $K(M)$, **28**
    Aut(L/K), **31**
    Ableitung, **29**, 89
    algebraisch, **28**, 52, 122, 143, 256
    algebraisch abgeschlossen, **29**, 270, 271
    algebraische Körpererweiterung, **28**, 122
    algebraischer Abschluss, **29**, 68
    Charakteristik, **27**, 87, 229, 241
    Diskriminante, 115, **115**
    Einbettung, 252
    Einheitswurzel, **33**, 53, 77, 83, 256, 284
    Erweiterungskörper, **27**
    Eulersche Phi-Funktion, **7**, 77, 83, 184
    Fixkörper, **31**, 69, 107, 109, 145, 155, 162, 171, 177, 201, 210, 218, 240, 245, 290
    Frobenius-Homomorphismus, **35**, 54, 85, 96, 184, 189
    Fundamentalsatz der Algebra, **29**, 292
    Galoiserweiterung, **31**, 68, 74, 108, 134, 147, 155, 162, 163, 191, 201, 202, 210, 211, 245, 250,

285, 290, 292
Galoisgruppe, **32**, 68, 87, 95, 96, 103, 106, 117, 125, 162, 170, 190, 191, 201, 210, 211, 223, 239, 252, 256, 285, 290
galoissch, **31**
Grad einer Körpererweiterung, **28**, 95, 170, 191, 199, 205, 225, 237, 256, 269, 274
Gradformel, **28**, 77, 95, 102, 225, 256, 269
Hauptlemma der elementaren Körpertheorie, **29**, 67, 178, 270
Hauptsatz der Galoistheorie, **32**, 68, 75, 103, 107, 108, 123, 126, 155, 162, 163, 170, 201, 210, 218, 245, 285, 290
Körper, **27**
Körpererweiterung, **27**
Körperhomomorphismus, **27**
Kompositum, **32**, 76, 239
konjugiert, **32**, 76
Kreisteilungspolynome, **33**, 51, 82, 87, 103, 184, 222, 273, 284
Minimalpolynom, **28**, 53, 58, 67, 87, 95, 102, 103, 108, 121, 132, 170, 175, 179, 211, 217, 225, 229, 250, 256, 269, 273, 283, 290
multiplikative Gruppe, **35**, 57, 65, 84, 204, 229, 242
normale Hülle, **31**, 289
normale Körpererweiterung, **31**, 56, 108, 218, 250
perfekt, **30**
primitive Einheitswurzel, **33**, 51, 87, 103, 125, 184, 273
primitives Element, **30**, 56, 76, 102, 121, 202, 206, 217, 240
Primkörper, **27**, 53, 54, 96, 102, 178, 184, 185, 228, 229, 270
quadratische Erweiterung, 283
quadratischer Teilkörper, 104

Satz vom primitiven Element, **30**
separabel, **30**, 56, 58, 68, 97, 106, 115, 121, 134, 147, 211, 217, 239, 270, 271, 285, 290, 291
Spurmethode, **32**, 69, 171, 291
Teilkörper, **27**
vollkommen, **30**, 56, 97, 106, 134, 147, 211, 271, 291
Zerfällungskörper, **30**, 68, 77, 95, 117, 125, 133, 147, 162, 190, 191, 205, 211, 245, 256, 291
Zwischenkörper, **27**, 58, 68, 75, 108, 121, 123, 155, 163, 200, 202, 217, 218, 225, 229, 245, 285, 289, 292
Konstruktionen mit Zirkel und Lineal
   konstruierbarer Punkt, **39**
   Konstruierbarkeit von ζ_{13}, 52
   Konstruktion von n-Ecken, 121
   Konstruktionsverfahren, 143
   Menge der konstruierbaren Punkte, **39**

Lineare Algebra
   $\mathbb{1}_5$, 142
   Basis, **41**, 69, 171, 190, 199, 200, 216, 276, 291
   charakteristisches Polynom, **43**, 142
   Darstellungsmatrix, **42**, 190
   Determinante, 42, 224, 277
   diagonalisierbar, **43**
   Diagonalmatrix, **43**
   Dimension, **41**, 87, 122, 175, 200, 276
   Dimensionsformel, **42**, 190
   Dreiecksmatrix, **43**
   Eigenraum, **43**, 190
   Eigenvektor, **43**
   Eigenwerte, 142, 190
   Erzeugendensystem, **41**, 130, 189, 216
   linear abhängig, **41**, 122, 276
   linear unabhängig, **41**, 190, 216

Minimalpolynom, **43**, 142
Modul, **42**, 112, 130
Satz von Cayley-Hamilton, **43**
trigonalisierbar, **43**
Vandermonde-Matrix, **42**, 223
Vektoren, **41**, 276
Vektorraum, **41**, 69, 87, 122, 176, 200, 216, 276
Vektorraum-Homomorphismus, **42**

Ringe
$K[X,Y]/I$, 216
$R[a]$, **19**
$\mathbb{Z}$-Basis, 130
$\mathbb{Z}/2006\mathbb{Z}$, 150
$\mathbb{Z}[\sqrt{11}]$, 271
$\mathbb{Z}[\sqrt{2}]$, 140
$\mathbb{Z}[\zeta]$, 130
$\mathbb{Z}[i\sqrt{2}]$, 197
$\mathbb{Z}[i]$, 133
$\mathbb{Z}\left[\frac{1+\sqrt{-3}}{2}\right]$, 166
τ-invariant, 247
Äquivalenzrelation, 112
assoziierte Elemente, **20**, 137
Chinesischer Restsatz, **24**, 60, 81, 90, 123, 150, 181
Division mit Rest, 65, 81
Einheit, **19**, 58, 74, 80, 99, 141, 157, 162, 166, 197, 264, 268, 271, 279, 288
Einheitengruppe, **19**, 52, 66, 151, 209, 233, 242, 252
Einsetzhomomorphismus, **22**, 130, 178, 193, 233, 284
Eisenstein-Kriterium, **25**, 53, 61, 95, 100, 102, 103, 106, 114, 133, 148, 170, 205, 225, 234, 264, 269, 270, 291
euklidische Normfunktion, **23**, 58, 80, 94, 99, 113, 140, 166, 197
euklidischer Algorithmus, **23**, 81, 86, 94, 113, 123, 127, 165, 198
euklidischer Ring, **23**, 80, 81, 94, 113, 140, 166, 197, 238, 288
Eulersche Phi-Funktion, **7**
faktorieller Ring, **24**, 100, 101, 133, 137, 148, 161, 199
Faktorring, **21**, 81, 90, 157
größter gemeinsamer Teiler, **20**, 94, 113, 198
Hauptideal, **23**, 137, 178, 192
Hauptidealbereich, **23**
Hauptidealring, **23**, 59, 65, 81, 137, 192
Homomorphiesatz, **22**, 64, 131, 178, 193, 284
Ideal, **21**, 63, 89, 112, 120, 131, 137, 180, 193, 209, 216, 271, 279, 283
Integritätsbereich, **20**
Integritätsring, **20**
Irreduzibilität von Polynomen, **24**, 61, 66, 73, 87, 95, 100, 114, 137, 148, 165, 177, 200, 203, 211, 234, 244, 251, 264
irreduzibles Element, **20**, 59, 65, 80, 100, 114, 133, 168, 197, 289
Isomorphiesätze, **22**, 131, 181
kleinstes gemeinsames Vielfaches, **20**
Koeffizientenreduktion, **25**, 74, 114, 177, 234, 251
Koeffizientenvergleich, 61, 246, 278, 290
Korrespondenzsatz, **22**, 65, 90, 131, 157, 180, 216
maximales Ideal, **21**, 59, 65, 81, 157, 165, 181, 189, 192, 209, 270, 271, 279
multiplikativ, 80, 99, 140, 197
nilpotentes Element, **20**, 268
Nullteiler, **20**, 112, 151, 154, 204, 242, 253, 264
Primelement, **20**, 59, 100, 131, 141, 148, 197, 199
Primfaktorzerlegung, **24**, 140, 166,

246
Primideal, **21**, 64, 131, 180, 192, 216
primitives Polynom, **198**
Produkt von Idealen, **21**, 59
Quotientenkörper, **25**, 74, 133, 162
relativ prim, **24**, 60, 81, 90
Restklassenring, **21**
Ring, **19**
Ringhomomorphismus, **20**, 64, 193, 270
Teiler, **20**, 67, 82, 89, 100, 137, 142, 162, 199, 211, 238, 251
teilerfremd, **20**
Umkehrabbildung, 123, 150
universelle Eigenschaft des Faktorrings, **22**

Unterring, **19**, 63, 129, 197
Zornsches Lemma, **21**

Zahlentheorie
    Dezimaldarstellung, 159
    Division mit Rest, **37**
    Eulersche Phi-Funktion, 158
    Eulersches Kriterium, **38**, 106, 125, 153
    Fundamentalsatz der Zahlentheorie, **37**
    Kleiner Satz von Fermat, **37**
    Legendre-Symbol, **38**, 125, 153
    Lemma von Bézout, **37**, 279
    Quadratische Reste, **38**, 52, 93, 105, 111, 124, 153, 207, 230
    Satz von Euler, **37**, 159
    Wilsonsche Kongruenz, **37**, 221